云南大叶种茶树病虫害与天敌识别及防治图谱

龙亚芹　陈林波　申时全
玉香甩　龙丽雪　肖　星
主编

中国农业出版社
北　京

图书在版编目（CIP）数据

云南大叶种茶树病虫害与天敌识别及防治图谱／龙亚芹等主编．—北京：中国农业出版社，2023.12
ISBN 978-7-109-31298-2

Ⅰ.①云…　Ⅱ.①龙…　Ⅲ.①茶树–病虫害防治–云南–图谱　Ⅳ.①S435.711-64

中国国家版本馆CIP数据核字（2023）第204703号

云南大叶种茶树病虫害与天敌识别及防治图谱
YUNNAN DAYEZHONG CHASHU BINGCHONGHAI YU TIANDI SHIBIE JI FANGZHI TUPU

中国农业出版社出版
地址：北京市朝阳区麦子店街18号楼
邮编：100125
责任编辑：郭　科
版式设计：王　晨　　责任校对：吴丽婷　　责任印制：王　宏
印刷：北京中科印刷有限公司
版次：2023年12月第1版
印次：2023年12月北京第1次印刷
发行：新华书店北京发行所
开本：889mm × 1194mm　1/16
印张：23.25
字数：703千字
定价：360.00元

编委会

前　言

茶[*Camellia sinensis* (L.) O. Ktze.]，属山茶科（Theaceae）山茶属（*Camellia* L.），为多年生常绿木本植物，多为灌木型中叶种和小叶种，以及乔木型大叶种。中国茶区分布在东经94°—122°、北纬18°—37°的广阔范围内，地跨中热带、边缘热带、南亚热带、中亚热带、北亚热带和暖温带，包括全国20个省份的上千个县（市、区），种植面积达5 000万亩以上，采摘面积达4 400万亩，多以中小叶种为主，大叶种茶多在云南分布种植。目前云南茶树种植面积达740余万亩，全省有15个州市110多个县（市、区）产茶，参与种茶、制茶、售茶的涉茶人口达1 400多万人。茶产业已是云南省最主要的民生产业、传统优势特色产业，是建设高原特色农业的重要内容，是"衣食万户"的产业，在全省经济发展和产业结构调整中具有不可替代的重要作用，茶业兴衰直接关系到边疆民族地区的经济繁荣和社会稳定。茶叶是集经济、社会和生态效益于一体的全球性商品，茶产业是中国农业的传统特色产业，是云南省打造世界一流"绿色食品牌"的十大重点产业之一，也是巩固脱贫攻坚成果、助推乡村振兴的重要支柱产业。

在茶叶的种植生产过程中，病虫害一直是制约茶叶优质高产的一大重要因素，直接影响茶叶生产效益。云南是我国西南边陲的一个产茶大省，由于地理及历史的种种原因，气候、地形地貌、品种、种植模式等情况复杂，茶树病虫及天敌的种类非常丰富，近年来，一些主要病虫害日趋严重，次要病虫害上升为主要病虫害，并且发生危害情况具有区域性和特色性。科学防控茶树病虫害是茶树种植生产过程中一个重要的环节，是保证茶叶优质高产的重要措施。本书立足云南大叶种茶树生产实际，通过广泛调查、收集病虫及天敌标本，以云南大叶种茶树上常见病虫及天敌为着眼点，以云南省农业科学院茶叶研究所多年来积累的研究成果、实践经验为支撑编著而成，其出版有助于广大从事茶叶生产、教学、科研等工作的人员更准确地进行病虫、天敌识别及病虫害的防控。

本书内容共分为三篇，分别介绍云南大叶种茶树常见病害、常见虫害及重要害虫天敌。全书记载了32种大叶种茶树病害、140余种大叶种茶树虫害、50余种害虫天敌，每种病虫害及害虫天敌均附有生态照片，共1 300余张，基本涵盖目前我国相关报道的茶树主要病虫害种类，其中有分布广、呈常灾性的茶炭疽病、茶小绿叶蝉、蓟马等，有历史上曾经暴发成灾的茶毛虫、茶黑毒蛾等，有近年云南暴发性为害的茶谷蛾等，还有顶梢卷叶蛾、贡山喙蓟马等近年发现为害茶树的新害虫；书中着重介绍了病虫害的识别、习性和防控措施，并对茶园内重要害虫天敌进行了收集、整理。书中全部照片均为首次公开，均附有拍摄者。

本书是在国家茶叶产业技术体系“西双版纳综合试验站（CARS-19）”、云南省重大科技专项“世界大叶茶技术创新中心建设及成果产业化（202102AE090038）”、国家自然科学基金“茶树-茶谷蛾-茧蜂三营养级间的化学通讯机制（32160724）”、云南省财政专项“云南省绿色食品牌打造科技支撑行动（茶叶）专项”、云南省农业联合专项“茶谷蛾性信息素鉴定及相关生物学研究（202101BD070001-029）”等项目成果基础上编写而成，并得到国家重点研发计划“滇西边境山区绿色健康种养殖技术集成与示范（2022YFD1100400）”的资助。

本书茶树常见病虫形态特征的描述及生物学特性的记述等，主要参考了张汉鹄和谭济才编著的《中国茶树害虫及其无公害治理》、陈宗懋和孙晓玲编著的《茶树主要病虫害简明识别手册》等，书后附有参考文献，以表示对前辈和同仁辛勤工作和丰硕成果的崇高敬意！

肖星参与完成茶树主要病害文字初稿撰写，唐萍参与完成病害鉴定及校稿；龙丽雪参与完成茶树主要害虫文字初稿撰写，罗梓文、曲浩参与鳞翅目害虫编写，陈龙参与直翅目害虫编写；玉香甩负责病虫鉴定、部分照片的收集整理；龙亚芹负责病虫及天敌采集、鉴定，照片收集整理，全书撰写、统稿及校稿；王雪松参与全书校稿，陈林波、申时全负责全书的审稿及校稿。

撰书的目的是分享和推广。尽管我们一丝不苟，但因水平有限，疏漏和不足之处在所难免，敬请广大读者批评指正，以期今后工作更加完善。

编　者

2023年3月

目　录

前言

01 第一篇 茶树主要病害 1

一、茶树叶部病害 / 3

茶饼病 / 3
茶白星病 / 6
茶赤叶斑病 / 7
茶轮斑病 / 8
茶圆赤星病 / 10
茶芽枯病 / 11
茶云纹叶枯病 / 12
茶褐色叶斑病 / 14
茶炭疽病 / 15
茶藻斑病 / 16
茶煤病 / 17

二、茶树枝干部病害 / 18

茶红锈藻病 / 18
茶胴枯病 / 20
茶枝梢黑点病 / 21
茶膏药病 / 22
茶毛发病 / 23
茶树苔藓和地衣 / 25
茶菟丝子 / 27
茶树桑寄生植物 / 28
其他寄生 / 29

三、茶树根部病害 / 30

茶苗白绢病 / 30
茶苗根结线虫病 / 31
茶根癌病 / 33
茶红根腐病 / 34
茶白纹羽病 / 35

四、茶树非侵染性病害 / 36

茶树冻害 / 36
茶树日灼病 / 39
茶树雹害 / 40
旱害 / 43
肥害 / 43
药害 / 44

02 第二篇 茶树主要害虫 45

茶谷蛾 / 47
茶毛虫 / 54
茶黑毒蛾 / 59
茶白毒蛾 / 63
污黄毒蛾 / 65
环茸毒蛾 / 66
黑褐盗毒蛾 / 68
星黄毒蛾 / 69
其他毒蛾 / 71
茶细蛾 / 74
茶卷叶蛾 / 77
茶小卷叶蛾 / 80

柑橘黄卷蛾 / 83
湘黄卷叶蛾 / 85
龙眼裳卷蛾 / 88
豹裳卷叶蛾 / 90
顶梢卷叶蛾 / 93
其他卷叶蛾 / 97
油桐尺蠖 / 98
木尺蠖 / 102
茶银尺蠖 / 103
聚线皎尺蛾 / 105
大鸢尺蠖 / 106
茶用克尺蠖 / 109
灰茶尺蠖 / 111
其他尺蠖 / 113
茶蓑蛾 / 115
白囊蓑蛾 / 118
茶褐蓑蛾 / 121
茶小蓑蛾 / 123
白痣姹刺蛾 / 125
扁刺蛾 / 128
茶刺蛾 / 131
丽绿刺蛾 / 133
翘须刺蛾 / 135
红点龟形小刺蛾 / 138
窃达刺蛾 / 140
媚绿刺蛾 / 141
赭刺蛾 / 143
短爪鳞刺蛾云南亚种 / 144
褐缘绿刺蛾 / 146
黄刺蛾 / 147
桑褐刺蛾 / 149
眉原褐刺蛾 / 150
迷刺蛾 / 151
褐边绿刺蛾 / 154
绒刺蛾 / 155
为害茶树的一种刺蛾（一） / 157
为害茶树的一种刺蛾（二） / 158
为害茶树的一种刺蛾（三） / 160
为害茶树的一种刺蛾（四） / 161
其他刺蛾 / 162
茶蚕 / 163
茶叶斑蛾 / 167
网锦斑蛾 / 169
黄条斑蛾 / 171
其他斑蛾 / 172
茶鹿蛾 / 173
其他鹿蛾 / 175
斜纹夜蛾 / 177
其他夜蛾 / 179
猩红雪苔蛾 / 179
其他灯蛾 / 181
茶须野螟蛾 / 182
茶 绿 翅 绢 野 螟 / 186
其他螟蛾 / 188
铃木窗蛾 / 189
栎粉舟蛾 / 192
其他舟蛾 / 195
茶梢蛾 / 195
茶枝镰蛾 / 198
茶枝木蠹蛾 / 201
为害茶树的一种木蠹蛾 / 204
茶堆沙蛀蛾 / 205
苎麻珍蝶 / 207
其他蝶类 / 208
茶小绿叶蝉 / 209
白蛾蜡蝉 / 213
褐缘蛾蜡蝉 / 216
八点广翅蜡蝉 / 217
可可广翅蜡蝉 / 218
其他蜡蝉 / 220
沫蝉 / 220
茶蚜 / 222
草履蚧 / 224
长白蚧 / 226
茶梨蚧 / 228
红蜡蚧 / 231
广白盾蚧 / 233
角蜡蚧 / 235
龟蜡蚧 / 237
垫囊绿绵蜡蚧 / 238
白囊蚧 / 240
蛇眼蚧 / 241
其他蚧类 / 242
茶黑刺粉虱 / 242
茶角盲蝽 / 246
绿盲蝽 / 249
茶网蝽 / 251
黄胫侎缘蝽 / 253
茶籽盾蝽 / 255
长肩棘缘蝽 / 258
宽肩达缘蝽 / 258
麻皮蝽 / 259
其他蝽类 / 260
茶棍蓟马 / 263
茶黄蓟马 / 265
贡山喙蓟马 / 268
茶天牛 / 271
其他天牛 / 273
大灰象甲 / 274
茶籽象甲 / 276
小绿象甲 / 277
其他象甲 / 279
铜绿丽金龟 / 281
中华弧丽金龟 / 283
龟甲 / 284
叶甲 / 285
其他鞘翅目昆虫 / 286
咖啡小爪螨 / 288
茶跗线螨 / 290
短额负蝗 / 291
青脊竹蝗 / 293
红褐斑腿蝗 / 294
其他蝗虫 / 295
螽斯 / 296
蟋蟀 / 298
黑翅土白蚁 / 299
潜叶蝇 / 302
茶枝瘿蚊 / 304
其他双翅目昆虫 / 306
蜚蠊类 / 306

03 第三篇 307
云南大叶种茶园天敌资源及对害虫的自然控制

一、寄生性天敌昆虫 / 309

（一）寄生蜂 / 309
（二）寄生蝇 / 320

二、捕食性天敌昆虫 / 322

三、云南大叶种茶园病原微生物天敌资源 / 353

附录 / 358

附录1　茶园农药的安全使用标准 / 358
附录2　我国颁布的茶叶中禁限用农药和化学品名单 / 360

参考文献 / 361

第一篇
DI-YI PIAN

茶树主要病害
CHASHU ZHUYAO BINGHAI

第一篇 DI-YI PIAN

茶树主要病害

CHASHU ZHUYAO BINGHAI

茶树属常绿植物，主要生长于热带或亚热带地区，这里气候温暖高湿，适合各种病菌繁衍和传播，因而茶树病害种类较多，对茶叶产量和品质影响较大。目前，全世界有记载的茶树病害为380余种，我国已记载茶树病害138种，发生普遍、较常见的病害有30余种，叶部病害居多，其次是枝干部病害，根部病害相对较少。这些病害中主要是真菌性病害，细菌性病害较少，尚未发现病毒性病害。

云南是我国主要产茶大省之一，茶园面积740余万亩[①]，居全国第一，且云南是世界茶树起源中心，茶树种植历史悠久。云南气候属热带亚热带气候类型，由于其纬度低海拔高、地形地貌复杂，且高温高湿，具有最适合茶树生长的生态条件，因此病害发生危害相对严重。与国内其他茶区相比，云南各茶区茶树病害种类多，一些病害发生普遍，如茶炭疽病、茶轮斑病、茶云纹叶枯病等；一些病害发生则表现出一定的区域特点，流行规律也不一致，如茶膏药病、茶饼病等；此外，云南茶园90%以上为山区茶园，茶白星病、茶圆赤星病等发生频率较高，危害严重。云南茶树品种大多数为大叶类，其具有明显主干，一些枝干病害，如膏药病、苔藓、地衣等，在滇西南茶区发生严重；还有一些根部病害，已经在云南局部茶园内直接造成茶树死亡，茶树病害的发生严重影响茶叶的产量和品质。本章主要介绍了云南常见的11种叶部病害、10种枝干部病害、5种根部病害及6种非侵染性病害的发生危害情况及防控措施。

① 亩为非法定计量单位，1亩=1/15hm^2。——编者注

一、茶树叶部病害

茶树属常绿植物，叶部病害种类多，对茶叶产量和品质影响较大，高湿度往往是叶部病害流行的重要条件。叶部病害可分为两类，一类是嫩芽及嫩叶病害，如茶饼病、茶芽枯病、茶白星病，该类病害一般属于低温高湿型病害，早春季节或高海拔地区发生较重；另一类是老叶和成叶病害，如茶云纹叶枯病、茶轮斑病、茶赤叶斑病等，一般属于高温高湿型病害，夏、秋季节发生严重。

茶　饼　病

茶饼病又称叶肿病、疱状叶枯病，是为害茶树嫩梢芽叶的重要病害。

【分布及危害】茶饼病已知国外分布于印度、斯里兰卡、印度尼西亚、日本等国家，国内大多数产茶省份均有分布。在云南各茶区均有发生危害，以山区茶园发生严重。茶饼病发生的茶园每年可造成减产20%～30%，而且用感病芽叶制茶易断碎，干茶滋味苦涩，汤色浑暗，叶底花杂，碎片多，茶多酚、氨基酸等指标均下降，品质明显降低，严重影响了茶叶产量、品质和经济效益。

【症状】茶饼病主要为害茶树嫩叶、新梢，在叶柄、花蕾和果实上也可发生。发病初期，嫩叶上先出现淡黄或淡红色半透明小点，而后逐渐扩大为直径0.6～1.2cm的圆形病斑，周围有一黄绿色晕区和一个暗绿色带，病健部分界明显。叶片表面的病斑常为正面向下凹陷、背面相应凸起，呈现出馒头状疱斑，其上覆有一层灰白色或粉红色粉末。在同一叶片上，偶尔也可以同时存在正面凸起和背面凸起两种类型的病斑。后期这些粉末消失，凸起部分也萎缩成褐色枯斑，边缘有一灰白色圈，形似饼状。一张嫩叶上可形成多个疱斑，发生严重时可达十几个，多个疱斑可扩展相连成不规则大病斑。如果叶片中脉或边缘染病，病叶常扭曲并呈畸形；叶柄、嫩茎染病后被病斑包围致肿胀扭曲，造成受害部易折断或受害部以上新梢枯死；茶果的绿色外表皮也可罹病，产生黑色病斑，严重时变成僵果或落果。

【病原】茶饼病病原为坏损外担菌（*Exobasidium vexans* Massees），属担子菌门黑粉菌亚门外担菌目外担菌科外担菌属。病斑上的粉状物是由担孢子组成的子实层，担子棍棒状，向基部渐细，大小为（30.0～50.0）μm×（3.0～6.0）μm，顶部形成2～4个小梗，长3.0～4.5μm，小梗顶上着生担孢子，无色，单胞，呈肾形或长椭圆形，大小为（11.0～16.0）μm×（3.0～5.0）μm。

【发病规律】茶饼病是一种低温高湿型病害。病原为活体营养寄生菌，喜低温、高湿、多雾、少光的环境，对高温、干燥、强光照极为敏感，主要以菌丝体潜伏于活的病叶组织中越冬或越夏，在翌年春季或秋季，当平均气温15～20℃，相对湿度85%以上时即可产生担孢子，成为发病的初侵染源。担孢子借风雨传播到茶树幼嫩组织上，在适宜的温湿度条件下萌发并侵入组织，3～18d后可产生新的病斑，然后在病斑表面形成白色粉状物，即由担孢子组成的子实层。待担孢子成熟后释放，继续随风雨传播扩散，不断进行多次再侵染，导致病害流行。

在云南地区，茶饼病主要发生在连续阴雨多雾、湿度大的秋茶期间，以高海拔山区茶园或长期气温较低、遮阴度较高且湿度大的山峦、凹地和阴坡茶园发病严重。一般发病始期为5～7月，9～10月为发病盛期，到11月中旬以后平均气温下降，雨水偏少，茶树生长变缓慢，不利于茶饼病继续发生。茶饼病在春茶期间偶尔发生且发病程度较轻。

【防治措施】

（1）加强茶树苗木检疫。在调运或引进茶树苗木时必须严格检验，发现病苗应立即处理，防止病害传入新植茶园。

（2）选种抗病品种。目前防治茶饼病最经济高效的方法是选种抗病品种。在云南常发生病害的茶叶种植区，可选种云抗10号、云抗14、云抗37、云茶1号、云茶香1号、佛香2号、佛香5号、长叶白毫等抗病性较强的品种。

（3）加强茶园管理。勤除茶园杂草，砍除过度遮阴树及周边的野生灌木，促进通风透光，减轻发病；加强肥水管理，以施有机肥为主，适当增施磷、钾肥，以增强树势，提高茶树抗病性；及时采茶，在病害发生适宜期，应分批多次及时采摘，并将罹病的新梢嫩叶彻底摘除，可有效减少再次侵染的病原基数；合理修剪，选择适宜时期修剪和台刈，使新梢抽生时尽量避开发病盛期，可减少病原侵染机会。

（4）药剂防治。结合当地天气预报，做好茶饼病监测预警工作，并及时使用药剂防控。目前，以茶树新梢发病率达35%，病害流行期间若连续5d有3d上午日照时数小于3h，或连续5d每天降水量在2.5 ~ 5mm及以上为防治适期。生产上可选用99%矿物油（绿颖）100 ~ 300倍液，或10%多抗霉素可湿性粉剂800 ~ 1 000倍液，或3%氨基寡糖素水剂300 ~ 500倍液，或750g/L十三吗啉乳油1 000 ~ 1 500倍液，或37%苯醚甲环唑水分散粒剂1 000 ~ 1 500倍液，或75%肟菌戊唑醇乳油1 000 ~ 1 500倍液等药剂进行喷施防治。非采茶期或非采摘茶园可用0.6% ~ 0.7%石灰半量式波尔多液喷雾防治。在冬季茶园管理中，可喷施45%石硫合剂100 ~ 120倍液进行封园，以减少越冬病原数量，减轻翌年茶饼病的发生危害。

茶饼病发病初期症状
（龙亚芹拍摄）

茶饼病发病中期症状
（龙亚芹拍摄）

嫩叶感染茶饼病正面呈凹陷状
（龙亚芹拍摄）

嫩叶感染茶饼病正面凹陷叶片的背面症状
（龙亚芹拍摄）

嫩叶感染茶饼病正面呈凸起状
（龙亚芹拍摄）

嫩叶感染茶饼病正面凸起叶片的背面症状
（龙亚芹拍摄）

茶饼病发病中后期症状
（龙亚芹拍摄）

茶饼病发病后期症状
（龙亚芹拍摄）

茶饼病田间症状
（龙亚芹拍摄）

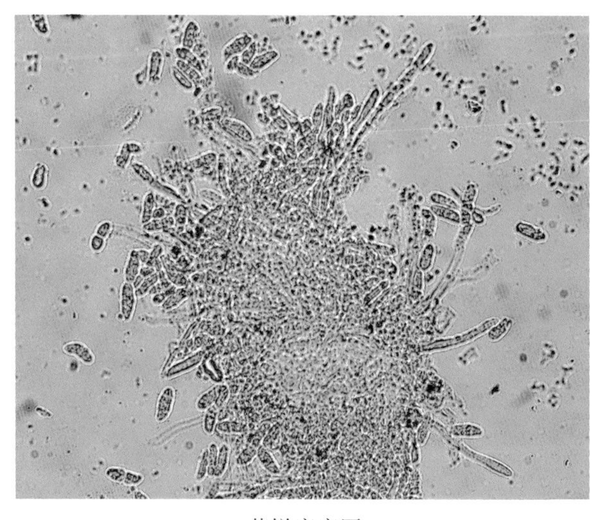

茶饼病病原
（龙亚芹拍摄）

茶 白 星 病

茶白星病又称茶白斑病、点星病，是茶树嫩梢芽叶重要病害之一。

【分布及危害】茶白星病已知国外分布于日本、印度尼西亚、印度、斯里兰卡、巴西、乌干达、坦桑尼亚等国家，国内分布于云南、安徽、浙江、福建、江西、贵州、四川、湖南、湖北等茶区。在云南各茶区均有分布，多发生在高山茶园。茶树受害后，新梢芽叶形成无数小型病斑，芽叶生长受阻，产量下降。用病叶制成干茶，破碎率高、汤色浑暗、苦味异常，对茶叶品质影响极大。

【症状】茶白星病主要发生在茶树嫩叶、幼茎上，其中芽叶和嫩叶危害较严重。嫩叶被侵染后，初生针头状褐色小点，以后渐渐扩大成圆形病斑，直径0.3～2.0mm，边缘有紫褐色隆起线，灰白色，中部略凹陷，上生黑色小粒点。一片病叶上病斑数少则几个，多则达数百个，或病斑相互融合成不规则大斑。随着病情发展，叶质变脆，受害新梢后期停止生长，节间缩短，百芽重减轻，对夹叶增多，受害严重时，病部以上组织全部枯死。

【病原】茶白星病病原为茶痂囊腔菌（*Elsinoe leucospila*），属子囊菌纲多腔菌目痂囊腔菌属。菌落表面有大量分生孢子，呈椭圆形，半透明状，大小为（2.0～6.5）μm×（1.0～2.5）μm。

【发病规律】茶白星病是一种低温高湿型病害。病原以菌丝体或分生孢子器在病叶、茎中越冬，在翌年春季湿度适宜时产生分生孢子，通过风雨传播病害，侵染幼嫩茎叶产生新病斑，重复侵染，扩大蔓延。全年发病期在春秋两季，发病盛期在4～5月，高山茶园易发病。土壤贫瘠、偏施氮肥、管理不当等而致使茶树衰弱的茶园发生较重。

【防治措施】

（1）农业防治。一是因地制宜选用抗性品种或耐病品种。二是加强茶园管理，防止捋采或强采，尽可能减少机械损伤；合理修剪，提高通风透光性；雨后及时排水，减轻发病。

（2）药剂防治。在发病初期及时喷药防控，可喷施1%申嗪霉素悬浮剂1 000～1 500倍液，或10%多抗霉素可湿性粉剂800～1 000倍液，或37%苯醚甲环唑悬浮剂1 000～1 500倍液，或25%吡唑醚菌酯悬浮剂1 000～2 000倍液等。冬季封园可选用45%石硫合剂晶体120～150倍液。

茶白星病发病中期症状
（龙亚芹拍摄）

茶白星病发病后期症状
（龙亚芹拍摄）

茶赤叶斑病

茶赤叶斑病是茶树上一种较为常见的成叶病害。

【分布及危害】茶赤叶斑病在国外分布于日本，国内各茶区均有分布。在我国云南各产茶区普遍分布。茶树叶片受害后，呈现红褐色枯焦状，受害严重时成龄叶片和老叶片大量枯焦脱落，致使树势衰弱。

【症状】茶赤叶斑病主要发生在茶树成叶和老叶上，嫩叶也可染病。多从叶尖或叶缘开始发病，产生浅褐色小病斑，可扩展至半叶或全叶，形成赤褐色不规则大病斑。病斑色泽均匀一致，边缘有深褐色隆起线，病健部分界明显。后期病斑上散生稍突起的黑色小粒点。病斑背面黄褐色，较叶面色浅。

【病原】茶赤叶斑病病原为茶叶叶点霉（*Phyllosticta theaefolia* Petch），属子囊菌门座囊菌纲葡萄座腔菌目叶点霉科叶点霉属。病原分生孢子器埋生于寄主表皮下，球形或扁球形，大小为（75 ~ 107）μm×（67 ~ 92）μm，黑色，顶端有1个圆形孔口，直径为12 ~ 15μm，初埋生于叶片组织内，后突破表面外露。分生孢子器壳壁为柔膜组织，由多角形细胞构成，内壁着生无数分生孢子梗。分生孢子梗棍棒状或圆筒形，无色，单胞，大小为（5 ~ 9.5）μm×（4 ~ 6.3）μm，其上顶生分生孢子。分生孢子圆形至宽椭圆形，无色，单胞，内有1 ~ 2个油球，大小为（7 ~ 12）μm×（6 ~ 9）μm。

【发病规律】茶赤叶斑病是一种高温高湿型病害。病原以菌丝体和分生孢子器在茶树病叶组织中越冬。翌年5月开始产生分生孢子，靠风雨及水滴溅射传播，进行再侵染。每年5 ~ 6月开始发病，7 ~ 8月进入发病盛期。夏季干旱，茶园缺水，茶树因水分亏缺，抗病性降低，有利于病害流行。如果6 ~ 8月持续高温，降水量少，遭受日灼的茶树最易发病。

【防治措施】

（1）农业防治。加强茶园管理，增施有机肥，改良土壤结构，增强保水性。合理种植遮阴树，减少阳光直射，夏季干旱期进行灌溉抗旱。

（2）药剂防治。夏季干旱来临之前，可喷施50%多菌灵可湿性粉剂800 ~ 1 000倍液，或70%甲基硫菌灵可湿性粉剂1 000 ~ 1 500倍液，或50%苯菌灵可湿性粉剂1 000 ~ 1 500倍液，以防止病害流行。幼龄期或非采摘期可选用0.6% ~ 0.7%石灰半量式波尔多液喷雾。

茶赤叶斑病为害叶片前期症状
（龙亚芹拍摄）

茶赤叶斑病为害叶片中期症状
（玉香甩拍摄）

茶赤叶斑病为害叶片后期症状
（龙亚芹拍摄）

茶 轮 斑 病

茶轮斑病又称茶梢枯死病，是茶树上常见的成叶和老叶病害之一。

【分布及危害】 茶轮斑病在国内外各茶区均普遍发生，云南各茶区均有分布。该病害主要为害茶树当年生的成叶或老叶，严重时大量叶片脱落，引起枯梢，致使树势衰弱，产量下降。该病也可侵染嫩梢，引起枯枝落叶，侵染扦插苗则会引起整株死亡。

【症状】 茶轮斑病主要发生在茶树当年生的成叶和老叶上。常从叶尖或叶缘上开始发病，先产生黄褐色小斑，以后逐渐扩展为圆形、椭圆形或不规则褐色大病斑，有明显的同心圆状轮纹，边缘有一褐色晕圈，病健部分界明显。后期病斑中央变成灰白色，湿度大时出现呈轮纹状排列的浓黑色墨汁状小粒点。

【病原】 茶轮斑病病原为茶拟盘多毛孢［*Pestalotiopsis theae*（Sawada）Steyaert］，属子囊菌门粪壳菌纲圆孔壳目拟盘多毛孢科拟盘多毛孢属。分生孢子盘呈黑色，球形，直径为88 ~ 176μm，分生孢子为纺锤形，大小为（23 ~ 35）μm×（5.5 ~ 8.0）μm，5胞，中央3胞暗褐色，两端细胞无色，顶生2 ~ 4根附属丝，多为3根，末端成结状膨大，长25 ~ 60μm，基胞小柄末端膨大。

【发病规律】 茶轮斑病是一种高温高湿型病害。病原以菌丝体或分生孢子盘在病叶或病梢内越冬，翌年春季在适温高湿条件下产生分生孢子，从伤口侵入茶树组织产生新病斑，并产生分生孢子，随风雨传播，进行再侵染。高温高湿的夏秋季发病较多，全年以秋季发生较重，机采及虫害多发的茶园发病较重；树势衰弱、排水不良的茶园发病也重。

【防治措施】

（1）农业防治。一是因地制宜选用抗性品种或耐病品种。二是加强茶园管理，合理修剪，提高通风透光性；防止捋采或强采，尽可能减少机械损伤。

（2）药剂防治。在发病初期及时喷药防控，可喷施10%多抗霉素可湿性粉剂800 ~ 1 000倍液，或25%苯醚甲环唑悬浮剂1 500 ~ 2 500倍液，或30%吡唑醚菌酯悬浮剂1 000 ~ 2 000倍液等。冬季封园可选用45%石硫合剂晶体120 ~ 150倍液。

茶轮斑病圆形病斑
（龙亚芹拍摄）

茶轮斑病轮纹状病斑
（龙亚芹拍摄）

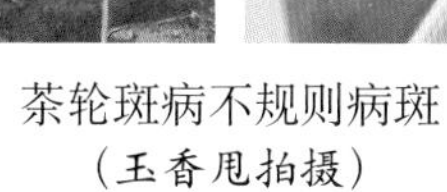

茶轮斑病不规则病斑
（王香甩拍摄）

茶轮斑病后期症状
（龙亚芹拍摄）

茶轮斑病引起枝枯叶落
（龙亚芹拍摄）

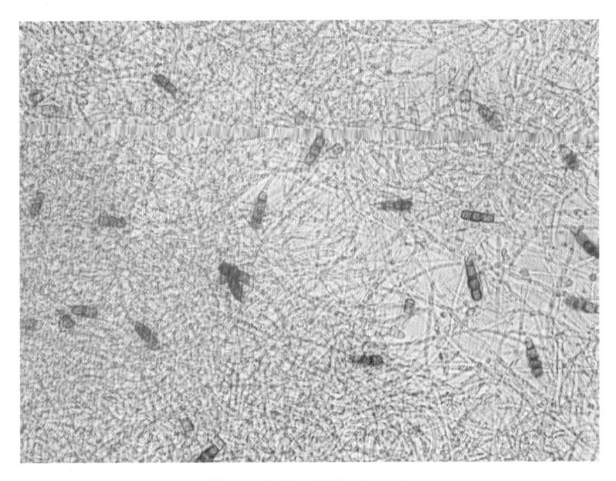
茶轮斑病病原菌丝及孢子
（龙亚芹拍摄）

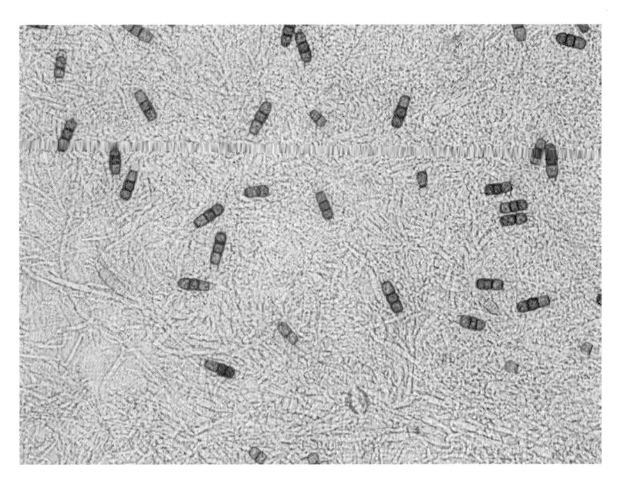
茶轮斑病病原孢子
（龙亚芹拍摄）

茶圆赤星病

茶圆赤星病又称茶褐色圆星病，是茶树芽叶重要病害之一。

【分布及危害】 茶圆赤星病在云南各茶区均有分布，主要发生在高山茶园。茶树受害后，新梢芽叶形成无数小型病斑，芽叶生长受阻，产量下降。用病叶制成的茶叶破碎率高、汤色浑暗、苦味异常，该病对成茶品质影响很大。

【症状】 茶圆赤星病主要为害茶树成叶和嫩叶，嫩茎、叶柄也会受害。被害部初期呈褐色小点，以后逐渐扩大成圆形病斑。病斑小型，直径0.8 ~ 3.5mm，中央凹陷，呈灰白色，边缘有暗褐色至紫褐色隆起线。后期病斑中央散生黑色小点，潮湿时，其上有灰色霉层。叶片上病斑几个至数十个不等，多连接成不规则大斑，并蔓延至叶柄、嫩梢，引起大量落叶。

【病原】 茶圆赤星病病原为茶尾孢［*Cercospora theae*（Cav.）Breda de Haan］，属子囊菌门座囊菌纲球腔菌目球腔菌科尾孢属。菌丝块呈球形或扁球形。分生孢子梗呈棍棒状，单条，弯曲，基部丛生，淡褐色，顶端色淡。分生孢子鞭状，基部粗，向顶端渐细，无色，弯曲，3 ~ 5个分隔，大小为（30 ~ 80）μm×（2 ~ 3）μm。

茶圆赤星病侵染嫩叶前期症状
（龙亚芹拍摄）

茶圆赤星病侵染嫩叶后期症状
（龙亚芹拍摄）

茶圆赤星病侵染成龄叶片前中期症状
（龙亚芹拍摄）

茶圆赤星病侵染成龄叶片后期症状
（龙亚芹拍摄）

【发病规律】茶圆赤星病属低温高湿性病害。病原以菌丝块在树上病叶组织中或落叶中越冬，到翌年春季，越冬病菌在适宜条件下产生分生孢子，借助风雨传播侵染新叶引起病害，以后不断进行多次再侵染造成病害流行。全年春、秋雨季均可发生，在日照短、阴湿雾大的茶园发生较重。管理粗放、肥料不足、采摘过度、树势衰弱的茶园易发病。

【防治措施】

（1）结合修剪，清除病叶，减少初侵染源。

（2）加强茶园管理，增施有机肥，合理采摘，增强树势，减轻发病。

（3）在早春及秋季发病初期，可选用75%百菌清可湿性粉剂600～800倍液，或99%矿物油100～150倍液等药剂进行防治。非采茶期和非采摘茶园可喷施0.6%～0.7%石灰半量式波尔多液进行保护。

茶 芽 枯 病

茶芽枯病是侵染茶树芽叶的病害，受害芽叶生长受阻，直接影响茶叶产量和品质，制约茶叶生产发展。

【分布及危害】茶芽枯病主要分布于云南、安徽、浙江、湖南、江苏、江西、广东等各产茶区。在云南各茶区均有分布，多在春茶期为害新梢的芽和嫩叶，发生严重的茶园，病芽梢生长受阻，直接影响春茶产量和品质。

【症状】茶芽枯病主要为害春茶幼芽和嫩叶，初在叶尖或叶缘产生淡黄色或黄褐色斑点，后扩展成不规则状，病健部分界不明显。后期病部表面散生黑色细小粒点，以叶正面居多。感病叶片易破碎、扭曲，芽尖受害后呈黑褐色枯焦状，萎缩不能伸展，严重时整个嫩梢枯死。

【病原】茶芽枯病病原为叶点霉（*Phyllosticta gemmiphliae* Chen et Hu），属子囊菌门座囊菌纲葡萄座腔菌目叶点霉科叶点霉属。病原分生孢子器呈球形或扁球形，褐色至暗褐色，大小为（90～234）μm×（100～245）μm，器壁薄，膜质，孔口直径为23.4～46.8μm。器孢子呈椭圆形至卵形，两端圆，无色，单胞，内有1～2个绿色油球，周围有一层黏液，大小为（1.6～4.0）μm×（2.3～6.5）μm。

【发病规律】茶芽枯病是一种低温高湿型病害。病原以菌丝体或分生孢子器在病叶或越冬芽叶中越冬，在翌年春茶萌发期，产生分生孢子并随风雨传播，侵染幼嫩叶片，经2～3d形成新病斑。春茶期气温15～20℃，湿度大，茶叶氨基酸高时发病重。6月中旬后，病害发展受抑制。在发病期，病菌可不断进行再侵染，造成春茶损失严重。萌芽早的品种发病重。早春萌芽期遭受寒流侵袭的茶树易感芽枯病。

【防治措施】

（1）农业防治。在春茶期实行早采、勤采，减少病菌侵染机会，可减轻发病；加强树体培养，增施有机肥，因地制宜选用抗病品种。

（2）药剂防治。在萌发期和发病初期各喷药1次，可选用70%甲基硫菌灵可湿性粉剂1 000 ~ 1 500倍液，或75%百菌清可湿性粉剂1 000倍液。

茶芽枯病症状
（龙亚芹拍摄）

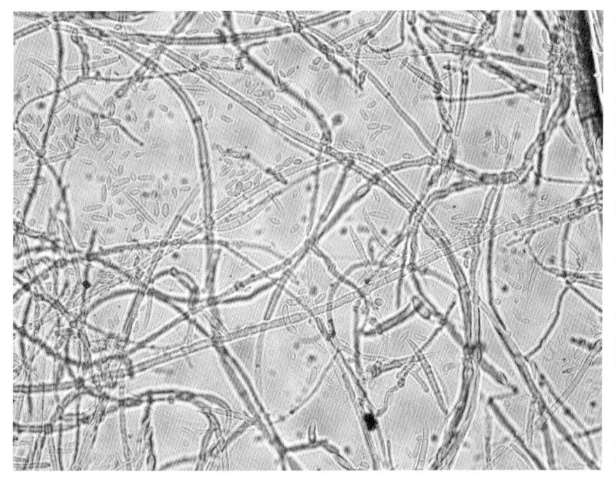
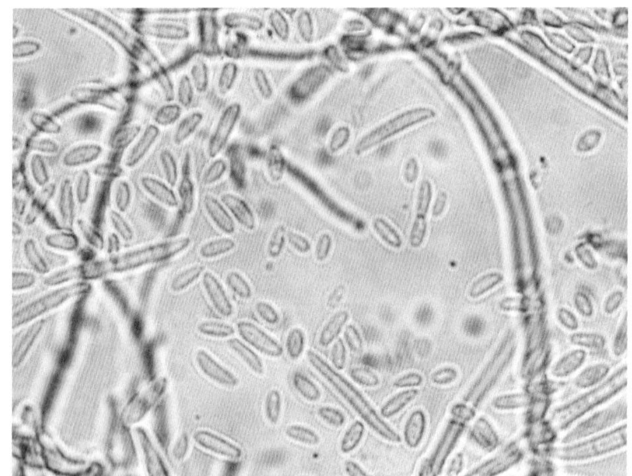

茶芽枯病病原菌丝及分生孢子
（龙亚芹拍摄）

茶云纹叶枯病

茶云纹叶枯病又称茶叶枯病，是云南大叶种茶树上常见的叶部病害之一。

【分布及危害】茶云纹叶枯病在国外分布于日本、印度、斯里兰卡、越南、坦桑尼亚等国家，国内各茶区均有分布。云南各茶区发生较为普遍，尤其是树势衰弱的茶园发生严重。该病主要为害成叶和老叶，发病严重时茶园成片枯褐色，叶片易脱落，新梢会枯死，树势变衰弱，而幼龄茶树会出现整株枯死现象。

【症状】成叶和老叶感病初期在叶尖、叶缘产生黄褐色小斑，呈水渍状，扩展后病部变褐，病斑半圆形或不规则，其上有波状轮纹，后期由中央向外变灰白色至灰褐色，上生灰黑色、扁平圆形小粒点，沿轮纹排列。嫩叶上的病斑初为圆形褐色，后变黑褐色。枝条上产生灰褐色斑块，稍下陷，上生灰黑色小粒点，会使枝梢回枯。果实上的病斑圆形，黄褐色至灰色，后期生有灰黑色小粒点，病部有时开裂。

【病原】茶云纹叶枯病病原有性态为山茶球腔菌［*Guignardia camelliae*（Cooke）Butler］，属子囊菌门座囊菌目座囊菌科球座菌属；无性态为山茶炭疽菌（*Colletotrichum camelliae* Massee），属子囊菌门间座壳目小丛壳科刺盘孢属。无性态的子实体为分生孢子盘，直径187 ~ 290μm，盘状，其中排列有分生孢子梗和刚毛，分生孢子梗呈短棒状，单胞，无色，上面着生分生孢子。分生孢子椭圆形，单胞，无色，内有1 ~ 2个空胞，大小为（10 ~ 21）μm ×（3 ~ 6）μm。刚毛呈针状，基部粗，顶端细，暗褐色，1 ~ 3分隔。有性态的子实体为子囊果，只在夏秋雨季出现。

【发病规律】病原以菌丝体或分生孢子器在茶树病部或土表落叶中越冬，翌年春季潮湿条件下形成分生孢子，经风雨和露滴传播蔓延，进行多次再侵染。该病害以高温高湿季节的8月下旬至9月上旬为发病盛期。管理粗放、偏施氮肥、采摘过度的幼龄茶园和台刈的茶园易受害，或遭受螨类为害、冻害、日灼等致使树势衰弱也易于发病。

茶云纹叶枯病为害叶片前中期症状
（龙亚芹拍摄）

茶云纹叶枯病为害成龄叶片后期症状
（龙亚芹拍摄）

【防治措施】

（1）农业防治。加强茶园管理，勤除杂草，增施磷、钾肥和有机肥，提高茶树抗病力。

（2）药剂防治。可选用75%百菌清可湿性粉剂800 ～ 1 000倍液，或10%多抗霉素可湿性粉剂800 ～ 1 000倍液，或99%矿物油100 ～ 150倍液等药剂进行防治。非采茶期和非采摘茶园可喷施0.6% ～ 0.7%石灰半量式波尔多液进行保护。

茶褐色叶斑病

茶褐色叶斑病是侵染茶树成叶和老叶的主要病害之一。

【分布及危害】茶褐色叶斑病在国外分布于日本、印度尼西亚、斯里兰卡、毛里求斯、坦桑尼亚等国家，国内分布于云南、江苏、浙江、安徽、湖南、四川、广东、台湾等产茶区。在云南各产茶区均有不同危害程度发生。

【症状】茶褐色叶斑病主要发生于成龄叶片和老叶叶缘、叶尖。初生褐色小点，后扩大为不规则或半圆形暗褐色斑块，病健部分界不明显，湿度大时或早晨露水未干时可见病部散发点状或块状灰色霉层。干燥时病部呈小黑点状。叶缘病斑多时常相互连接似冻害。

【病原】茶褐色叶斑病病原为茶尾孢菌（*Cercospora* sp.），属子囊菌门座囊菌纲球腔菌目球腔菌科尾孢属。病斑上的霉点，是病原子座和分生孢子梗丛。子座球形至近球形，直径40 ～ 100μm。分生孢子梗丛生在表皮下的子座上，分生孢子梗单条，直或稍弯曲，大小为（12 ～ 75）μm×（2 ～ 3）μm。分生孢子鞭状，基部粗，顶端渐细，无色至浅灰色，大小为（40 ～ 92）μm×(3 ～ 5)μm，具隔4 ～ 10个，孢子成熟后分隔明显。

【发病规律】病原以菌丝块（菌丝体或子座）在病树的病叶及落在土表的病叶上越冬，翌春条件适宜时，病部产生分生孢子，借风雨传播，侵染叶片后经5d左右潜育开始发病，以后经反复再侵染，致病害不断扩展蔓延。该病属低温高湿型病害，每年早春和晚秋，即3 ～ 5月和9 ～ 11月发生居多。云南秋季比春季发生多。缺肥或采摘过度，茶树树势衰弱易发病。茶园排水不良、湿气滞留发病重。

【防治措施】

（1）选用抗病品种。

（2）加强茶园管理，做到合理采摘，采养结合；增施有机肥，增强树势。

（3）春季采摘前或早春、晚秋发病初期及时喷洒70%甲基硫菌灵可湿性粉剂1 000倍液，或50%苯菌灵可湿性粉剂1 500倍液，或75%百菌清可湿性粉剂700倍液防治。

茶褐色叶斑病发病中期症状
（王香甩拍摄）

茶褐色叶斑病发病中后期症状
（王香甩拍摄）

茶 炭 疽 病

茶炭疽病是茶树常见的成龄叶片病害之一。

【分布及危害】茶炭疽病在日本、斯里兰卡等有分布记载。在我国云南、四川、贵州、浙江、安徽、湖南等茶区均有分布，在云南各茶区均普遍发生危害。茶树叶片受害后皱缩、质脆，易破碎、易脱落，常呈畸形。在发病严重的茶园会出现大量枯焦病叶，可引起大量落叶，影响茶树长势和茶叶产量。

【症状】茶炭疽病主要发生在茶树成叶上，老叶和嫩叶上也偶有发生。一般从叶片边缘或叶尖产生病斑，发病初期为暗绿色水渍状，常沿叶脉蔓延扩大，病斑颜色变为褐色或红褐色，后期变为灰白色不规则大斑块，其上散生黑色细小粒点，边缘有黄褐色隆起线，病健部分界明显。

【病原】茶炭疽病病原为茶盘长孢（*Gloeosporiem theaesinensis* Miyake），属子囊菌门垂舌菌纲柔膜菌目镰盘菌科盘长孢属。病原的分生孢子盘为黑色，直径80 ~ 150μm，其中排列有许多分生孢子梗。孢子梗为丝状，无色，上生1个分生孢子。分生孢子呈纺锤形，无色，单胞，小型，大小为（3.0 ~ 6.0）μm×（2.0 ~ 2.5）μm，两端尖，内含2个油球。

茶炭疽病侵染叶片症状（一）
（龙亚芹拍摄）

茶炭疽病侵染叶片症状（二）
（龙亚芹拍摄）

茶炭疽病侵染叶片症状（三）
（龙亚芹拍摄）

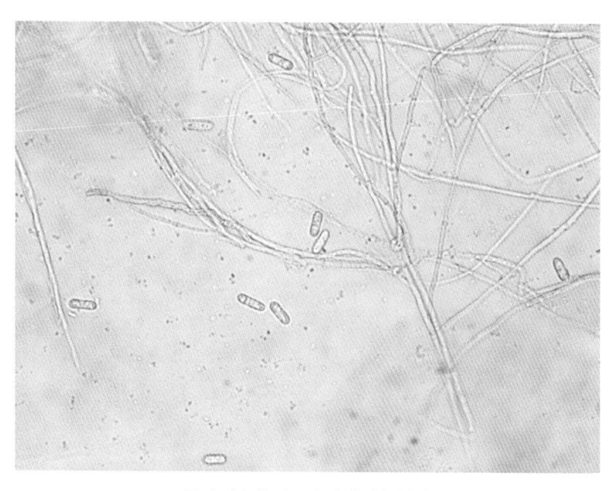

茶盘长孢孢子及菌丝形态
（龙亚芹拍摄）

【发病规律】病原以菌丝体或分生孢子盘在病叶组织中越冬，翌年在适宜条件下产生分生孢子，借助风雨传播蔓延，萌发后从叶背茸毛侵入，经发育形成新病斑，病部的分生孢子成熟后进行多次重复再侵染。该病属高湿型病害，全年以梅雨季节和秋雨季节发生最重。一般偏施氮肥、树势衰弱及管理粗放的茶园易发病，品种间存在明显的抗病性差异。

【防治措施】

（1）农业防治。加强茶园管理，注意清沟排水，及时中耕除草，增施磷、钾含量高的复合肥或有机肥，提高茶树抗病能力。新定植茶园，要注意选用抗病品种。

（2）药剂防治。一是在发病盛期前，适时用药防治。采摘期可使用99%矿物油200～300倍液进行防治。轻微发生时，可以喷施1%申嗪霉素悬浮剂500倍液。非采摘期可以使用0.6%～0.7%石灰半量式波尔多液进行喷雾防治。二是茶园发病严重时，可使用25%吡唑醚菌酯悬浮剂1 000～2 000倍液或70%甲基硫菌灵可湿性粉剂1 000～1 500倍液进行喷雾防治。

茶藻斑病

茶藻斑病又称茶白藻病，是茶树老叶部位的病害之一。

【分布及危害】茶藻斑病在云南各茶区均有分布。一般多发生在郁闭茶园通风透光不良的树冠中、下部老叶上。

【症状】茶藻斑病主要为害茶树老叶，在叶片正、背面均可产生病斑，以正面居多。发病初期生黄褐色针头状圆形小点或十字形斑点，后呈放射状逐渐向四周扩展，形成圆形或不规则病斑，大小为0.5～10mm，其表面稍隆起，可见灰绿至黄褐色细条状毛毡状物，边缘不整齐，后期病斑转呈暗褐色，表面平滑。

【病原】茶藻斑病病原为寄生性锈藻（*Cephaleuros virescens* Kunze），属绿藻门橘色藻科头孢藻属，其营养体为叶状体，由对称排列的细胞组成。细胞长形，从中央向四周呈辐射状长出，病斑上的毛毡物是病原藻的孢子囊和孢囊梗。孢囊梗呈叉状分枝，长270～450μm，顶端膨大，近圆形，上生8～12个卵形的孢子囊。孢子囊黄褐色，大小为（14.5～20.3）μm×（16.0～23.5）μm，孢子囊遇水散出游动孢子。游动孢子椭圆形，有2根鞭毛，可在水中游动。

【发病规律】茶藻斑病是一种绿藻寄生引起的病害。病原藻以营养体在病叶上越冬，在翌年春季潮湿条件下产生游动孢子囊和游动孢子，游动孢子在水中萌发，侵入叶片角质层，并在表皮细胞和角

茶藻斑病为害叶片症状（一）
（龙亚芹拍摄）

茶藻斑病为害叶片症状（二）
（龙亚芹拍摄）

茶藻斑病为害叶片症状（三）
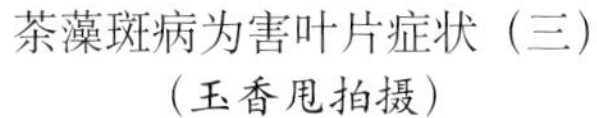
（玉香甩拍摄）

茶藻斑病为害茶果症状
（玉香甩拍摄）

质层之间扩展，以后在叶片表面又形成游动孢子，依靠风吹雨溅进行传播，使病害蔓延。病原藻寄生性弱，且喜高湿，因此多发生在荫蔽潮湿、树势衰弱、管理粗放的茶园。

【防治措施】

（1）农业防治。加强茶园管理，注意开沟排水，及时疏除徒长枝和病枝，促使茶园通风透光良好，适当增施磷、钾肥，提高茶树抗病力。

（2）药剂防治。发病严重的茶园，可在秋冬结合其他病害防治，如喷施0.6%～0.7%石灰半量式波尔多液等。

茶　煤　病

茶煤病又称乌油、煤烟病，是茶园中发生非常普遍的一种病害。

【分布及危害】茶煤病在我国各茶区均有发生，在云南各茶区发生普遍。该病害在病枝叶上覆盖一层黑霉，影响茶树光合作用的正常进行。发生严重时，茶园呈现一片污黑，芽叶生长受阻，污染茶叶，妨碍光合作用，抑制芽叶生长，影响茶叶产量和品质。

【症状】茶煤病在枝叶表面初生黑色圆形或不规则小病斑，以后逐渐扩大，可布满全叶，在叶面覆盖一层烟煤状黑色霉层。常见的浓色茶煤病的霉层厚而疏松，后期生黑色短刺毛状物。发生严重的茶园一片乌黑，树势衰弱。

【病原】茶煤病病原是一个庞大的类群，主要属于子囊菌门和担子菌门两个类群，可分为寄生性和腐生性两类。其中最常见的病原为茶新煤炱（*Neocapnodium theae* Hara），属子囊菌门座囊菌目新煤炱属。

【发病规律】病原以菌丝体或子实体在病部越冬，翌年早春在适宜环境条件下形成孢子，借风雨或昆虫传播。病原从粉虱、介壳虫和蚜虫的排泄物上吸取养料，附生于茶树枝叶表面上进行生长蔓延，形成烟煤。荫蔽潮湿，管理不良，蚜虫、介壳虫及粉虱等虫害严重的茶园有利于该病害发生。

【防治措施】

（1）农业防治。

①加强茶园管理，适当修剪以利于茶园通风透光，合理施肥，增强树势，减轻病害发生。

②合理间作豆科作物如大豆、花生等，改善瓢虫、食蚜蝇等天敌的繁殖和栖息场所，提高天敌种群数量，控制粉虱、蚜虫、介壳虫等害虫数量，增加生物多样性，调节有益昆虫的食物链，实现茶园生态平衡，对该病的防控有一定效果。

（2）药剂防治。及时控制粉虱、介壳虫和蚜虫是防治该病的最根本措施。在冬季封园或早春喷施45%石硫合剂120 ~ 150倍液或0.7%石灰半量式波尔多液，控制病害蔓延，还可兼治虫害。

茶煤病为害叶片症状
（龙亚芹拍摄）

茶煤病为害茶园症状
（龙亚芹拍摄）

茶煤病严重为害茶园
（龙亚芹拍摄）

感染茶煤病后茶芽生长受抑制
（龙亚芹拍摄）

二、茶树枝干部病害

茶树枝干部病害种类较多，目前已发现茶树枝干病害有30多种，云南大叶种茶园内普遍发生的主要有茶胴枯病、茶枝梢黑点病、茶膏药病、茶毛发病、茶红锈藻病、茶树苔藓和地衣等。该类病害主要使受害茶树吸收养分和水分受阻，造成树势衰弱，芽叶稀少。

茶红锈藻病

茶红锈藻病是由病原藻类寄生茶树引起的一种枝干病害。

【分布及危害】茶红锈藻病主要分布在云南、安徽、浙江、贵州、湖南、广西、江西等茶区，在云南各茶区均有分布，局部茶园内发病较重。主要发生在1 ~ 3年生枝条上，引起枯梢，也可为害茶树老叶和果实，连年发生则树势衰弱。

【症状】发病初期，枝叶上产生圆形或椭圆形病斑，呈灰黑色或紫黑色，以后逐渐扩展成不规则大病斑，严重时可布满整枝。在湿度大的雨季，病斑上会形成一层铁锈色毛毡状物（即病原藻的子实体），病部出现裂缝及对夹叶，可造成环状剥皮或枝梢干枯，病枝上常出现杂色叶片。老叶上病斑初呈灰黑色，后变成紫黑色，圆形稍突起，其上也生铁锈色毛毡状物，后期病斑干枯，变为暗褐色至灰色。茶果染病，表面产生暗绿色、褐色或黑色稍突起小病斑，边缘不整齐。

【病原】茶红锈藻病病原为寄生性绿藻（*Cephaleuros parasiticus* Karst），属绿藻门头孢藻属，其繁殖体的孢囊梗大小为（77.5 ~ 272.5）μm×（13 ~ 17）μm，顶端膨大，着生小梗，一般多为3个，每个小梗顶生1个游走孢子囊。游走孢子囊圆形或卵形，大小为（34.1 ~ 45.4）μm×（28.5 ~ 35.6）μm，成熟后遇水可释放大量的双鞭毛椭圆形游走孢子。

【发病规律】茶红锈藻病是由一种绿藻寄生引起的病害。病原藻以营养体在病组织上越冬，翌年5 ~ 6月潮湿条件下产生游动孢子囊，遇水释放出游动孢子，借风雨传播，萌发后侵入寄主，在细胞间生长蔓延，表现病状。茶树生活力的强弱，直接影响该病的发生程度。土壤瘠薄、缺肥或有硬土层、保水性差、易干旱、水涝等造成树势衰弱的茶园以及过度荫蔽的茶园，均易发病。在降雨频繁，雨量充沛的季节，病害发生严重。

茶红锈藻病侵染叶片症状
（龙亚芹拍摄）

茶红锈藻病侵染茶果症状
（王香甩拍摄）

【防治措施】

（1）农业防治。采取土壤改良、增施有机肥和磷肥、加强茶园管理等一系列措施，促使茶树在较短时期内恢复健壮生长，可使病情显著下降。

（2）药剂防治。在发病高峰期前，可喷施75%百菌清可湿性粉剂800～1 000倍液或50%多菌灵可湿性粉剂800～1 000倍液控制病害发展。绿藻的游动孢子对铜元素很敏感，在非采摘茶园，可喷施0.2%硫酸铜进行保护。

茶胴枯病

茶胴枯病又称枝枯病，是茶树当年生枝干病害。

【分布及危害】茶胴枯病在云南各茶区均有分布，是茶树当年生枝干病害。发生在茶树枝干和枝梢上，以为害一年生枝条为主，对幼龄茶园和苗圃的危害较大，常引起茶树局部枝条和茶苗枯死。

【症状】茶胴枯病为害茶树枝干，以一年生枝条发病最普遍，发病初期在红色枝条基部出现稍凹陷的暗色小斑块，卵形，以后逐渐向上、下扩展，大小为（2～3）cm×1cm，其上有很多白色或粉红色的孢子堆。发病初期在茶树中上部半木质化枝干的近基部生浅褐色至褐色长椭圆形病斑，后扩展成环状，稍凹陷，后期病斑上散生黑色小粒点，即病原分生孢子器。发病重的，水分输送受阻，地上部叶片蒸发量大，导致病部以上的枝叶枯死。另外一种症状表现为树皮变黑，直至根颈部，木质部呈现均匀黑色。后期树皮上出现很多小裂缝，并产生黑色小粒点，茎基部形成环状愈伤组织。为害老枝干，在表面产生稍突起纵条，树皮易剥落，露出黑色木质部。

【病原】茶胴枯病病原为大茎点霉（*Macrophoma* sp.），属子囊菌门座囊菌纲葡萄座腔菌目葡萄座腔菌科大茎点霉属真菌。分生孢子器球形至近球形，顶端具孔口，分生孢子器内壁着生分生孢子梗，分生孢子梗单胞，无色，线形，其上生有分生孢子，分生孢子长椭圆形，直或稍弯，单胞，无色，透明，大小为（15.7～23）μm×（7.3～9.7）μm，多具1～2个油球。

【发病规律】病原以分生孢子器或菌丝体在病部越冬，翌春产生分生孢子借风雨传播，条件适宜时孢子萌发从新梢侵入。该病多在5月盛发，7～8月出现枝叶枯死现象。茶树衰老或地势低洼的茶园易发病，通风透光不良或偏施、过施氮肥发病重。

茶胴枯病初期症状
（龙亚芹拍摄）

茶胴枯病前中期症状
（王香甩拍摄）

茶胴枯病中期症状
（玉香甩拍摄）

茶胴枯病后期症状
（玉香甩拍摄）

【防治措施】

（1）农业防治。加强茶园管理，及时中耕除草，雨后及时排水，对衰老的茶树要进行合理修剪或台刈；合理配施氮、磷、钾肥，使茶树生长健壮；合理采摘，切忌强采及捋采，以免造成伤口而引发病害。

（2）药剂防治。发病初期，春茶采摘前及时喷洒25%苯菌灵乳油800倍液，或36%甲基硫菌灵悬浮剂600倍液，或50%多菌灵可湿性粉剂800～1 000倍液（安全间隔期7～10d），以抑制病害发展；冬季可喷洒0.6%～0.7%石灰半量式波尔多液，减轻翌年发病程度。

茶枝梢黑点病

茶枝梢黑点病是为害茶树枝干的一种真菌性病害。

【分布及危害】茶枝梢黑点病在云南、浙江、安徽、湖南等茶区均有分布，目前在云南各产茶区均有不同程度危害。

【症状】茶枝梢黑点病多发生在当年生的半木质化枝梢上。受害枝梢初期出现不规则灰色病斑，以后逐渐向上、下扩展，长可达10～15cm。此时，病斑呈现灰白色，其表面散生许多黑色带有光泽的小粒点，圆形或椭圆形，向上突起，即病菌的子囊盘。发病重的茶园内枝梢芽叶稀疏、瘦黄，枝梢上部叶片大量脱落，严重时全梢枯死。

【病原】茶枝梢黑点病病原为一种薄盘菌（*Cenangium* sp.），属子囊菌门内生盘菌属。子囊盘杯状，黑色，略具光泽，革质，直径0.5mm，无柄，无子座。子囊直或稍弯，棍棒状，大小为（114～172）μm×24μm，内含子囊孢子8个。子囊孢子单胞，无色透明，长椭圆形至梭形，有的稍弯曲，大小为（22～42）μm×（5.5～7.5）μm。子囊孢子在子囊的上部排成双行，下部则为单行或交叉排列。侧丝生在子囊间，大小为（66～363）μm×（3.3～4.4）μm。

【发病规律】病原以菌丝体或子囊盘在病梢组织中越冬。越冬病原从3月下旬开始生长发育，5月中下旬孢子成熟，借助风雨传播，进入发病盛期，侵染枝梢。6月下旬后温度偏高，病害发展相对缓慢。该病属单循环病害，1年只侵染1次，无再侵染。

【防治措施】

（1）农业防治。因地制宜选用抗病品种，但应避免大面积连片种植单一品种；及时剪除病梢，携至茶园外集中喷药处理。发病重的要重剪，可有效减少侵染源，减轻发病。

（2）药剂防治。发病盛期前及时喷50%多菌灵可湿性粉剂 800倍液，或70%甲基硫菌灵可湿性粉剂 1 000倍液。

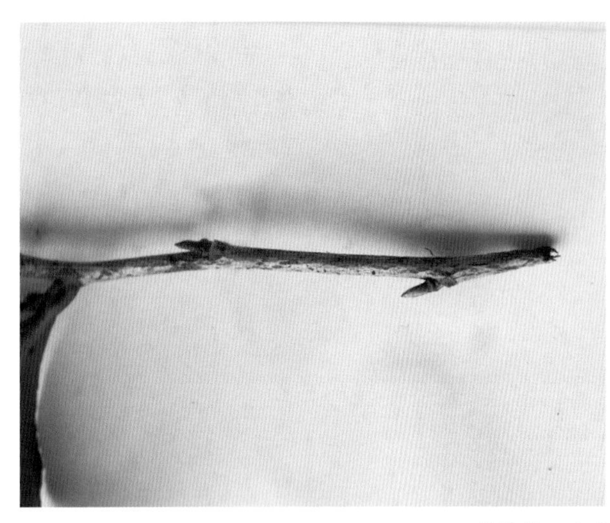

茶枝梢黑点病为害枝干症状
（玉香甩拍摄）

茶 膏 药 病

茶膏药病是云南大叶种茶树重要的致死性枝干病害之一。

【分布及危害】茶膏药病在云南各产茶区均有分布，在老茶园发生较多。常见的有灰色膏药病、褐色膏药病两种，以菌膜包围茶树枝干，影响茶树的正常生理活动，严重时可致树势衰弱，枝条枯死。

【症状】茶膏药病主要为害茶树主干和枝条，在病部形成圆形、椭圆形或不规则的厚菌膜，如膏药般贴附其上进行外寄生，由此而得名。灰色膏药病病部初生白色棉毛状物，后转为暗灰色，菌膜中间稍厚四周较薄，表面光滑，湿度大时表面产生白色粉状物，老后菌膜变成紫褐色，并干缩龟裂，逐渐脱落。褐色膏药病病部为褐色厚膜，表面呈丝绒状，较灰色膏药病稍厚、粗糙，边缘有一圈窄灰白色带，后期表面龟裂，易脱落。

【病原】灰色膏药病病原为柄隔担耳菌［*Septobasidium pedicellatum*（Schw）Pat］，褐色膏药病病原为田中隔担耳菌（*Septobasidium tanakae* Miyabe），均属担子菌门柄锈菌纲隔担菌目隔担菌科隔担菌属。

灰色膏药病病原菌丝有两层，初生菌丝具分隔，无色，后期变成褐色至暗褐色，分枝茂盛相互交错呈菌膜。子实层上先长出原担子，后在原担子上产生无色圆筒形担子，初直，后弯曲，大小为(20 ~ 40)μm×(5 ~ 8)μm，具分隔3个，每个细胞抽生一小梗，顶生1个担孢子。担孢子单胞无色，长椭圆形，大小为（12 ~ 24）μm×（3.5 ~ 5）μm。

褐色膏药病病原褐色具隔，有两层，交错密集成厚膜，多从菌丝上直接产生担子，担子无色，棍棒状，具分隔3个，直或弯，大小为（27 ~ 53）μm×（8 ~ 11）μm，侧生的小梗上各生1个担孢子。担孢子无色，长椭圆形。

【发病规律】病原以菌丝体在茶树枝干上越冬，翌年春末夏初，湿度大时形成子实层，产生担孢子，担孢子借气流和介壳虫传播蔓延，菌丝迅速生长形成菌膜。土壤黏重或排水不良，荫蔽及湿度大的老茶园易发病，介壳虫为害严重的茶园发病重。

【防治措施】

(1) 农业防治。加强茶园耕作管理，合理疏枝、修剪，促进茶园通风透光；发病严重的茶园，可进行重修剪或台刈，并将剪下来的枝条及时运出茶园集中销毁。

(2) 药剂防治。对发病多的主枝干，可用竹片刮除菌膜，再喷施45%石硫合剂晶体120 ~ 150倍液或0.6% ~ 0.7%石灰半量式波尔多液进行防治；介壳虫孵化初期，注意进行防治。

灰色膏药病症状
（陈林波拍摄）

灰色膏药病病斑
（陈林波拍摄）

褐色膏药病前期症状
（陈林波拍摄）

褐色膏药病后期症状
（陈林波拍摄）

茶毛发病

茶毛发病又称马鬃病，是茶树枝干病害之一。

【分布及危害】茶毛发病在云南部分茶区有发生。一般该病对茶树的产量影响不大，但发生严重时，会削弱树势，阻碍芽梢生长。

【症状】茶毛发病病原的菌丝体多从茶丛内部枝干上长出，表现为枝条上缠绕有许多散乱无序、形似马鬃的漆黑色毛发般丝状物，以吸器固着于枝干表面，并伸入组织吸收养分，使嫩梢枯死。

【病原】 茶毛发病病原为细柄小皮伞（*Marasmius equicrinis* Muell & Berk），属担子菌门伞菌目小皮伞科小皮伞菌属。病原子实体形似小蘑菇，淡黄色，菌盖直径4 ～ 5mm，中央略凹陷。

茶毛发病症状
（玉香甩拍摄）

茶毛发病缠绕枝干症状
（玉香甩拍摄）

茶毛发病黑色丝状物
（玉香甩拍摄）

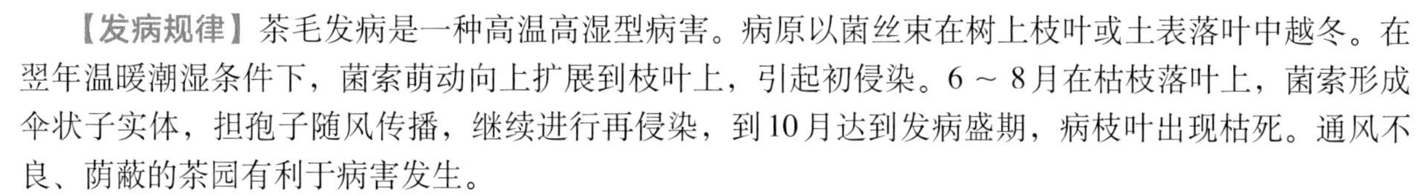

【发病规律】茶毛发病是一种高温高湿型病害。病原以菌丝束在树上枝叶或土表落叶中越冬。在翌年温暖潮湿条件下，菌索萌动向上扩展到枝叶上，引起初侵染。6 ~ 8月在枯枝落叶上，菌索形成伞状子实体，担孢子随风传播，继续进行再侵染，到10月达到发病盛期，病枝叶出现枯死。通风不良、荫蔽的茶园有利于病害发生。

【防治措施】

（1）农业防治。加强茶园管理，冬季剪除病枝，并及时销毁。合理密植，适时中耕除草，保持茶园通风透光，降低茶丛湿度。合理施肥，避免偏施氮肥，增施磷、钾肥，提高茶树抗侵染力。

（2）药剂防治。用70%甲基硫菌灵可湿性粉剂1 000 ~ 1 500倍液喷雾，非采摘期可使用0.6% ~ 0.7%石灰半量式波尔多液喷雾。

茶树苔藓和地衣

茶树苔藓和地衣是茶树枝干上的附生植物，以山区茶园发生危害严重。

【分布及危害】茶树苔藓和地衣在日本、印度有分布记载，在国内各茶区均有分布。滇西南茶区发生尤为严重，苔藓主要发生在荫蔽、衰老的茶园。

【症状】苔藓植物附生于茶树枝干上，造成树势衰弱，严重影响茶芽萌发和新梢叶片生长，由于其覆盖茶树枝干及茶丛，致使树皮褐腐，而且大量苔藓植物体有利于害虫的繁殖和越冬。苔藓植物是一种黄绿色青苔状或毛发状物，在茶枝干上附着黄绿色形似青苔的是苔，呈丝状物的是藓。

茶树上寄生的地衣是一种青灰色叶状体，根据外观形状可分为叶状、壳状和枝状地衣。叶状地衣扁平，形状似叶片，平铺在枝干的表面，有的边缘反卷，容易剥落。壳状地衣为一种形状不同的深褐色假根状体，紧紧贴在茶树枝干皮上，难于剥离，如文字地衣呈皮壳状，表面具黑纹。枝状地衣叶状体下垂如丝或直立，分枝似树枝状。

【形态】茶树苔藓俗称茶胡子，是一种绿色植物，具有假茎、假叶，能够进行光合作用，以假根附着在茶树枝干上吸收水分，其繁殖体是配子体，配子体可产生孢子，由苔纲和藓纲的不同类群组成。苔纲植物外形呈黄绿色青苔状，叶状体为绿色小片状，紧贴基物上，与绿藻近似。藓纲植物则为簇生的丝状物，外形与维管植物相近。

地衣属于低等植物中的地衣门类群，是菌类和藻类的共生体，靠叶状体碎片进行营养繁殖，也可以真菌的孢子和菌丝体及藻类产生的芽孢子进行繁殖。以由下皮层伸出的无色至黑色菌丝束、菌丝穿入寄主皮层甚至形成层，吸取水分和无机盐，从而妨碍茶树生长。

【发病规律】苔藓和地衣以营养体在茶树枝干上越冬，翌年春季气温升高至10℃以上时开始生长，产生的孢子经风雨传播蔓延，一般在5 ~ 6月温暖潮湿的季节生长最盛，进入高温炎热的夏季，生长很慢，秋季气温下降，苔藓和地衣又复扩展，直至冬季才停滞下来。苔藓多发生在阴湿的茶园，地衣则在山地茶园发生较多。老茶园树势衰弱、树皮粗糙易发病。生产上管理粗放、杂草丛生、土壤黏重及湿气滞留的茶园发病重。

【防治措施】

（1）农业防治。一是及时清除茶园杂草，合理疏枝，清理茶树边脚枝，改善茶园小气候。二是加强茶园肥培管理，合理采摘，使茶树生长旺盛，提高抗病力。三是在农闲季节使用竹片进行人工刮除，效果较好。四是发生严重的茶园，可采用深修剪或重修剪进行茶园改造。

（2）药剂防治。一是秋冬停止采茶期，用草木灰浸出液煮沸以后进行浓缩，涂抹在地衣或苔藓病部，控制病害的发展。二是在非采茶季节，喷施10% ~ 15%石灰水，药效良好，无药害。三是在病害发生期可选用2%硫酸亚铁溶液，或1%石灰等量式波尔多液，或12%松脂酸铜乳油600倍液等进行喷洒防治。

茶树布满苔藓
（龙亚芹拍摄）

苔藓（一）
（龙亚芹拍摄）

苔藓（二）
（龙亚芹拍摄）

苔藓（三）
（龙亚芹拍摄）

茶树主干布满地衣
（龙亚芹拍摄）

地　衣
（龙亚芹拍摄）

片状地衣
（龙亚芹拍摄）

布满苔藓和地衣的茶树
（龙亚芹拍摄）

茶 菟 丝 子

茶菟丝子是菟丝子科菟丝子属植物，是一种全寄生的种子植物，除寄生茶树外，还寄生山茶等植物。

【分布及危害】国内主要分布于云南、安徽、浙江、湖南、江西、广东等茶区，在云南各茶区均有分布，以细茎生长并缠绕在茶树枝干上吸取养分，使茶树枝叶生长受阻，发生严重时会缠满整株茶树，致使茶树树势衰弱，甚至死亡。

【症状】茶菟丝子是一年生攀藤全寄生草本植物，以黄色或橙色细茎生长并缠绕在茶树枝干上吸取养分，其茎上部飘荡在空中，伴随茶树生长而不断伸长，一般于夏末、秋初开花，秋季结实，其生长所需全部营养均来自茶树体内。受缠绕的茶树枝叶生长受阻，发生严重时整株茶树上缠满菟丝子，致使树势衰弱，叶片发黄，茶芽稀疏、瘦弱，导致枝梢枯死。

【形态】常见的茶菟丝子有日本菟丝子（*Cuscuta japonica* Choisy）和中国菟丝子（*Cuscuta chinensis* Lam），属旋花科菟丝子亚科菟丝子属。茶菟丝子是全寄生性一年生双子叶植物，无根，无叶，叶片退化成鳞片状；茎细长，线状，常见黄色、橙色或紫红色茎如藤蔓缠绕茶树主干和枝条；花小且多，呈白色、黄色或浅红色，穗状花序或总状花序，花冠管状、球状或钟状；果实为蒴果，球形或卵形，有1～4个种子，无色，胚在肉质胚乳中，丝状，呈圆盘形弯曲或螺旋形，无子叶；吸盘开始成块状，吸附在茶树表皮组织上，其上生长出许多吸根，在茶树组织和细胞间或细胞内生长并吸收营养。

【发病规律】茶菟丝子一般以脱落在土壤中的种子和被害茶树上的藤茎越冬。秋季菟丝子种子成熟后便散落在周围土壤中越冬，翌年4～5月萌发长出幼苗，当幼苗茎尖遇到茶树便缠绕其上，很快形成吸盘，固着在茶树枝干的组织中，形成吸根伸入茶树组织内吸取养料和水分，建立寄生关系后，吸盘以下的茎、根失去作用而退化、消失，吸盘以上的茎继续生长攀缘，不断发生分枝，并在茶枝的适当部位再形成吸盘，直至攀满全树，甚至全园，茶树受害严重时，出现枯死现象。

【防治措施】

（1）在调运茶苗时，严格进行检验检疫，防止菟丝子通过茶苗进行传播。

（2）受害严重的地块，秋冬季结合茶园深耕，将菟丝子种子深埋入8～10cm的土壤中，使其难以萌芽，从而减轻菟丝子的发生量。

（3）及时剪除茶树上的菟丝子，并带出茶园集中处理，将残留在茶树上的菟丝子茎随手清理干净，以防止菟丝子的断茎重新发育成新株。同时，当发现茶园周围有受害的其他寄主植物时，也要随时清除，防止扩散和结籽。

菟丝子攀满茶树
（龙亚芹拍摄）

菟丝子茎
（玉香甩拍摄）

菟丝子花
（玉香甩拍摄）

褐色菟丝子攀缘茶树
（龙亚芹拍摄）

茶树桑寄生植物

桑寄生是茶树上的一种寄生种子植物。

【分布及危害】在国外仅有印度报道桑寄生为害茶树，国内局部地区有为害报道，主要分布于云南、广东等茶区。在云南主要分布于西双版纳、普洱、临沧等茶区。多发生在常绿阔叶林内或林地附近分散种植的老茶园，受害严重的茶树，树势衰弱、芽头变小、枝叶稀疏。

【症状】桑寄生是绿色种子植物，常寄生在茶树的中上部枝干上，被害部位会引起畸形膨胀，还会形成根出条在寄主表面蔓延，致使茶树树冠生长受阻，受害茶树翌年发叶迟、叶片小、对夹叶多，上部枝条逐渐枯死。一般来说，桑寄生对茶树的破坏速度较慢。寄生部位以上的茶树枝梢生长衰弱，由于养分缺乏而逐渐黄化、枯死。

【种类与形态】桑寄生植物属桑寄生科，在云南茶区寄生茶树的桑寄生植物有5个属，5个种，2个变种，分别为鞘花［*Macrosolen cochinchinensis*（Lour.）Van Tiegh］、离瓣寄生（*Helixanthera parasitica* Lour.）、小红花寄生［*Scurrula parasitica* var. *graciliflora*（Wall. & DC.）H. S. Kiu］、红花寄生（*Scurrula parasitica* L.）、卵叶梨果寄生［*Scurrula chingii*（Cheng）H.S.Kiu］、亮叶木兰寄生［*Taxillus limprichtii*（Gruning）H.S.Kiu var. *longiflorus*（Lecomte）H.S.Kiu］、栗寄生［*Korthalsella japonica*（Thunb.）Engl.］。其中栗寄生为常绿半寄生亚灌木，无匍匐茎，茎和分枝扁平，侧枝常对生，分节明显，各节排列于同一平面，侧枝形同螃蟹的脚，当地群众称为“螃蟹脚”。叶退化成鳞片状，合生成环状，着生于节间。

【侵染循环】桑寄生植物的种子主要依靠鸟类取食浆果传播，寄生到茶树枝干上，以吸盘上的吸根侵入树皮并到达木质部，从中吸取水分和无机盐。桑寄生植物还可以形成根出条在茶树枝干表面延伸，产生新的吸根，侵入树皮，再钻入寄主组织内吸取养分，并长出新的茎叶，不断蔓延为害。由于桑寄生分泌激素，使侵染部位形成肿瘤，受害茶树发芽迟、叶片小、对夹叶多，甚至导致不发叶。桑寄生对茶树的破坏速度较慢，寄生部位以上的茶树枝梢生长衰弱，并且由于缺乏养分而逐渐黄化、枯死。

【防治措施】

（1）加强茶园管理，增强茶树抵抗力。

（2）发现茶树上的桑寄生植物应及时人工清除，寄生严重的茶树可视具体情况进行重修剪或台刈，使之抽发新枝，恢复树势。

桑寄生
（汪云刚拍摄）

桑寄生（螃蟹脚）
（龙亚芹拍摄）

其他寄生

其他寄生
（龙亚芹拍摄）

三、茶树根部病害

根部病害是茶树病害的重要类型，茶园内常见根部病害10余种，主要影响茶树水分和养分吸收，引起茶树整株死亡，破坏性极大。

茶 苗 白 绢 病

茶苗白绢病又名茶菌核性根腐病、菌核性苗枯病，是茶苗上常见的一种根部病害。

【分布及危害】茶苗白绢病分布广泛，云南、浙江、安徽、湖南、湖北、广东、四川等地均有分布，在云南各茶区均有发生。在苗圃和幼龄茶园中发生普遍，发生严重时引起茶园缺苗断行，影响新定植茶园的发展。

【症状】茶苗白绢病侵染茶苗后，导致植株枯萎，叶片脱落，严重时成片死亡。该病害主要发生在接近地面的茶苗根颈部，感病初期病部呈褐色斑，其表面上长有白色棉毛状菌丝体，并由茎部向土表蔓延扩展，形成白色绢丝状膜层，后期形成油菜籽状菌核，菌核由白色转变成黄褐色至茶褐色，最后病部皮层软腐，茶苗叶片变黄枯萎，直至整株死亡。

【病原】茶苗白绢病是一种由真菌侵染引起的病害。病原有性态为罗耳阿太菌［*Pellicularia rolfsii*（Curiz）West］，属担子菌门薄膜革菌属。无性态为齐整小核菌（*Sclerotium rolfsii* Sacc.），属担子菌门蘑菇目小核菌属。生育期中产生的营养菌丝白色，直径5.5 ~ 8.5mm，有明显缔状联结菌丝，每节具2个细胞核，在产生菌核之前可产生较纤细的白色菌丝，直径3.0 ~ 5.0mm，细胞壁薄，有隔膜，无缔状联结，常3 ~ 12条平行排列成束。担子棍棒形，大小为（9 ~ 20）μm×（5 ~ 9）μm，担孢子梨形或卵形，单胞，无色，基部稍歪斜。菌核球形或椭圆形，直径0.5 ~ 2.0mm，初为白色，以后变为深褐色，表面光滑、坚硬。

【发病规律】病原以菌核或菌丝体在土壤中或附着在病部越冬，菌核在土壤中可存活5 ~ 6年，翌年春夏温湿度适宜时，产生菌丝沿着土隙蔓延到邻株，通过雨水、流水或农具进行传播，也可随苗木调运至无病区。高温高湿有利于发病，全年以6 ~ 8月发病最盛。土壤黏重、过酸、排水不良的茶园容易发病，前作或间作为感病寄主的地块发病严重。

茶苗白绢病田间症状
（王香思拍摄）

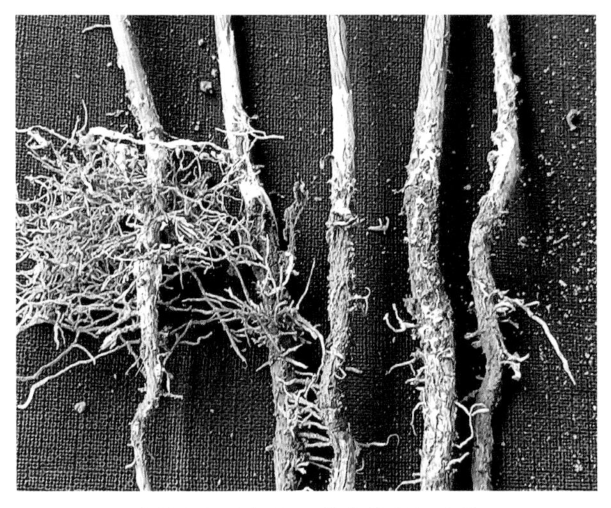

茶苗白绢病侵染后茶苗茎基部症状
（王香甩拍摄）

茶苗白绢病侵染后茶苗根部症状
（王香甩拍摄）

【防治措施】

（1）对茶苗进行严格检疫，选用无病苗木栽种。

（2）选择土壤肥沃、土质疏松、排水良好、未感病的土地作为苗圃地。

（3）加强土壤管理，增施有机肥，改良土壤，提高茶苗抗病能力，可减轻发病。

（4）发现病株要立即拔出带至园外集中喷药处理，并将周围土壤挖除，换成新土并喷洒杀菌剂，如50%多菌灵可湿性粉剂500 ～ 800倍液，或0.5%硫酸铜液，或70%甲基硫菌灵可湿性粉剂1 000倍液进行消毒后，再补植茶苗。

茶苗根结线虫病

茶苗根结线虫病是苗圃中一种毁灭性病害，也是世界各国茶园内常见的一种为害茶苗和幼龄茶树的根部病害，由线虫侵染引起。

【分布及危害】茶苗根结线虫病在印度、斯里兰卡、日本等国家均有发生，国内主要分布于云南、浙江、安徽、福建、湖南、广东、广西、四川等茶区。在云南茶区均有分布，主要为害1 ～ 2年生实生苗或扦插苗。

【症状】茶苗根结线虫病典型特点是病原线虫侵入寄主后，使根部形成肿瘤。线虫侵入后注入分泌液，刺激其取食点附近寄主细胞增殖和增大，形成巨型细胞，同时引起病根出现根结症状。茶苗受害后主根或侧根肿胀畸形，常无须根。初期根结表面与健根表面区别不大，以后变粗糙，随着雌虫发育成熟产卵，根结表皮破裂，后期因土壤内其他微生物侵染，引起全根腐烂。茶苗根部受害后，根系正常功能衰退，水分和养分正常吸收与输导受阻，使地上部分表现缺水、缺肥症状，植株矮小，叶片发黄，枝条细弱，芽梢停止生长。干旱季节发病严重，常引起大量落叶，以至全株死亡。

【病原】茶苗根结线虫病病原主要有南方根结线虫［*Meloidogyne incognita*（Kofoid et White）Chitwood］和花生根结线虫［*M. arenaria*（Neal）Chitwood］，均为线形动物门根结线虫属。此外，还有爪哇根结线虫［*M. javanica*（Treub）Chitwood］和泰晤士根结线虫（*M. thamesi* Chitwood），也可为害茶苗。

雌成虫柠檬形，头部尖，体膨大，长径为0.44 ～ 1.30mm，短径为0.33 ～ 0.7mm，黄白色。卵无色，长椭圆形。雄成虫和幼虫细长形，无色透明，雄虫长径为1.20 ～ 2.0mm，短径为0.03 ～ 0.04mm。

【发病规律】茶苗根结线虫以幼虫在土壤中或以雌成虫和卵在根瘤中越冬。翌年春天气温上升到

10℃以上时开始活动，卵孵化出幼虫，经流水、农具等传播后，从茶苗幼嫩根尖侵入，并分泌物质刺激根部细胞膨大形成虫瘿。雌成虫固定在虫瘿中为害根部，幼虫和雄成虫可在土壤中自由活动。线虫常随苗木调运进行远距离传播。一年可发生多代，当土壤温度20 ～ 30℃、土壤湿度40%～ 70%时，完成1代需20 ～ 30d。生产中沙质壤土以及前作为感病寄主的土壤，发病较重。三年以上茶苗表现抗病。品种间有抗病性差异，大叶种比中小叶种更易感病。

【防治措施】对于该病害的防治，主要采用农业防治为主，具体如下：

（1）选用无病地或生荒地进行育苗和植苗。

（2）做好茶苗检验检疫工作，选用无病苗木，发现病苗马上处理或销毁，防止病害随苗木调运而传播。

（3）耕翻暴晒土壤。种植茶苗前应提前耕翻土壤，将土壤中的线虫耕翻至土表，使其在烈日下暴晒，可有效杀灭土壤中的根结线虫。

（4）在种茶前或在苗圃行间种植一些根部分泌物能抑制线虫生长的植物，如万寿菊、危地马拉草、猪屎豆等，以减少土壤中的线虫数量。

（5）做好茶园肥、水、除草等日常管理工作，促进茶苗根系健壮生长，提高茶树抗病能力。增施有机肥，增加土壤中线虫天敌的数量。

茶苗根结线虫病为害幼龄茶园状
（玉香甩拍摄）

茶苗根结线虫病为害茶苗症状
（玉香甩拍摄）

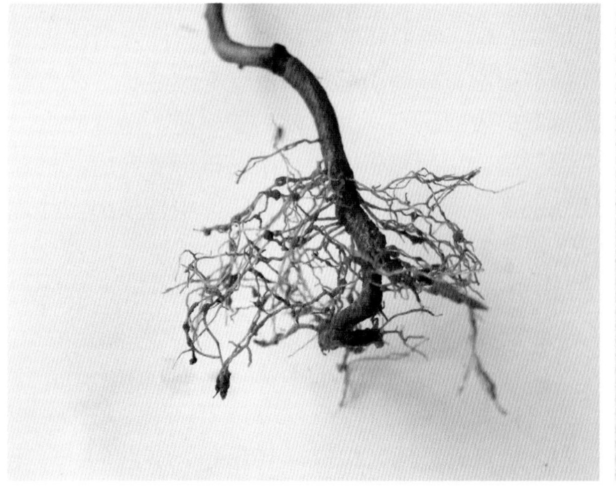

茶苗根结线虫病为害根部症状
（玉香甩拍摄）

茶根癌病

茶根癌病又称茶根头癌肿病，是发生在茶苗根部的一种细菌性病害，尤其在扦插苗中发生更为严重。

【分布及危害】茶根癌病在世界各主要产茶国均有报道，在我国茶区均有分布，除为害茶树外，还能为害苹果、柑橘等多种作物，寄主范围广，主要侵害寄主根部，影响寄主生长。

【症状】茶根癌病主要为害茶树根部。病菌主要从扦插苗切口处侵入，刺激茶树根部细胞和组织增生。主根、侧根染病，初在病部产生浅褐色球形膨大，后逐渐扩展为瘤状物，后期许多小的瘤状物常在根茎交界处聚集，形成大瘤，后期病瘤变为褐色，内部木质化，质地坚硬，表面粗糙。感病茶苗很少有须根，严重者几乎不发根。病苗地上部生长不良，叶片发黄，逐渐脱落，严重时整株枯死。实生苗也可感染根癌病菌，形成不规则瘤状物，主要在须根上，主根上偶有发生。

【病原】茶根癌病病原为土壤杆菌属根癌土壤杆菌［*Agrobacterium tumefaciens*（Smith & Townsend）Cinn］，属细菌。菌体短杆状，大小为（1.0 ～ 3.0）μm×（0.4 ～ 0.8）μm，具周生鞭毛1 ～ 5根，能游动，有荚膜，无芽孢，革兰氏染色阴性。在琼脂培养基上菌落呈白色至灰白色，圆形，稍突起，有光泽。

【发病规律】病原在病株周围的土壤中或病组织中越冬。病原在土壤或枯枝落叶中可以以腐生状态存活多年。当条件适宜时，病原借雨水、灌溉水、地下害虫以及农事活动等近距离传播。伤口侵入皮层组织，在其内生长发育，并分泌激素，刺激茶树细胞过度分裂，形成肿瘤。随着肿瘤的不断增大，瘤状物外部病组织脱落，大量的细菌也随着组织的脱落而进入土壤中，再进行新一轮的侵染。病原远距离传播主要靠病土和病苗的调运。生产上苗木有无伤口及切口是该病能否大发生的重要条件。扦插苗圃发病率高，地势低洼、土壤湿度大、土壤黏重的苗圃易发病。

【防治措施】

（1）严格检验检疫，严禁从病区调运苗木。

（2）选择避风向阳、土质疏松、排水良好的无病地育苗。发现病株要及时连同根际土壤一并挖掉，妥善处理，并用石灰水进行土壤消毒。加强茶园管理，及时防治地下害虫，千方百计减少根部伤口。

（3）药剂防治。可用1%硫酸铜灌浇带菌的苗圃地或病株穴，以减少病原数量；在扦插前将插穗浸渍在0.1%硫酸铜中5min，再移入2%石灰水中浸1min，可保护伤口免受细菌的侵染。

茶根癌病为害扦插苗症状

（王香思拍摄）

茶红根腐病

茶红根腐病又名红根病，是茶树根部病害之一。

【分布及危害】茶红根腐病在云南各产茶区均有分布。发生茶红根腐病的病株常常突然死亡，造成茶园缺株断行、不整齐。

【症状】茶红根腐病一般发生在成龄茶树上，茶树染病后叶片稀疏，严重时整株枯死。病株上萎凋的叶片仍会附着在树上一段时间而不脱落。主根表面黏附有泥沙，用水易冲洗去，之后可见病根表面有革质分枝状菌膜，初呈白色，后转为红色、暗红色或紫红色，剥开病根外皮可见皮层与木质部之间有白色菌膜，木质部一般无条纹。根颈部或茎部常生平伏状或灵芝状子实体。

【病原】茶红根腐病病原为褐卧孔菌（*Poria hypobrunnea* Petch）和平盖灵芝［*Ganoderma applanatum*（Pers.）Pat］，均属担子菌门。褐卧孔菌子实体初为浅黄色，后转红呈蓝灰色，平伏，紧贴在茎部或根茎处，厚3～6mm，边缘白色，较狭，被绒毛；菌膜暗紫褐色，毡状，厚3mm。担子宽棍棒状，大小为（9.0～10.5）μm×（4.5～5.0）μm；担孢子大小为（4.0～6.0）μm×（3.5～5.0）μm，亚球形至球形或三角形，光滑，无色。平盖灵芝的子实体有短柄或无柄，呈黄色、红褐色、灰色或黑色；菌管较长，5～7mm；担孢子有或无，卵圆形至椭圆形，浅黄褐色，大小为（7.0～9.0）μm×（5.2～6.2）μm，外胞壁光滑，内壁具小刺。

【发病规律】病原以菌丝体或菌膜在土壤中或病根上越冬，条件适宜时长出营养菌丝，通过伤口侵染根部。在茶园中病害主要通过病根与健根的接触进行传播。此外，担孢子可借风雨传播。该病的发展进程很慢，有时侵染后需经10年以上才会表现症状。茶园残存的病树桩、病根、病碎木块常成为传染源。树势衰弱、地下水位高的茶园，易发病；管理粗放的老茶园，发病重。

【防治措施】

（1）农业防治。加强茶园管理，及时排除茶园积水，增施有机肥，促进树势健壮，增强抗病力。

（2）土壤消毒。发现病株应立即挖除，在病区四周挖隔离沟，将其与健株隔开，防止病原蔓延，再用75%十三吗啉乳油800～1 000倍液进行土壤消毒。

（3）药剂防治。在病树基部周围挖15～20cm深的环形沟，并选用75%百菌清可湿性粉剂600～800倍液，或70%甲基硫菌灵可湿性粉剂800～1 000倍液，或75%十三吗啉乳油800～1 000倍液等进行药液灌根。

茶红根腐病引起茶树死亡
（王香甩拍摄）

茶红根腐病根部症状
（汪云刚拍摄）

茶白纹羽病

茶白纹羽病是茶树的一种根部病害，导致茶树根部腐烂，是一类危害严重又难防治的病害。

【分布及危害】茶白纹羽病主要为害茶树根部，在云南多个茶区均有发生。

【症状】发病茶树地上部分生长不良，叶片发黄并提早脱落，最后枝干枯死。茎基部和根部病组织开始呈褐色，表面缠绕有白色棉毛状的菌丝束，以后须根、主根皮层逐渐腐烂，菌丝由白色转变成暗灰色，后期可形成菌核。

【病原】茶白纹羽病病原为褐座坚壳菌［*Rosellinia necatrix*（Hartig）Berlses］，属子囊菌门粪壳菌纲炭角菌目炭角菌科白纹羽菌属。子囊果为黑色，球形，集生。子囊为圆柱形，长柄。子囊孢子为船形，暗黑色，大小为（30 ～ 50）μm×（5 ～ 8）μm。分生孢子单胞，无色，椭圆形。菌丝体有2种，一种粗细一致，另一种呈梨形膨大。

【发病规律】病原以菌丝束和菌核在病组织处或病根周围的土壤中越冬，到第二年温湿度条件适宜时，菌丝和菌丝束伸长侵入邻株根部传播发展。

茶白纹羽病地上部症状（一）
（龙亚芹拍摄）

茶白纹羽病地上部症状（二）
（龙亚芹拍摄）

茶白纹羽病地上部症状（三）
（龙亚芹拍摄）

茶白纹羽病根部症状
（龙亚芹拍摄）

【防治措施】

（1）农业防治。及时排除茶园积水，增施有机肥，促进茶树根系生长旺盛，增强抗病力。

（2）药剂防治。选用无病苗圃地及苗木，如遇病圃中苗木移栽时须用25%多菌灵可湿性粉剂500倍液浸根30min后再移栽。当发现病株时，应及时挖出带至茶园外集中处理，并在其周围开挖40cm深沟，然后用40%福尔马林20～40倍液浇灌土壤，覆土并用塑料薄膜覆盖24h，同样操作隔10d后再浇灌1次。也可选用50%甲基硫菌灵可湿性粉剂500倍液进行灌根。

四、茶树非侵染性病害

茶树气象灾害是指茶树受气象因子影响受到的损伤，包括冻害、旱害、雹害、风害等，采取人工预防和灾后补救措施能降低受灾程度。近年来，受气象因子影响，云南茶园内时有冻害、雹害等自然灾害发生，对茶树树势、产量及品质产生一定的影响。

茶 树 冻 害

茶树冻害由大雪和持续低温造成，是对来年茶叶生产造成严重影响的一种灾害。

【分布及危害】常发生在冬季低温时节。在云南局部茶区可见霜冻，极少数地区（如大理州云龙县）会遇大雪冻害现象。

【症状】茶树遭受霜冻后，轻度冻害芽叶变褐色，略有损伤，嫩叶发生“麻点”现象，从叶尖、叶缘开始蔓延呈黄褐色；中度者枝梢受冻，成叶变色，腋芽变暗褐色；重度者枝梢干枯，叶片易脱落；特重者骨干枝树皮冻裂、液体外溢，叶片枯死脱落，甚至树体死亡。茶树遭受大雪冻害后，乔木型茶树因积雪过厚易使部分枝条折断受损；在融雪过程中若再遇低温会使树体和土壤结冰，当温度突然升高迅速解冻时，茶树生理机能较活跃，细胞间隙水很快蒸发，使原生质失水。反复冻融更易造成茶树冻害，受冻位置大部分出现在上部树冠，向阳面往往受害较重。

【发生规律】霜冻是受冷空气的影响，地面和茶树辐射散热变冷，地面温度气温骤降到0℃以下发生的现象。在云南茶区霜冻多发生在12月中旬至翌年1月下旬，一般地势低洼、地形闭塞、冷空气容易沉积的茶园，霜冻较重；靠近湖泊、水库、河道的茶园，霜冻较轻。土壤状况对霜冻也有一定影响，干燥疏松的土壤和沙土茶园，霜冻较重。品种间有明显的抗冻差异，云南大叶种易受冻害，发芽晚、叶片厚的品种不易遭受冻害。

霜冻引起茶园受害症状
（田易萍拍摄）

霜冻引起叶片失绿
（田易萍拍摄）

霜害后修剪
（田易萍拍摄）

霜害后茶树叶片枯死
（田易萍拍摄）

茶苗遭受雪灾
（田易萍拍摄）

茶园遭受雪灾
（饶炳友拍摄）

【预防和补救措施】

1.灾前预防措施

（1）加强茶园肥培管理。选用抗寒品种，施足基肥，适当增施磷、钾肥，以促进茶树根系生长旺盛，提高茶树的抗寒能力。

（2）适时封园铺草覆盖。茶园铺草覆盖可以保持土壤水分，并有一定的保温能力，对减轻冻害起到积极作用。

（3）熏烟防霜。在低温即将来临之前，根据风向、地势、面积，在茶园合适角落点燃稻草、锯末、谷壳、杂草等发烟物。熏烟可起到“温室效应”作用，防止土壤和茶树表面失去大量热量。

2.灾后补救措施

（1）冬季发生霜冻的茶园，视受冻轻重采用不同程度的修剪。

①修剪原则：对于受冻较轻，只有叶片受冻变色，越冬芽和枝条未枯死的茶树不修剪；大部分成熟叶片受冻变色，部分枝条枯死的茶树应深修剪、重修剪或台刈，必须剪去枯枝，使之重发新枝。

②修剪时间：应根据受冻后的气候条件和受冻枝叶严重程度灵活掌握修剪时间。茶树受冻后气温仍较低或此后一段时间仍有低温危害进一步对茶树造成损伤的，或冻害刚过尚不能看清茶树受冻部位时，应适当推迟修剪时间，待气温回升不会再引起严重冻害或明确受冻部位后再进行修剪，但原则上修剪应尽早进行。

③修剪深度：根据受冻程度，剪口以比枯死枝条深1 ～ 2cm为宜。

（2）加强肥水管理。受冻茶树修剪后必须加强肥水管理，才能使茶树迅速恢复生机，重建树冠。受冻茶树在气温回升后应及时补充速效肥料，如硫酸铵、尿素等，并配施一定的磷、钾肥，施肥应少量多次。

茶树日灼病

茶树日灼病是一种生理性病害。

【分布及危害】茶树日灼病在云南各茶区均有分布。该病常发生在夏季高温时节，导致茶树叶片快速变色、坏死和落叶，影响茶树的长势。

【症状】日灼病是由于夏季强烈阳光直接照射到茶树的叶片或枝干，使局部迅速增温，超过生理极限，致使叶片或枝干组织脱水坏死，初为水渍状灰绿色，后迅速变成黄白色、黄褐色。枝干被日光灼伤，常在向阳面发生紫褐色条斑。

苗床日灼状
（龙亚芹拍摄）

茶树苗期日灼状
（龙亚芹拍摄）

高温条件下修剪成龄茶树后日灼状
（玉香甩拍摄）

成龄叶片日灼状
（玉香甩拍摄）

【发病规律】一般发生在茶树轻修剪或深修剪后，遇强烈阳光和高温时，留在茶蓬表面的叶片常会迅速变色而出现日灼病。在夏季阳光直射强烈、温度高时，发病迅速，往往1 ~ 2h即表现症状。严重时可导致整个叶片变褐枯死而脱落。

【补救措施】

（1）加强肥水管理，避免在高温季节进行茶树修剪。

（2）阳光强烈和高温等易发生日灼病时，可使用杂草、树枝或遮阳网等进行遮阴处理。

茶 树 雹 害

近年来，春季至夏初，云南茶区时常遭到冰雹的突然袭击，对茶叶生产造成极大危害。冰雹灾害造成茶树生理机能下降，严重阻碍茶树正常生长发育，影响茶叶产量和品质。

【分布及危害】近3年来，冰雹在西双版纳勐海、景洪，保山昌宁，普洱思茅、景谷、镇沅等茶叶主产区频发，对当地茶叶生产造成极大危害，可导致茶树新梢生长缓慢，蓬面新梢萌发减少，新梢滞育不伸，节间变短，大量形成驻芽和对夹叶，使当季开采日期明显推迟，全年可采天数减少，最后导致当季和当年的产量下降，对夹叶比例大导致成品茶品质降低，严重影响经济效益。

【危害特点】冰雹对茶叶生产的危害，主要决定于冰雹的大小、密度、持续时间和茶树所处的生育期，可产生直接危害和间接危害。

直接危害主要体现为：冰雹直接冲击茶树树冠，击落芽叶，打断枝梢，损伤蓬面，导致枝断叶裂，鲜叶破碎率增高；大量击落击伤老叶，破坏叶层，导致树势衰弱；最终造成茶叶碎末增多，外形不整，茶汤腥臭苦涩，品质下降，直接影响茶叶产量、品质和经济效益。

间接危害主要体现为：一是冰雹融化、冰水入土，土温急剧下降，根部须根和根尖受到异常低温的突然刺激而产生冻害，根系活力下降，直接影响茶树根系生长。二是雹粒解冻吸收土壤和大气中的热量，再加上伴随冰雹的连续阴雨天气，使冰雹地区温度骤降，茶园蓬面新芽萌发减少，新梢滞育不伸，节间变短，叶片变薄，驻芽和对夹叶增多，树势衰退，茶树光合作用减弱，灾后产出的百芽重严重降低，影响茶树光合生理。三是冰雹不同程度地降低了茶鲜叶水浸出物、茶多酚、氨基酸、咖啡碱等生化成分的含量，直接影响茶叶产品的品质。四是冰雹造成的芽叶伤口和空气湿冷环境，更有利于低温高湿型的茶饼病、茶圆赤星病等病害侵染，影响茶树抗病能力。

保山市昌宁县茶园遭受冰雹灾害状
（杨恺拍摄）

普洱市景谷傣族彝族自治县半坡乡茶园遭受冰雹灾害状
（刘应川提供）

普洱市景谷傣族彝族自治县凤山镇茶园遭受冰雹灾害状
（刘应川提供）

普洱市景谷傣族彝族自治县景谷镇茶园遭受冰雹灾害状
（刘应川提供）

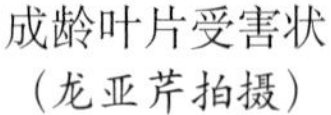

成龄叶片受害状
（龙亚芹拍摄）

嫩梢受害状
（龙亚芹拍摄）

雹害最终导致芽叶萌发和新梢抽生能力非常低弱，新梢伸长发育缓慢，造成茶季或轮次交替不明显，芽头少、节间短、叶片薄、树势衰退，低温高湿型的茶饼病、茶圆赤星病等易发生，茶叶碎末增多，外形不整，茶汤腥臭苦涩，品质下降。

【补救措施】

(1) 检查灾情。冰雹停止后尽早检查受害情况，摸清降雹面积、降雹密度、持续时间、雹粒大小和堆积厚度等基本情况，测定被击落的芽叶数量、尚存蓬面芽叶数量、蓬面破损芽叶与完好芽叶的数量，以确定雹害程度。轻度雹害，击落芽叶比例≤15%，破损芽叶比例≤30%；中度雹害，15%＜击落芽叶比例≤30%，30%＜破损芽叶比例≤50%；重度雹害，击落芽叶比例>30%，破损芽叶比例>50%，有枝梢折断。

(2) 清理冰雹，及时浅耕松土。清理茶树蓬面和行间地表的冰雹，待雹粒融化后，及时浅耕松土，提高土壤透气性和土壤温度，缓解茶树根系的低温损伤。

(3) 整枝修剪，复壮树冠。对轻度、中度、重度雹害茶区，分别进行轻修剪、深修剪，甚至重修剪，培养茶树骨干枝，复壮树冠。轻度雹害且仍在生产的茶园应强采轻度受损芽叶，及时加工，避免或减轻受损芽叶红变；中度雹害且仍在生产的茶园，在尚存蓬面新梢有一半以上达到采摘标准时，必须先强采标准芽叶，再修剪损伤芽叶，整蓬促进新芽萌发，降低经济损失。

(4) 重施有机肥，增施磷、钾肥。重施有机肥，增施速效氮肥，适当配施磷、钾肥，提高土壤温度和肥力，促进根系活性。推荐施用茶叶专用有机无机复混肥。有机茶园施饼肥或茶叶专用有机肥200～300kg/亩，也可喷施茶树专用有机营养液；常规茶园施尿素30～50 kg/亩，或喷施速效氮肥(0.5%～1.0%尿素)，在复壮树体的同时促进萌芽和增强树势，提高茶树抗性。

(5) 绿色防控，保护树体。喷施杀菌剂，防止病原微生物由破损口侵入；新芽萌发过程中注意防控小绿叶蝉、蓟马及茶角盲蝽等为害新梢的主要害虫。

(6) 合理间作，缓解危害。对于冰雹发生频率较高的茶园，合理间作乔木树种，可缓解冰雹对茶园的危害。

旱　　害

茶园遭受干旱危害
（饶炳友拍摄）

肥　　害

复合肥施用过量导致肥害
（龙亚芹拍摄）

药　　害

草甘膦药害第一天导致茶芽白化
（龙亚芹拍摄）

草甘膦药害第三天导致茶芽变为紫红色
（龙亚芹拍摄）

第二篇
DI-ER PIAN

茶树主要害虫
CHASHU ZHUYAO HAICHONG

第二篇 DI-ER PIAN

茶树主要害虫

CHASHU ZHUYAO HAICHONG

全国茶树害虫种类繁多，危害较大。茶树的新梢、成叶、老叶、枝干、花果、种子、根部都会受到害虫为害，并且多以芽叶害虫种类最多，危害最为严重。我国已知茶树有害生物814种，其中绝大多数为昆虫，极少数为螨类及害鼠、蜗牛等有害动物，常造成一定的经济损失。已经有记载的云南茶园害虫、害螨和害鼠约300种，其中害虫280余种，害螨和害鼠共10余种。根据为害部位、为害方式和分类地位，茶树害虫大致可分为以下5类：食叶性害虫、刺吸式害虫、钻蛀性害虫、地下害虫及螨类。其中害虫以鳞翅目、同翅目为多且危害最为严重。从为害部位看，以为害叶部、芽梢害虫种类最多，常会导致部分茶园无茶可采，不仅直接影响产量，还直接影响成品茶的色、香、味，降低茶叶品质，造成一定的经济损失。

茶　谷　蛾

茶谷蛾（*Agriophara rhombata* Meyr.），又称茶灰木蛾，属鳞翅目（Lepidoptera）谷蛾科（Tineidae），是茶树重要的食叶性害虫之一，以幼虫取食成龄叶片和老叶造成危害。

【分布及危害】茶谷蛾曾是印度茶园的主要害虫，在我国云南、台湾、海南、广东、福建、四川等地也曾发生为害。目前，在云南主要发生于西双版纳勐海、景洪、勐腊，普洱思茅、江城、澜沧、宁洱、墨江，临沧凤庆，大理南涧、永平、云龙，怒江福贡及文山广南等地茶园，其中在勐海、思茅、墨江、凤庆、广南等地茶园内呈暴发性为害。

该虫喜食成叶和老叶，以幼虫在成龄叶片或老叶片上取食、吐丝、蛀道、结苞为害。幼虫吐丝缀叶成苞并隐匿于苞内咀食叶肉，受害轻的植株叶片形成缺刻，后期叶片呈焦枯状，受害严重的植株叶片叶肉常被食尽而仅剩秃枝，茶树树冠枯萎，似火烧状，树势恢复困难，造成无茶可采。由于茶树成叶及老叶被食光，茶树营养叶面积大大减少，光合作用受阻，造成下一轮茶叶严重减产，可使茶叶减产40%以上。该虫大暴发时会导致茶树整株枯死。

茶谷蛾低龄幼虫为害状
（龙亚芹拍摄）

茶谷蛾低龄幼虫潜叶为害
（龙亚芹拍摄）

茶谷蛾高龄幼虫为害状
（龙亚芹拍摄）

茶谷蛾为害状（叶片）
（龙亚芹拍摄）

茶谷蛾严重为害状（叶片）
（龙亚芹拍摄）

茶谷蛾后期为害状（一）
（龙亚芹拍摄）

茶谷蛾后期为害状（二）
（龙亚芹拍摄）

茶谷蛾后期为害状（三）
（龙亚芹拍摄）

【形态特征】

成虫：雌虫体长10 ～ 14mm，翅展25 ～ 36mm，体淡黄白色，触角丝状。胸部有一圆形黑点，腹部钝圆，前翅淡黄白色，散布黑褐色小点，翅基至中部有一黑褐色纵纹，近翅中部、后缘各有1个黑褐色小点，外缘有1列小黑点，后翅白色。雄虫瘦小，体长9 ～ 12mm，翅展22 ～ 28mm，触角双栉齿状，腹部瘦小，尖削。

卵：卵粒椭圆形，长0.6 ～ 0.9mm，宽0.4 ～ 0.6mm，多粒卵排列在一起形成长条形、椭圆形或不规则卵块。卵初产时为淡绿色至黄绿色，后颜色逐渐加深，孵化前为淡黄色至淡褐色，卵内有一褐点，为幼虫头部。

幼虫：经室内观察，共6龄。一龄幼虫体长2 ～ 3mm，体淡白色至淡黄色、透明，头褐色，前胸背板黑褐色，分成两大块黑褐色纵斑，腹部各体节有淡红褐色横纹1条。二龄幼虫体长4 ～ 8mm，体淡黄色、透明，头黑褐色，前胸背板黑褐色，分成两大块黑褐色纵斑，中、后胸每节背面有4个黑点，腹部每节背面近前沿有4个黑点，近后沿有2个黑点，尾节黑褐色，胸足淡褐色。三龄幼虫体长9 ～ 12mm，体黄色，头黑褐色，前胸背板黑褐色，分成两大块黑褐色纵斑，中、后胸每节背面有4

个黑褐点，腹部每节背面近前沿有4个黑褐色点，近后沿有2个黑褐色点，尾节黑褐色，胸足褐色，体被原生刚毛。四龄幼虫体长13 ~ 18mm，体黄色，头黑褐色，前胸背板黑褐色，分成两大块黑褐色纵斑，背侧有黑色宽带纵贯全身，各节两侧各有4个黑点，每节背部中央均有1条淡黑色纵条纹，尾节黑色，胸足褐色，体被原生刚毛。五龄幼虫体长19 ~ 23mm，体黄色，头黑色，前胸背板黑褐色，分成两大块黑色纵斑，背侧有黑色宽带纵贯全身，各节两侧各有4个黑点，每节背部中央均有1条淡黑色纵条纹，胸部及腹部各体节两侧各有两个黑色毛瘤，气门黑色，尾节黑色，胸足黑色，腹足和尾足黄色，腹足的趾钩排成单行环，体被原生刚毛。六龄幼虫体长24 ~ 30mm，体黄色，头黑色，前胸背板黑褐色，分成两大块黑色纵斑，背侧有黑色宽带纵贯全身，各节两侧各有4个黑点，每节背部中央均有1条淡黑色纵条纹，胸部及腹部各体节两侧各有两个黑色毛瘤，气门黑色，尾节黑色，胸足黑色，腹足和尾足黄色，腹足的趾钩排成单行环，体被原生刚毛。

蛹：雌蛹长11 ~ 13mm，宽5 ~ 6mm；雄蛹长7 ~ 9mm，宽3 ~ 4mm。初为淡黄色，后变为栗色至黑褐色，有光泽。前端钝圆，尾端尖细，腹面平展，背面隆起呈龟壳状。

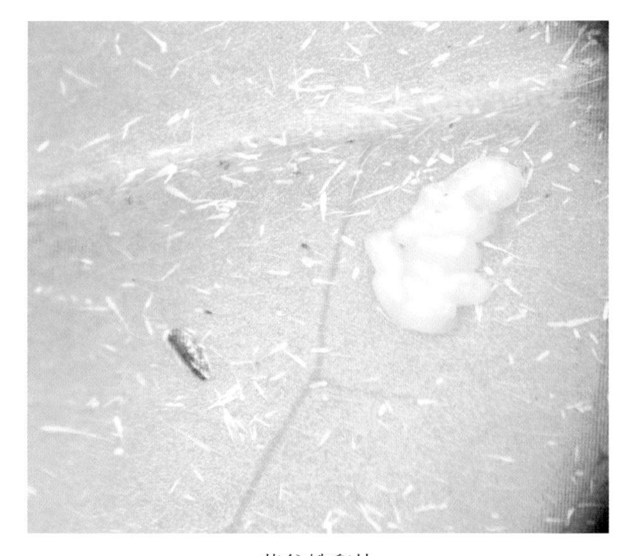

茶谷蛾卵块
（龙亚芹拍摄）

茶谷蛾卵粒（放大）
（龙亚芹拍摄）

茶谷蛾一龄幼虫（放大）
（龙亚芹拍摄）

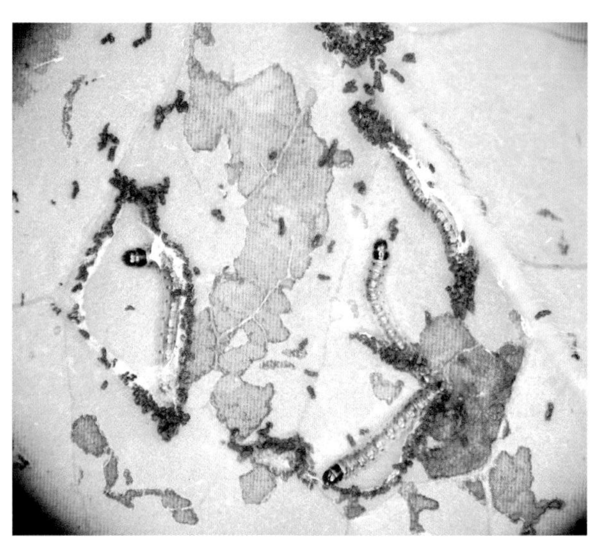

茶谷蛾二龄幼虫及为害状
（龙亚芹拍摄）

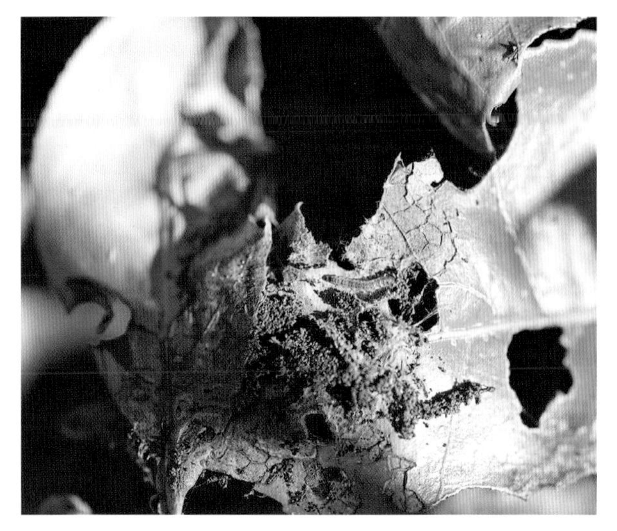

茶谷蛾三龄幼虫及为害状
（龙亚芹拍摄）

茶谷蛾四龄幼虫及为害状
（龙亚芹拍摄）

茶谷蛾五龄幼虫及为害状
（龙亚芹拍摄）

茶谷蛾六龄幼虫
（龙亚芹拍摄）

枯枝落叶中准备化蛹的茶谷蛾老熟幼虫
（龙亚芹拍摄）

枯枝落叶中的茶谷蛾蛹
（龙亚芹拍摄）

茶谷蛾化蛹渐变过程
（龙亚芹拍摄）

茶谷蛾蛹
（龙亚芹拍摄）

茶谷蛾成虫羽化渐变过程
（龙亚芹拍摄）

茶谷蛾成虫羽化初期
（龙亚芹拍摄）

茶谷蛾蛹壳
（龙亚芹拍摄）

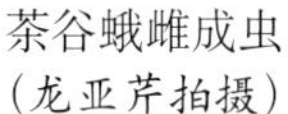

茶谷蛾雌成虫
（龙亚芹拍摄）

茶谷蛾雄成虫
（龙亚芹拍摄）

【生物学特性】

（1）世代及生活史。茶谷蛾在云南1年发生4代，以二至三龄幼虫在虫苞内取食成龄叶片并过冬，翌年2月下旬至3月上旬化蛹。云南茶园内有4个幼虫发生期，依次为：3月中旬至5月中旬，5月下旬至7月下旬，8月中旬至10月上旬，10月中旬至翌年3月。其中3月中旬至5月中旬和10月中旬至翌年3月为幼虫主要盛发期。温度26℃、相对湿度65%条件下，卵期7 ~ 10d，平均9.3d；幼虫期26 ~ 35d，平均33.1d；蛹期9 ~ 17d，平均13.9d；雌成虫期5 ~ 11d，平均8.3d，雄成虫期1 ~ 6d，平均4.2d。

（2）生活习性。

①卵孵化特性：观察发现卵的孵化受温湿度影响较大，一般温度低，相对湿度大，卵孵化时间长，甚至不会孵化。在温度26℃、相对湿度65%条件下卵孵化率平均达80.9%。

②幼虫取食为害特性：茶谷蛾幼虫喜食茶树成叶及老叶片。初孵幼虫活动能力差，聚集取食叶片叶肉，基本不转移为害；一至二龄幼虫即可吐丝，将虫丝和虫粪粘连在叶片上取食叶肉；三至四龄幼虫取食叶片成缺刻，吐丝将邻近两叶结成虫苞，用虫丝和虫粪粘连叶片形成纺锤状虫道，虫道大小与虫体大小相近，幼虫匿居其中嚼食叶肉，甚至将虫苞外叶片咬下一块带回苞内取食，后期受害叶片仅剩下焦枯状叶表皮；四龄以上幼虫进入暴食期，常转移至新叶片结苞为害，将邻近2 ~ 3片叶吐丝结苞后匿居苞内取食为害。随着虫龄增大，吐丝结成的纺锤状虫苞也增大，一般1个虫苞内只有1头幼虫。三龄以上幼虫受到惊吓后，立即滚落至地面或茶树枝梢、枯枝落叶等隐蔽场所逃生。老熟幼虫活动迁移性小，将叶片食光后仍停留在虫苞及枯叶内一段时期。幼虫耐饥饿能力很强，当叶片失水干枯后，幼虫还能继续存活一段时间；田间虫口密度大时，叶片被食光。

③化蛹习性：幼虫化蛹时间多集中在16:00 ~ 20:00，一般在茶树成龄叶片及老叶上化蛹，也会在茶树枯枝落叶内化蛹，极少数在地面落叶中化蛹。化蛹前经历1 ~ 3d预蛹期，此期间，幼虫不食不动，虫体由3cm左右逐渐缩短至约2cm，身体处于松弛状态，开始化蛹时幼虫背部中间黄色纵纹逐渐变宽，从头部蜕裂线处开始蜕皮，蜕皮过程3 ~ 5min，初化蛹为淡白色至淡黄色，头部黄绿色，随后头部出现褐色纹，身体慢慢缩短，背面隆起呈龟壳状，体色变为板栗色，此过程约15min；之后体色逐渐变至褐色，约2h后，蛹体逐渐硬化直至成蛹，后期体色为黑褐色，有光泽。

④羽化习性：大多成虫在17:30 ~ 20:30羽化，羽化时成虫头部用力顶蛹壳，待蛹壳裂开长约0.3cm，头部纵向裂开至体长2/3处时，成虫头部向前伸，用力顶开蛹壳，挣扎脱离蛹壳，历时7 ~ 10min；刚羽化出的成虫腹部特大、钝圆，两翅紧贴腹部两侧，整个腹背裸露，静止约3min；之后双翅渐渐展开，把整个腹背遮住，保持该姿势约6min；迅速将双翅垂直立于背部，与腹部及身体

垂直，并不停振动，持续约9min后，双翅平放静息，羽化结束，整个羽化过程约30min。

⑤成虫交配及产卵习性：成虫喜欢在茶丛隐蔽处栖息，飞翔能力不强，受惊吓后，雌成虫喜欢飞往地面或暗处，雄成虫喜欢飞往高处。室内观察发现，成虫羽化高峰为17：30 ~ 20：30。成虫白天静息，22：00后活动频繁，23：00后开始寻找配偶、交配；每隔1h频繁活动1次，持续时间15 ~ 20min。在观察的43对成虫中，交配时间多集中在1：30 ~ 3：30，仅观察到2对成虫在9：30 ~ 10：00交配。雌虫求偶时腹部末端翘起，振翅，受到吸引的雄虫迅速接近雌虫，在其周围振翅、爬行，企图进行交配，交配时姿势多呈"一"字形，极少数呈V形，受到惊扰时，雄成虫迅速移动，雌虫紧跟其后移动，交配完成后，雌雄虫分开静伏不动。雌虫交配后的当天或第二天即可产卵，产卵时间不固定，产卵期可持续1 ~ 7d。雌虫喜欢在成叶背面、叶缘及茎上产卵。产卵时，雌虫伸出产卵器在叶片或养虫盒的壁上产卵。观察43头交配后的雌虫，每头雌虫产卵量19 ~ 168粒，平均96.7粒，产卵时伴有透明液体排出，雌虫将多粒卵堆积成不规则状、椭圆形或线形，也有散产现象。未交配的雌成虫也能产卵，但所产的卵均不能孵化。

【防治措施】

（1）农业防治。秋冬修剪，并及时清除虫枝及带虫叶苞。

（2）生物防治。

①释放或保护和利用自然天敌。在三至五龄幼虫期，释放捕食性天敌如叉角厉蝽、黄带犀猎蝽或蠋蝽；保护和利用自然天敌茧蜂、广大腿小蜂及寄生蝇等。

②生物药剂防治。幼虫孵化初期至三龄幼虫前，喷施8 000IU/mg 苏云金杆菌水分散粒剂300倍液，或每毫升含100亿孢子的短稳杆菌悬浮剂500倍液。

（3）化学防治。每平方米茶丛幼虫虫口量达10头时，选择6%乙基多杀菌素悬浮剂750 ~ 1 000倍液，或30%茚虫威乳油1 500倍液，或24%虫螨腈悬浮剂1 000倍液，间隔7d以上，轮换喷施。

茶　毛　虫

茶毛虫（*Euproctis pseudoconspersa* Strand），又称为茶黄毒蛾、毛毛虫、摆头虫辣子等，属鳞翅目（Lepidoptera）毒蛾科（Lymantriidae）黄毒蛾属（*Euproctis*），是茶园常见食叶害虫，以幼虫取食叶片造成危害。

【分布及危害】国外已知分布于日本、印度、越南等国家，国内分布于云南、贵州、湖南、浙江、安徽、陕西、广东等各产茶区。茶毛虫以幼虫群集取食茶树成龄叶片和嫩叶，严重时茶枝树皮均被食

茶毛虫低龄幼虫群集为害状
（龙亚芹拍摄）

茶毛虫高龄幼虫群集为害状
（龙亚芹拍摄）

茶毛虫为害后茶园呈火烧状
（程卯拍摄）

茶毛虫为害导致整个茶园茶树地上部分枯死
（李惠拍摄）

光，影响茶树生长和茶叶产量，且幼虫虫体上的毒毛及蜕皮壳触及人体皮肤后，会引起皮肤红肿、奇痒，影响健康及采茶等农事操作。2022年5～10月，在云南省西双版纳州勐海县、景洪市和普洱市思茅区等多个放养型生态茶园内茶毛虫猖獗发生，造成茶树叶片被食光，茶树地上部分死亡，导致无茶可采，短期内茶树的长势也难以恢复，对茶叶产量影响极大。

【形态特征】

成虫：雌蛾体长8～13mm，展翅26～35mm，体黄褐色，前翅淡橙黄色或黄褐色，前翅内、外横线黄白色，顶角黄色区域内有2个黑点。后翅浅黄色或浅褐黄色。腹末有黄褐色丛毛。雄蛾体型瘦小，体长6～10mm，展翅20～28mm，体褐色至深茶褐色，翅颜色有季节性变化，一、二代为茶褐色，三代为黄褐色。

卵：黄白色，扁球形，卵块椭圆形，由数十粒至百余粒卵堆积形成，上覆有雌蛾腹末脱下的黄褐色绒毛。

幼虫：共6～7龄，成长幼虫体长20～26mm，头褐色，体黄色至黄褐色，常透见体内绿色。除末节外的各体节，均有4对毛瘤，位于亚背线、气门上线、气门下线和基线上，毛瘤上长满黄褐色毒毛，前期为黄色，后逐渐转为黑色。一龄幼虫头宽0.32mm，体长1.8～2.5mm，头深褐色，体淡黄色，体表密生黄白色细毛；二龄幼虫头宽0.44mm，体长2.5～3.5mm，头黄褐色，体黄色，前胸气门上线呈黑色毛瘤；三龄幼虫头宽0.63mm，体长4.0～6.5mm，头黄褐色，体深黄色，胸侧气门上线出现褐色带纹，第1～2腹节亚背线有黑绒球毛瘤；四龄幼虫头宽0.96mm，体长6.5～10.0mm，头黄褐色，体深黄色，第1～2腹节亚背线上黑毛瘤明显靠拢，第8腹节亚背线上显1黑毛瘤，第5～7腹节毛瘤开始变褐；五龄幼虫头宽1.03mm，体长10.0～16.1mm，头黄褐色，体深黄色，体侧黑褐带纹延至体末，其上现1条白细线；六龄幼虫头宽1.25mm，体长14.0～18.0mm，头黄褐色，体黄褐色，第1～8腹节背侧毛瘤均呈黑色；七龄幼虫头宽1.47mm，体长16.0～28.0mm，头黄褐色，体黄褐色，第1～8腹节背侧毛瘤均呈黑色。

蛹：长8～12mm，圆锥形，黄褐色至浅咖啡色，稀覆黄色短毛。翅芽伸达第4腹节后缘，臀棘长，有1束钩刺。茧丝薄，长12～14mm，黄棕色，长椭圆形，表面有黄褐色体毛。

茶毛虫卵块
（龙亚芹拍摄）

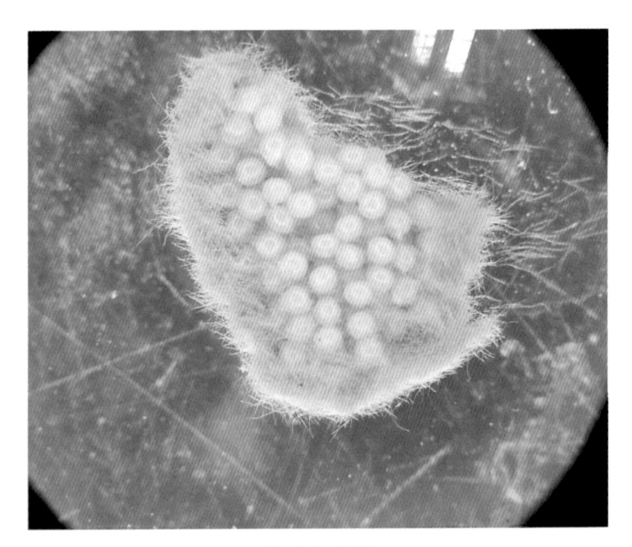

茶毛虫卵粒
（龙亚芹拍摄）

茶毛虫一龄幼虫
（龙亚芹拍摄）

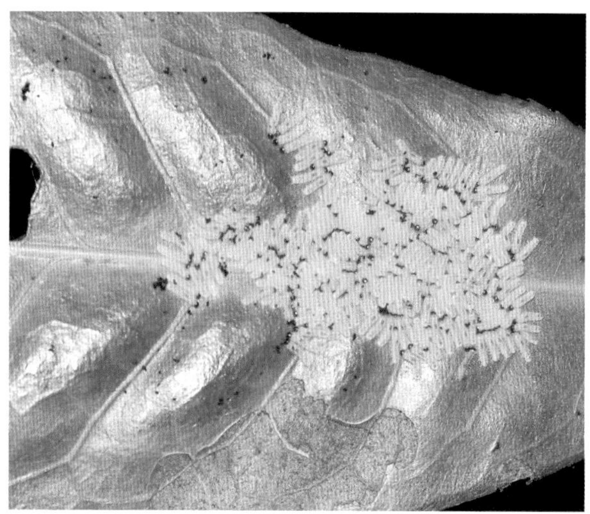

茶毛虫二龄幼虫
（龙亚芹拍摄）

茶毛虫三龄幼虫
（龙亚芹拍摄）

茶毛虫四龄幼虫
（龙亚芹拍摄）

茶毛虫五龄幼虫
（龙亚芹拍摄）

茶毛虫六至七龄幼虫
（龙亚芹拍摄）

茶毛虫蛹和茧
（龙亚芹拍摄）

茶毛虫雌成虫及卵块
（龙亚芹拍摄）

茶毛虫雄成虫
（龙亚芹拍摄）

茶毛虫雌雄成虫交配
（龙亚芹拍摄）

【生物学特性】

（1）世代及生活史。茶毛虫年发生代数因气候而异，温暖多雨适合茶毛虫生长繁殖，高温干旱不利于其繁殖。在云南1年发生2～3代，以卵在茶丛中下部老叶背面越冬，少数以幼虫在树上或以蛹在土表越冬，各代发生相对整齐。在勐海县布朗山观察发现，全年发生3代，一代卵期为上年10月下旬至12月，幼虫为害期为2～5月，5月中下旬为蛹期，成虫羽化高峰期为6月上中旬；二代卵期为6月上中旬，幼虫为害期为6月中旬至7月上旬，蛹期为7月上中旬，7月中下旬至8月上旬为成虫羽化高峰期；三代卵期为7月中下旬至8月上旬，幼虫为害期为7月中下旬至8月中下旬，蛹期为8月下旬至9月上中旬，9月中下旬至10月上旬为成虫羽化高峰期。

（2）生活习性。

①卵孵化特性：卵多在清晨至中午孵化，孵化盛期一般在始孵后5d左右。

②幼虫取食为害特性：幼虫咀食叶片，造成叶片缺刻、秃枝。初孵幼虫先食掉卵壳，群集在原产卵老叶背面咬食叶肉，残留上表皮与叶脉，被害叶片呈透明枯膜状；二龄幼虫开始自叶缘取食成缺

刻；三至四龄幼虫食量渐增，并向茶丛两侧群迁转移为害茶丛上部叶片；五龄以后幼虫食量剧增，整枝整丛为害，枝间常留有丝网、虫粪和枯碎叶片。取食多在晨昏和夜晚。为害严重时芽、叶、花、幼果都被食光，仅留秃枝。遇惊动，停止取食，并抬头左右摆动，口吐黄绿色汁液。

③化蛹习性：六至七龄幼虫老熟后，停止取食，爬至茶树根际土块缝中、枯枝落叶下结茧化蛹，阴暗湿润的地方化蛹较多。

④羽化习性：成虫大多于17：00 ～ 19：00羽化，白天栖息于茶丛中的叶片背面，受到惊吓后迅速飞离或坠地假死，傍晚后开始活动，19：00 ～ 23：00活动最盛，趋光性最强，扑灯最多。

⑤成虫交尾及产卵习性：成虫羽化当日或翌日交尾，雌雄虫多数只交尾一次，交尾多集中在9：00 ～ 12：00；交尾后即开始产卵，卵大多一次产完。每头雌成虫产卵100 ～ 200粒，一般分为两卵块，产于茶丛中下部老叶背面，覆有厚密黄色绒毛。非越冬卵大多产在比较茂密的茶丛中，越冬卵多产在温暖向阳的茶园或茶丛中。

【防治措施】

（1）农业防治。

①人工摘除卵块和三龄前群集幼虫：利用茶毛虫群集特点，人工摘除茶园卵块，连同枝叶剪下群集为害幼虫并集中处理。

②结合深、浅耕作以及清除茶园内枯枝落叶和杂草，消灭茧蛹。特别是在盛蛹期进行中耕培土时，根际培土厚6cm以上，稍加压紧，以防止成虫羽化出土。

（2）物理防治。

①灯光诱杀：在成虫羽化盛期安装太阳能杀虫灯进行灯光诱杀，20 ～ 50亩挂1盏，灯源距离地面1.5m。

②色板诱杀：在成虫盛发期安装黄板、黄红双色板或蓝板诱杀，25张/亩，悬挂高度为色板下边缘距离茶蓬15 ～ 20cm，南北朝向悬挂。

（3）生物防治。

①保护自然天敌：如茶毛虫绒茧蜂、黑卵蜂、赤眼蜂、寄蝇、瓢虫、猎蝽等。

②性信息素诱杀：在成虫盛发期前，安装茶毛虫性信息素诱捕器诱杀成虫，可选用船形诱捕器，诱芯高于茶蓬20 ～ 30cm。

③生物源药剂防治：二至三龄幼虫期前可使用8 000IU/mg苏云金杆菌水分散粒剂1 000倍液，或每毫升含100亿孢子的短稳杆菌悬浮剂500 ～ 800倍液，或0.6%苦参碱水剂500 ～ 800倍液喷雾防治。

（4）化学防治。在三龄幼虫期前，每平方米茶蓬虫量达7 ～ 8头时，用15%茚虫威乳油2 500 ～ 3 000倍液或1%甲氨基阿维菌素苯甲酸盐乳油600倍液喷雾防治，安全间隔期14d。用药须严格掌握安全间隔期，此期间不得采茶。

茶黑毒蛾

茶黑毒蛾（*Dasychira baibarana* Matsumura），又称茶茸毒蛾，属鳞翅目（Lepidoptera）毒蛾科（Lymantriidae），是茶树上一种重要的食叶类害虫，以幼虫取食茶树叶片造成危害。

【分布及危害】国外已知分布于日本。国内主要分布于云南、贵州、海南、湖北、安徽、浙江、福建、重庆、台湾等产茶区。以幼虫咀食叶片成缺刻，使叶片残损不全，严重时将叶片全部食光，形成秃枝条，甚至蚕食嫩梢及茶树树皮，造成树势衰弱，短期内难以恢复，严重影响茶叶产量和品质。其幼虫上生棕黑褐色长毛及黑色和白色短毛，有毒，触及人体皮肤则红肿痛痒难受，影响健康及采茶等农事操作。2020—2022年该虫在云南省普洱市思茅区部分茶园内暴发为害，整个茶园似火烧状，造成无茶可采，树势难以恢复。

茶黑毒蛾为害成龄叶片状
（曲浩拍摄）

茶黑毒蛾为害后期茶园呈火烧状
（曲浩拍摄）

茶黑毒蛾为害成龄叶片呈缺刻状
（龙亚芹拍摄）

茶黑毒蛾为害成龄叶片呈圆孔和缺刻状
（龙亚芹拍摄）

【形态特征】

成虫：雌蛾体长15 ~ 18mm，翅展36 ~ 38mm，触角短双栉齿状。雄蛾稍小，体长13 ~ 15mm，翅展28 ~ 30mm，触角双栉齿状。体翅羽化初期为深灰褐色，后为栗黑色，前翅基部色较深，有数条黑色波状横纹线，近角处有颜色不一的纵纹3 ~ 4条，翅中部近前缘处有1个灰黄白色近圆形斑，臀角有1个黑褐色斑块，外下方生1个白斑点。后翅灰褐色无斑纹，腹部纵列黑色毛丛。前、后翅反面中部均隐约可见灰褐色较粗的横纹。雌蛾背纵列有4个黑色毛丛，雄蛾背纵列有3个黑色毛丛。

卵：球形，直径0.8 ~ 0.9mm，顶凹陷，初产时灰白色，孵化前变黑色。

幼虫：共5龄。成长幼虫体长23 ~ 32mm，宽约0.5mm，头棕色，体黑褐色。各节背有毛瘤并簇生黑、白细毛。腹部第1 ~ 4节背面各具1对黄褐色毛束，第5腹节有1对短稀的白色毛束，第8腹节具1对向腹末上方翘起的黑褐色毛束。中胸及第8腹节各具两对白色长毛，第1腹节具1对白色长毛。一龄幼虫头宽0.45 ~ 0.5mm，体长2.0 ~ 2.5mm，头棕褐色，体黄褐色，毛稀少，前胸背侧有1对疣突；二龄幼虫头宽1.0 ~ 1.1mm，体长约5.0mm，头棕褐色，体暗褐色，第1、2、8腹节有黑色毛丛，前胸疣明显，中胸及第8腹节各有1对白毛；三龄幼虫头宽1.4 ~ 2.5mm，体长7.0 ~ 10mm，头、体均为褐色，第3 ~ 5腹节各现1对白色毛丛，中、后胸有较短毛丛；四龄幼虫头宽2.4 ~ 2.5mm，体长14 ~ 18mm，头、体均为褐色，第1 ~ 3腹节毛丛棕色，第1 ~ 4腹节毛丛呈刷状，不整齐，第4 ~ 5腹节毛丛黄白色，第5 ~ 7腹节背侧有1条白线并围有红斑纹，中、后胸亚背线白色；五龄幼虫头宽2.5mm，体长20 ~ 24mm，第1 ~ 4腹节毛丛棕色，刷状平齐，胸部背侧及第4 ~ 7腹节侧有黄白色斑，第8腹节黑毛丛成束向后斜伸，中胸背、侧各有1对白长毛向前伸。

蛹和茧：蛹体长13 ~ 15mm，黄褐色至棕黑色，有光泽，体表多黄白色、棕色短毛，腹末臀棘乳头状突出。茧丝质、椭圆、松软，灰黄色至棕褐色。

【生物学特性】

（1）世代及生活史。在云南1年发生5 ~ 6代。以卵块在茶丛中下部老叶背面越冬，以三至四代为害最严重，主要为害夏秋茶。一般6 ~ 10月为其发生高峰期。幼虫历期以一代最长，平均33 ~ 34d；其次是五代，平均为26d。二至四代为20 ~ 21d。

（2）生活习性。

①卵及卵的孵化特性：卵数粒至几十粒产在一起，排列不整齐。每头雌虫产卵几十粒至几百粒不等，多于上午至午间孵化。

②幼虫取食为害特性：初孵化幼虫食尽卵壳后再取食茶叶；一龄幼虫在成叶背面取食下表皮及叶肉成黄褐色网斑；二龄幼虫取食成缺刻孔洞；三龄幼虫前期群集性强，后期开始逐渐分散，取食叶片后留下叶脉；四龄幼虫开始食尽全叶。幼虫具有假死性，受惊则卷缩虫体坠落逃脱，或吐丝下垂，但片刻后又会爬上茶树继续为害。幼虫怕热惧光，阴天、夜间及早晚爬到茶蓬上面取食，中午前后多转移至茶丛内，甚至爬至根际落叶下，至黄昏时再迁回树上。

茶黑毒蛾卵（初期）
（龙亚芹拍摄）

茶黑毒蛾卵孵化前
（龙亚芹拍摄）

茶黑毒蛾低龄幼虫
（龙亚芹拍摄）

茶黑毒蛾三龄幼虫
（龙亚芹拍摄）

茶黑毒蛾四龄幼虫
（龙亚芹拍摄）

茶黑毒蛾五龄幼虫
（龙亚芹拍摄）

茶黑毒蛾茧
（龙亚芹拍摄）

茶黑毒蛾雄成虫
（龙亚芹拍摄）

茶黑毒蛾雌成虫及卵
（龙亚芹拍摄）

③化蛹习性：幼虫老熟后爬至茶丛基部枝杈间、落叶间、大树老树皮裂隙或泥洞等处结茧化蛹。在高温干旱的季节，多数在疏松的表土中结茧化蛹。蛹多藏于茧内，少数因不利气候条件，特别是干旱或幼虫发育不良的情况下，有不结茧而直接化蛹的习性。

④羽化习性：成虫多于黄昏及晚间羽化，雄蛾羽化较雌蛾早2 ~ 3d。

⑤成虫交尾、产卵习性：成虫白天潜伏在茶丛枝叶间，翅平展于叶面，受惊后飞翔，飞翔力不强，趋光性较强。羽化当天即在黄昏和清晨飞出活动交尾产卵，多在凌晨产卵，卵产于茶丛中下部叶背、茶树基部枝条上，低温时产于地面枯枝、落叶或杂草枝条处，越冬卵多产于避风向阳的茶园，非越冬卵则多产于繁茂荫蔽的茶园，未经交尾的雌虫也可少量产卵，但卵不能孵化。

【防治措施】

（1）农业防治。

①清园灭卵：秋冬结合清园、施基肥，清除落叶、杂草，深埋消灭越冬卵，减少越冬卵的数量。

②人工防治：卵期摘除有卵叶。利用初龄幼虫群集性、假死性，捕杀或震落消灭低龄幼虫。

③中耕灭蛹：在化蛹盛期，结合茶园中耕，可用锄头挖坑，把茶树根际枯枝落叶上的茧蛹扫入坑内，深埋或在茶树根际培土7 ~ 10cm厚，阻止成虫羽化。

（2）物理防治。利用成虫的趋光特性，在成虫羽化盛期前安装LED太阳能杀虫灯进行灯光诱杀，减少下代虫口基数。

（3）生物防治。

①保护和利用自然天敌：茶黑毒蛾卵期主要有赤眼蜂、黑卵蜂和啮小蜂寄生；幼虫期有黑毒蛾绒茧蜂、细菌和核型多角体病毒寄生；蛹期有日本追寄蝇寄生。

②性信息素诱杀：茶黑毒蛾高发区及成虫发生高峰期安置茶黑毒蛾性信息素诱捕器，4 ~ 5个/亩，诱芯高于茶蓬15 ~ 20cm为宜。

③生物药剂防治：一至二龄幼虫盛发期可选用8 000IU/mg苏云金杆菌水分散粒剂1 000倍液或每毫升含100亿孢子的短稳杆菌悬浮剂600 ~ 800倍液喷雾。

（4）化学防治。在一至二龄幼虫期前，每平方米茶蓬虫量达7 ~ 8头时，用15%茚虫威乳油1 500 ~ 2 000倍液或1%甲氨基阿维菌素苯甲酸盐乳油600倍液喷雾防治，严格掌握农药安全间隔期。

茶白毒蛾

茶白毒蛾（*Arctornis alba* Bremer）属鳞翅目（Lepidoptera）毒蛾科（Lymantriidae），是茶园中较为常见的一种食叶性害虫，以幼虫取食茶树叶片造成危害。

【分布及危害】该虫危害不严重，但分布广泛，云南、贵州、四川、陕西、山东、河南、海南、台湾等地常有发生。在云南各茶区均有分布危害，以幼虫取食茶树叶片为害，影响茶树生长、降低茶叶产量和品质。一般老茶园、管理粗放的茶园和平地茶园发生多，山地茶园发生相对少，且多为零散发生。

【形态特征】

成虫：体长13 ~ 15mm，翅展34 ~ 45mm。体翅白色，翅面带白缎光泽，前翅稍带绿色具丝绸光泽；触角羽状；腹末有白色毛丛；雄蛾前翅中室端部有一黑色斑点。前、中足胫节和跗节都具黑斑。

卵：淡绿色，呈扁鼓形，径约1mm，高约0.5mm，孵化前蓝紫色。

幼虫：共5龄，体色多变。一龄幼虫体长1.5 ~ 3.0mm；二龄体长6.0 ~ 12.0mm；三龄体长13.5 ~ 14.0mm；四龄体长15.5 ~ 17.0mm；五龄体长25.0 ~ 28.0mm。初孵幼虫体褐色，胸、腹部背侧间隔黑色。二龄幼虫头暗红色，胸、腹部背侧黑色。老熟幼虫头赤褐色，胸、腹部背侧茶褐色，亚背线宽，黑褐色。体节多具8个毛瘤，生有白色长毛和黑白短毛，腹面带紫色；有些个体头红色，体红褐色，8个毛瘤上丛生白色短毛。

蛹：长12 ~ 15mm，绿色，呈圆锥形，粗短。体表散生凹点，密布白色短毛，背面有2条淡白色纵线。腹末尖削，臀棘端部有钩刺。

茶白毒蛾卵
（龙亚芹拍摄）

茶白毒蛾初孵化幼虫
（龙亚芹拍摄）

茶白毒蛾二至三龄幼虫
（玉香甩拍摄）

茶白毒蛾高龄幼虫
（龙亚芹拍摄）

茶白毒蛾蛹
（龙亚芹拍摄）

茶白毒蛾成虫
（龙亚芹拍摄）

【生物学特性】

(1) 世代及生活史。云南一般1年发生6代，主要为害夏秋茶，以老熟幼虫在茶丛中下部叶背越冬，成虫寿命5 ~ 9d，卵期8 ~ 10d，蛹期8 ~ 17d。

(2) 生活习性。

①幼虫取食为害特性：初孵幼虫在茶叶背面取食叶肉，残留叶片上表皮，呈枯黄色半透明不规则的斑块；二龄以后幼虫分散活动，自叶缘蚕食成缺刻；三龄以后幼虫可取食全叶仅留主脉。幼虫爬行迟缓，受惊后即弹跳逃逸。

②化蛹习性：幼虫老熟后，在叶片上缀丝倒悬化蛹。

③成虫羽化、交尾及产卵习性：成虫白天栖伏于茶丛内叶面，夜间活动，受惊后即飞翔，但飞行能力较弱。成虫多在16:00前后羽化。羽化后1 ~ 2d内交尾产卵。卵多产于叶背，一般每处5 ~ 15粒，少数散产。

【防治措施】

(1) 农业防治。

①摘除卵块、捕杀幼虫：人工摘除茶园卵块、捕杀幼虫。

②灭蛹：结合冬季修剪灭蛹，并集中处理修剪枝及枯枝落叶。

(2) 物理防治。

①灯光诱杀：利用成虫的趋光特性，在成虫羽化盛期前安装LED太阳能杀虫灯进行诱杀。

②色板诱杀：在成虫盛发期前安装黄板或黄红双色板诱杀，25张/亩，悬挂高度为色板下边缘距离茶蓬15 ~ 20cm，南北朝向悬挂。

(3) 生物防治。

①保护自然天敌：白毒蛾自然天敌种类多，如黑卵蜂、赤眼蜂、悬茧蜂、广大腿小蜂等，要加以保护和利用。

②性信息素诱杀：在成虫盛发期，安装性信息素诱捕器诱杀成虫，4 ~ 5个/亩，诱芯高于茶蓬5 ~ 10cm。

③生物药剂防治：二至三龄幼虫期前可使用8 000 IU/mg 苏云金杆菌水分散粒剂1 000倍液，或0.6%苦参碱水剂500 ~ 800倍液，或每毫升含100亿孢子的短稳杆菌悬浮剂600 ~ 800倍液喷雾防治。

(4) 化学防治。可在防治茶园其他害虫时兼治，一般不需专门防治。若需防治，在三龄幼虫期前，用15%茚虫威乳油1 500 ~ 2 000倍液或24%溴虫腈悬浮剂1 500倍液喷雾防治。严格掌握农药安全间隔期，安全间隔期内不得采茶。

污黄毒蛾

污黄毒蛾（*Euproctis hunanensis*）属鳞翅目（Lepidoptera）毒蛾科（Lymantriidae）黄毒蛾属（*Euproctis*），是茶园中偶见的一种毒蛾类害虫，以幼虫取食茶树叶片造成危害。

【分布及危害】污黄毒蛾分布于云南、贵州、四川、浙江、陕西、山东、河南、海南、台湾等地。在云南茶园内零星发生，以幼虫取食叶片产生缺刻而造成危害。

【形态特征】

成虫：雄蛾翅展29 ~ 31mm，雌蛾翅展32 ~ 36mm。头、胸、腹部基部浅橙黄色；触角干浅黄色，栉齿粉黄褐色；下唇须浅橙黄色；体下面和足浅黄色带鲜黄色；体翅黄色，翅面散生褐点或横带纹，前翅中部污黄色稍暗，无横带，顶角无黑点，后翅污黄色。

卵：卵块椭圆形，上覆盖黄褐色厚绒毛。

幼虫：共6 ~ 7龄，体黑色。体被上有众多毛瘤，其上着生毒毛。

蛹：黄棕色，丝质。

【生活习性】污黄毒蛾在云南1年发生1～2代，具体生活习性不详。

【防治措施】污黄毒蛾为偶发性害虫，无须专门防治。

污黄毒蛾幼虫及为害状
（龙亚芹拍摄）

环 茸 毒 蛾

环茸毒蛾（*Dasychira dudgeoni*）属鳞翅目（Lepidoptera）毒蛾科（Lymantridae）茸毒蛾属（*Dasychira* Hubner），是茶树上的一种食叶害虫。

【分布及危害】国内主要分布于云南、福建、江苏、浙江、湖北、湖南、广东、广西、海南等地。以幼虫取食叶片为害，严重为害时将整个叶片食光，影响茶树生长和产量。

【形态特征】

成虫：一至二代雌、雄体全为棕黑色，越冬代雌、雄体呈季节性异色。一代成虫体长9～15mm，翅展34～39mm，雄成虫体略小。头部和胸部浅棕黑色。触角双栉齿状。前翅浅棕黑色，基部带红灰色，内线灰白色呈弧形弯曲，径脉和中脉间有一个不规则棕色斑，斑缘为深褐色，中室末端有一个浅黑棕色横脉纹，其周围为浅棕色。后翅浅棕灰色。越冬代或三至四代雄成虫同一至二代，雌成虫体粗壮，灰白色，体长10～16mm，翅展38～43mm；触角灰白色，栉齿短小，灰白色；前翅灰白色，在基部有1个不规则三角形线，中线和内线区、中脉和径脉间有较长的椭圆形浅棕黑色斑，端线为波状浅棕黑色，中线到亚端线间有大片不规则棕黑色斑或纹，后翅灰白色。

卵：白色，圆球形，顶点稍凹陷。

幼虫：共5龄。随着龄期的增加，幼虫体色逐渐变淡，体上刚毛出现很大差异。初孵幼虫体黑色，长约2mm。二龄幼虫头部、胸部灰褐色，腹部黑色；前胸刚毛灰黑色，中胸、后胸刚毛白色，杂以少量灰黑色刚毛；第4、5、8腹节背面有1对黄色至黄红色毛；翻缩腺灰白色。三龄幼虫体长13～17mm，体灰白色泛绿色，布满浅褐色不规则斑点；每个体节气门线上方有一毛瘤，具灰白色放射性簇状毛1束；前胸两侧毛瘤突出，各有1束向前伸出的白色羽状刚毛，其前端毛球黑色；第1～3腹节背面有较长的灰白色刷状毛束，依次渐短渐淡；第1、2腹节的刷状毛后的体背表面呈黑色，第8腹节背面有1束竖起向上略后斜的棕褐色毛束，第6、7腹节背面各有一橙黄色腺体，第4、5、8腹节亚背线各有一橙色腺体。至四龄时幼虫第4腹节背部刷状毛出现，但较短；腹部第6、7节背线上翻缩腺橙色，第4、5、8腹节亚背线上橙红色腺体消失。老熟幼虫体长35 ～ 49mm，连同体毛长可至60mm，体毛雪白色或灰白色。

茧：白色，椭圆形，长径25 ～ 34mm，短径 5 ～ 7mm。茧有2层，为丝和毒毛的混合物，外层大而蓬松，一端留有羽化孔，内层致密。

蛹：雄蛹体长20 ～ 25mm，雌蛹体长 23 ～ 31mm，开始淡绿色，触角、喙等处有黑色斑点，后为橙黄色。体被黄白色短毛，以腹部为多，腹部第1 ～ 2节背面各有一毛瘤，臀棘上有多枚钩刺。

【生物学特性】

（1）*世代及生活史*。环茸毒蛾在云南茶园内1年发生3 ～ 4代，2 ～ 12月均可见幼虫，多以卵越冬，越冬卵2月上旬开始孵化，4月中下旬幼虫开始老熟化蛹，5月下旬至6月上中旬成虫羽化产卵。二代卵6月上中旬孵化，至8月中下旬成虫产卵。三代幼虫在11月中下旬化蛹，12月中下旬成虫羽化，产卵越冬。

（2）*生活习性*。雌成虫羽化后爬至茧上，等待雄成虫飞来交尾。交尾后翌日，雌成虫将部分卵产在茧上，再飞去其他寄主叶片背面继续产卵，每头雌虫产卵可达400多粒，一、二代卵产后经7 ～ 15d孵化。初孵幼虫有取食卵壳习性，一龄幼虫在油茶叶片上啃食上表皮，留下一层薄膜；二至

环茸毒蛾幼虫
（龙亚芹拍摄）

环茸毒蛾棕黑色型雌成虫
（龙亚芹拍摄）

三龄幼虫也可啃食果皮，使果壳凹凸不平；三龄以后幼虫以取食叶片为主。幼虫白天多停息，高龄幼虫停息时第1～3腹节背面刚毛合拢，状似1束刚毛；晚上活动取食或迁移。老熟幼虫爬至寄主的中下部，吐丝连缀2～3片叶结茧化蛹，预蛹期4～7d，蛹期5～7d。

【防治措施】环茸毒蛾在云南茶园内属零星发生，无须专门防治。

黑褐盗毒蛾

黑褐盗毒蛾（*Porthesia atereta*）属鳞翅目（Lepidoptera）毒蛾科（Lymantriidae），是茶园内零星发生的一种食叶害虫。

【分布及危害】黑褐盗毒蛾主要分布于云南、福建、浙江、安徽、江西、山东、河南、湖北、湖南、广东、广西、四川、贵州等地。寄主主要有茶树、油茶、羊蹄甲等，以幼虫取食茶树叶片、花瓣造成危害，严重时老叶及嫩叶全部食光，影响产量和茶树生长。

【形态特征】

成虫：雄蛾体长6～7mm，翅展19～22mm；雌蛾体长7～9mm，翅展21～23mm。头部和颈部橙黄色；胸部黄棕色，下胸前面带橙黄色；腹部暗褐色，腹基部黄棕色；触角浅黄色，栉齿黄褐色；足黄褐色带浅黄色；前翅棕色，散布黑色鳞，外缘有3个浅黄色斑；后翅黑褐色，外缘和缘毛浅黄色。

卵：球形，灰白色，直径0.8～1.0mm。

幼虫：老熟幼虫体长17～25mm，头部棕褐色，有光泽，体黑褐色；胸部背面棕褐色，前胸背面具3条浅黄色线，中胸背面中部橙黄色，后胸背面中央橙红色。背线橙红色，亚背线较宽，橙黄色，在第1、2和第8腹节中断。前胸背面两侧各有1个向前突出的红色瘤，瘤上生黑褐色长毛和黄白色短毛；其余各节背瘤黑色，上有1个至数个小白色斑，生黑褐色稀疏短毛或长毛；气门下各节瘤橙红色，上生黑褐色长毛间杂白色短毛。腹部第1、2节背面各有1对较大黑色瘤，上生黑褐色长毛和棕黄色短毛，第9腹节瘤橙色，上生黑褐色长毛。

黑褐盗毒蛾幼虫
（龙亚芹拍摄）

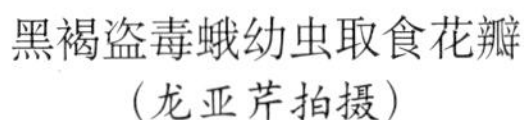

黑褐盗毒蛾幼虫取食花瓣
（龙亚芹拍摄）

黑褐盗毒蛾成虫
（玉香甩拍摄）

茧：椭圆形，淡褐色至灰黑色，雌茧长16 ~ 19mm，宽6 ~ 9mm；雄茧长9 ~ 11mm，宽4 ~ 6mm；茧外附少量黑色长毛。

蛹：长圆筒形，黄褐色，被黄褐色绒毛。

【生物学特性】 该虫在云南1年发生3代，全年均可见幼虫，蛹期7 ~ 9d，成虫寿命6 ~ 9d。幼虫取食叶片，花期也取食花瓣，老熟幼虫将3 ~ 4片叶子缀连或在叶与小枝间做薄茧化蛹。成虫多在晚上羽化，羽化交配后1 ~ 2d即可产卵，卵多产于叶背面排列成不整齐的卵块，上附有少量毒毛。未经交配的雌虫也可产卵，但不孵化。

【防治措施】 黑褐盗毒蛾属零星发生，无须专门防治。

星黄毒蛾

星黄毒蛾（*Euproctis flavinata*）属鳞翅目（Lepidoptera）毒蛾科（Lymantriidae），是茶园中偶见的一种食叶害虫。

【分布及危害】 星黄毒蛾分布于云南、贵州、福建、四川等地。在云南茶园内零星发生危害。以幼虫取食茶树叶片、嫩梢为害，咬食叶片成缺刻或孔洞，影响茶树生长。

【形态特征】

成虫：体长8 ~ 9mm，翅展约22mm，头、胸部橙黄色，腹部浅黄色，后翅浅黄色。

幼虫：老熟幼虫体长约15mm，宽约3mm，头黄褐色，胸、腹部棕黑色。胸部稍细，第1节毛瘤黑色，上生黑色长毛；第2、3节毛瘤黄褐色，上生白色长毛。

茧：长11 ~ 14mm，宽5 ~ 7mm。灰黄色，椭圆形。

蛹：长9 ~ 11mm，宽3 ~ 5mm。棕褐色，腹节颜色较浅，蛹上生黄褐色刚毛。

【生物学特性】 该虫属零星发生，年发生代数不详，4月初开始化蛹，预蛹期2 ~ 4d，蛹期10 ~ 18d，成虫寿命3 ~ 9d。幼虫取食叶片、嫩芽，受惊时头胸朝内弯曲。老熟幼虫在叶间或叶背卷叶化蛹。

【防治措施】 星黄毒蛾为零星发生，无须专门防治。

星黄毒蛾幼虫及为害状
（龙亚芹拍摄）

星黄毒蛾正在化蛹结茧
（玉香甩拍摄）

星黄毒蛾蛹和茧
（玉香甩拍摄）

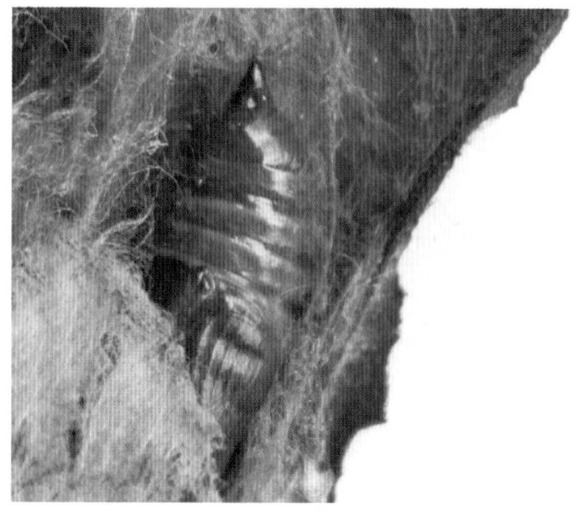

星黄毒蛾蛹
（玉香甩拍摄）

星黄毒蛾成虫
（玉香甩拍摄）

其 他 毒 蛾

线茸毒蛾幼虫正面
（龙亚芹拍摄）

线茸毒蛾幼虫背部
（龙亚芹拍摄）

直角点足毒蛾幼虫及为害状
（龙亚芹拍摄）

一种为害茶叶的毒蛾幼虫
（龙亚芹拍摄）

一种毒蛾准备结茧
（龙亚芹拍摄）

一种正在取食的毒蛾幼虫（一）
（龙亚芹拍摄）

一种正在取食的毒蛾幼虫（二）
（龙亚芹拍摄）

一种毒蛾幼虫及为害状（一）
（龙亚芹拍摄）

一种毒蛾幼虫及为害状（二）
（龙亚芹拍摄）

一种毒蛾幼虫（一）
（龙亚芹拍摄）

一种毒蛾幼虫（二）
（龙亚芹拍摄）

正在结茧的毒蛾
（龙亚芹拍摄）

一种毒蛾蛹
（玉香甩拍摄）

一种毒蛾成虫
（玉香甩拍摄）

停歇在茶树上的一种毒蛾成虫
（龙亚芹拍摄）

折线黄毒蛾成虫
（龙亚芹拍摄）

茶　细　蛾

茶细蛾（*Caloptilia theivora* Walsingham），又称三角苞卷叶蛾、幕孔蛾，属鳞翅目（Lepidoptera）细蛾科（Gracilariidae），是茶树上一种重要的食叶性害虫。

【分布及危害】全国各产茶区均有分布，在云南属于普发性害虫，局部地区茶园内为害严重。幼虫以卷叶的形式为害茶树芽梢嫩叶，其三角苞是茶细蛾典型为害特征。该虫趋嫩性极强，幼虫从潜叶、卷边至整叶卷成三角苞然后匿居其中取食为害并积留虫粪，主要为害芽梢嫩叶，虫苞中的粪便严重污染鲜叶，成品茶中混入该类虫苞时，茶叶的品质会明显下降。

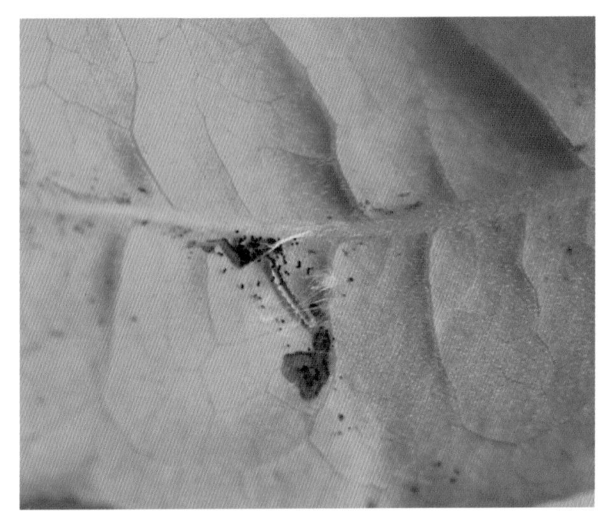

茶细蛾潜叶期为害状
（龙亚芹拍摄）

茶细蛾卷边期为害状
（龙亚芹拍摄）

茶细蛾卷苞期为害状
（龙亚芹拍摄）

茶细蛾后期为害状
（龙亚芹拍摄）

【形态特征】

成虫：成虫体翅细长，体长4 ~ 6mm，翅展10 ~ 14mm；触角褐色丝状，长6.0 ~ 7.5mm；头、胸暗褐色，颜面被黄色毛；复眼黑色，喙长，淡褐色；前翅褐色，带紫色光泽，翅中央有一金黄色三角形斑块达前缘；后翅暗褐色，缘毛长；前、中足腿节、胫节暗褐色，跗节白色；后足腿节局部淡黄色，基部及端部暗褐色，胫节和跗节一侧暗褐色，另一侧淡黄色；腹部背面暗褐色，腹面金黄色；雌蛾尾部被暗褐色长毛，尾端有产卵器。

卵：卵扁平，椭圆形，长0.3～0.5mm，无色透明，具有水滴状光泽，近孵化时呈乳白色混浊状。

幼虫：共5龄。幼虫乳白色，半透明，体上生有白色细短毛，口器褐色，单眼黑色，腹足3对。低龄幼虫（一至三龄）体略扁平，头较小，胸部宽大，腹部由前向后渐细；后期身体呈圆筒形，能看见深绿色至紫黑色的消化道；老熟幼虫体短而粗，外观更圆滑，体黄而不透。

蛹和茧：蛹圆筒形，浅褐色，复眼红褐色，头顶具有三角形突起，腹尾有8个小突起，背面淡棕色，腹面及翅芽浅黄色，翅芽达腹部第6节前缘。蛹外有灰白色细长的椭圆形茧，中间有一条棕褐色线状纹，茧外有一层白色状网。

茶细蛾低龄幼虫
（龙亚芹拍摄）

茶细蛾二至三龄幼虫
（龙亚芹拍摄）

茶细蛾三至四龄幼虫
（龙亚芹拍摄）

茶细蛾高龄幼虫
（龙亚芹拍摄）

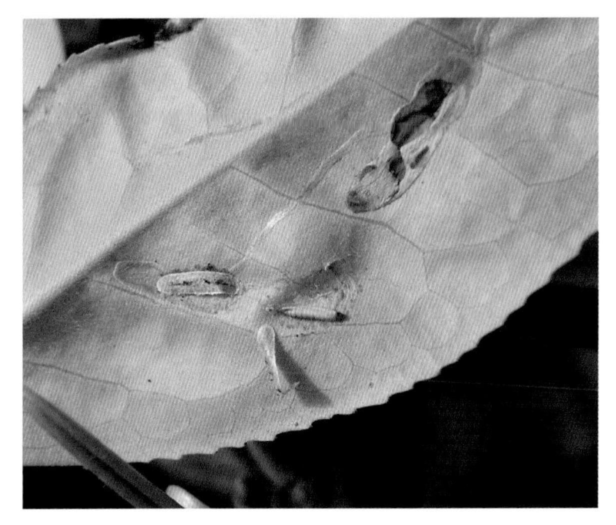

茶细蛾茧
（龙亚芹拍摄）

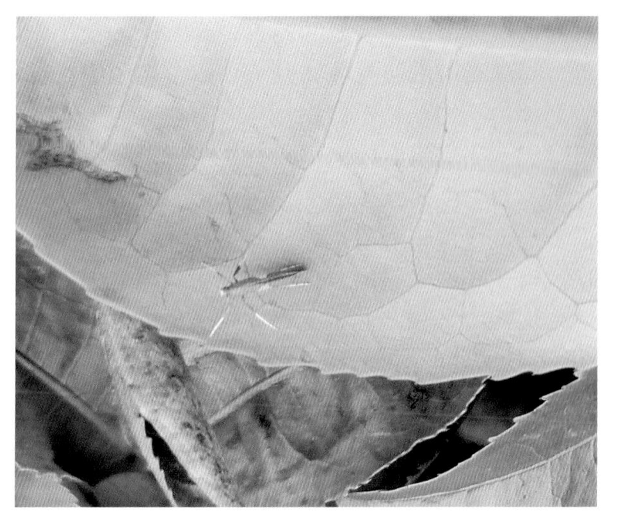

茶细蛾成虫
（龙亚芹拍摄）

【生物学特性】

（1）世代及生活史。茶细蛾在云南1年发生7～8代，以茧和蛹在茶树中、下部老叶背面上越冬，一至二代发生较为整齐，以后世代重叠，3月中旬至11月下旬均可见幼虫为害，以夏秋茶为害最为严重，其发生数量受高温和干旱影响较大。该虫适合在20～25℃、相对湿润的条件下发生，在西双版纳州景洪市、普洱等茶区7月中旬至11月下旬为害尤为严重。根据2021年9月上旬至10月中旬调查结果，在思茅、凤庆、景洪等部分茶园内每平方米茶行虫口达17～155头，平均达52头。

（2）生活习性。

①成虫羽化及交配习性：茶细蛾成虫主要在黄昏后至清晨前羽化，白天羽化较少，具有趋光性，雄虫羽化略早于雌虫，成虫白天不活跃，喜在茶丛内荫蔽处停息，停息时前中足并拢直立，触角紧贴于背上，后足与体翅平行，尾部附于枝叶，虫体侧看呈“人”字形。成虫昼伏夜出，多数于夜间和清晨活动交尾。

②产卵及卵孵化习性：羽化后2～3d产卵，且大多在夜间产卵，卵散产，多产于芽下第1～2叶。前期产于嫩叶背面，后期多数产于对夹叶背面。卵孵化受温度影响较大，气温高，卵期短，反之则长。

③幼虫取食为害习性：刚孵化的幼虫即可在卵壳边缘处咬破下表皮潜入叶内咬食叶肉为害，在潜叶期即一至二龄期潜食叶肉为害，叶背出现白线状弯曲无规则的带状潜痕，进入二龄后向边缘潜食；卷边期即三至四龄前期，幼虫吐丝将叶片边缘向叶背面卷折，形成卷苞，在苞内取食叶肉，使卷边部渐呈枯黄半透明状；卷苞期即四龄后期至五龄期，将叶尖反卷成三角苞，在三角苞内取食，虫苞被食后仅存上表皮，呈枯黄半透明状，当一苞不够取食时，则转移到其他嫩叶另行卷苞为害。

④化蛹习性：五龄幼虫老熟后在下方成叶或老叶背面吐丝结茧化蛹，羽化后的蛹壳部分露出茧外。

【防治措施】

（1）农业防治。

①采摘灭虫：茶细蛾主要在嫩梢上为害，分批勤采茶，人工及时摘除潜叶期以及卷边叶和三角苞内幼虫及卵，可有效降低虫口数量。

②适时修剪，加强冬季清园：每年11月下旬至12月中旬进行修剪，可有效剪除越冬幼虫和蛹，及时清除园内和园边杂草、枯枝、落叶，破坏越冬场所，降低虫口基数。

（2）物理防治。

①灯光诱杀：茶细蛾成虫具趋光性，可在成虫高峰期用杀虫灯诱杀成虫，降低虫口基数。

②色板诱杀：在成虫羽化高峰期前利用黄板进行田间成虫监测和防治，悬挂密度为20 ～ 25张/亩，悬挂高度为色板下边缘距离茶蓬10 ～ 15cm。

（3）生物防治。

①保护和利用自然天敌：茶细蛾自然天敌丰富，主要有蜘蛛类、茶细蛾绒茧蜂和姬小蜂等寄生蜂类，尽量保护好天敌，对茶细蛾有一定的控制作用。

②性信息素诱杀：在成虫羽化高峰期前利用茶细蛾性信息素诱捕器进行田间成虫监测和防治，放置密度为3 ～ 4个/亩，2月左右更换诱芯1次，粘虫板视粘虫情况及时更换。重点防治越冬代和一、二代成虫，压低全年虫口基数。

③选用生物药剂防治：每平方米茶蓬虫量达8头以上时，在潜叶期、卷边期前选择7.5%鱼藤酮乳油300 ～ 500倍液，或0.6%苦参碱水剂300 ～ 500倍液，或15 000IU/mg苏云金杆菌水分散粒剂300 ～ 500倍液，或每毫升含100亿孢子的短稳杆菌悬浮剂500 ～ 800倍液，或每毫升含800万孢子的白僵菌稀释液喷施。

（4）化学应急防治。潜叶期前采用15%印虫威乳油3 000倍液或24%溴虫腈悬浮剂1 500倍液喷施。

茶卷叶蛾

茶卷叶蛾（*Homona coffearia* Meyrick）又名褐带长卷叶蛾、茶淡黄卷叶蛾、后黄卷叶蛾，属鳞翅目（Lepidoptera）卷叶蛾科（Tortricidae），是云南省茶园主要害虫之一。幼虫吐丝卷叶为害，在茶树嫩梢上形成卷苞，留下表皮形成透明枯斑，影响茶叶产量和品质。

【分布及危害】国外主要分布在印度、斯里兰卡和日本等国家，国内主要分布于云南、福建、安徽、江西等茶区，在云南各茶区均有分布。主要以幼虫卷缀嫩叶匿居咀食叶肉，留下表皮形成透明枯斑，且食量随虫龄增大而增大，并不断蚕食成叶、老叶，卷叶数常多达3 ～ 4叶，乃至整个芽梢，被害茶梢制成干茶碎片多，危害损失更大，严重时蓬面状如火烧，对树势损伤较大。

茶卷叶蛾卷梢状
（龙亚芹拍摄）

茶卷叶蛾为害嫩梢状（一）
（龙亚芹拍摄）

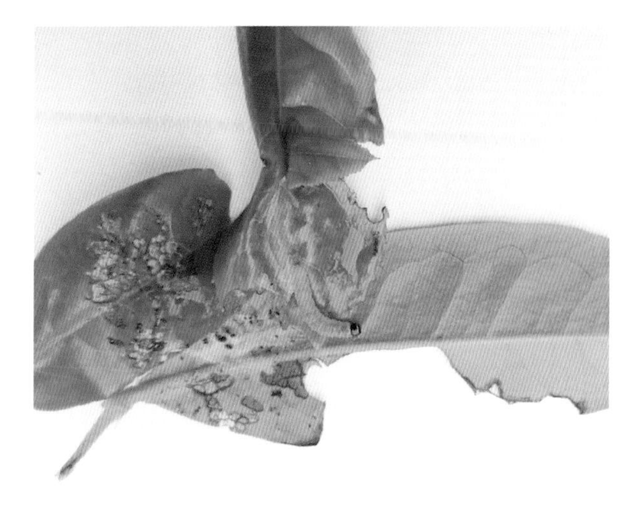

茶卷叶蛾为害嫩梢状（二）
（龙亚芹拍摄）

茶卷叶蛾为害老叶呈透明枯斑状
（龙亚芹拍摄）

【形态特征】

成虫：体长8 ~ 12mm，翅展23 ~ 30mm，体翅单黄褐色，前翅桨形，淡棕色，多褐色细横纹，翅深黄色。头部小，复眼红褐色，圆形，触角细长，丝状，顶部有浓褐色鳞毛，下唇须向上翘，头胸部连接处有黑褐色粗鳞毛。胸部背面黑褐色，腹部黄白色。雄蛾近基部暗斑较大，前缘有一半椭圆形向上翻折的深褐色前缘褶，雌蛾近翅基及中部斜列中带暗褐色。雌雄蛾后翅淡黄色，近基部色淡，缘毛长，灰黄色。

卵：椭圆形，扁平，长0.8 ~ 0.9mm，淡黄透明，卵块鱼鳞状，常数十粒或数百粒斜向鱼鳞状排列，表面覆有透明胶质，且有不规则皱纹，边缘色较厚。

幼虫：共6龄。老熟幼虫体长18 ~ 22mm，头黑褐色，体黄绿色，前胸背板近半圆形，棕褐色，后缘深褐色。腹部第2 ~ 8节背面前、后缘附近各有短刺1列。

蛹：体长11 ~ 15mm，黄褐色至暗褐色，蛹体被薄茧。腹部第2 ~ 8节背面近前后缘均有横排的钩状刺突，近前缘刺突较粗，越靠近背中线越粗大，近后缘一列刺突较细小；臀棘长，黑色，端部具8根卷丝状臀棘。雌雄蛹具有明显差异，雌蛹腹部第8和9节分界不明显，生殖孔位于第8腹节，产卵孔位于第9腹节，两孔几乎相连，肛门位于第10腹节；雄蛹腹部第8 ~ 10节分界明显，生殖孔位于第8腹节上。

茶卷叶蛾卵块
（龙亚芹拍摄）

茶卷叶蛾低龄幼虫
（龙亚芹拍摄）

茶卷叶蛾成长幼虫
（龙亚芹拍摄）

茶卷叶蛾蛹
（龙亚芹拍摄）

茶卷叶蛾成虫
（龙亚芹拍摄）

【生物学特性】

（1）世代及生活史。该虫在云南1年发生6代，世代重叠发生，以幼虫在茶叶卷苞中越冬，各代成虫始见期常在3月中下旬、5月上中旬、6月下旬、7月下旬、8月中下旬、10月下旬；幼虫始见期常在3月下旬、5月下旬、7月上旬、8月上旬、9月中旬、11月上旬。在平均温度27℃条件下，卵期7d，幼虫期12 ~ 19d，蛹期5 ~ 7d，成虫期4 ~ 11d，全世代历期35 ~ 46d；越冬代历期80 ~ 110d。

（2）生活习性。

①产卵及卵孵化习性：卵多产于老叶正面，少数产于叶背，平均每头雌虫产卵数百粒，卵块较大。初产卵为浅黄色，2d后逐渐转为深色至褐色，在孵化前1 ~ 2d卵端黑色，在1d内均可孵化，以清晨孵化最多，同一卵块孵化较整齐，当幼虫孵化后卵块变为银白色。

②幼虫取食为害特性：初孵幼虫较活泼，爬行或吐丝下垂分散，趋嫩性强，孵出后向上爬至

芽梢新叶正面叶尖，吐丝将两侧向内卷结并匿居咀食叶肉，食完转移结新苞为害，新苞缀叶数渐多，三龄后的幼虫卷叶数常多达4～5叶，乃至整个芽梢均被卷缀成苞，取食留下表皮形成透明枯斑。

③化蛹习性：老熟幼虫在苞内结一白色薄茧化蛹于其中或翌年在虫苞内化蛹。

④羽化习性：成虫多在11:00羽化，羽化后1h雌蛾腹末即分泌出乳黄色性外激素，可延续1～2d，以第1天分泌较多。

⑤成虫交配习性：成虫具有强趋光性，白天活动较弱，多栖息于茶丛中下部，夜晚活动交配产卵。羽化的雌雄蛾当晚即可交尾，交尾时，雌雄蛾腹端相连成一直线，雌蛾的翅盖在雄蛾腹末上方，静止不动。成虫一生交尾一次，交尾后1～2d即可产卵，每头雌蛾产卵1～2块。

【防治措施】

（1）农业防治。

①采摘灭虫：三龄幼虫前及时摘除虫苞；低龄幼虫都在新梢嫩叶上，采摘时摘除有卵叶片或捏死苞内幼虫能有效降低虫口基数。

②适时修剪，加强冬季清园：全年采摘结束后进行深修剪10～15cm，及时清除园内和园边杂草、枯枝、落叶，破坏越冬场所，降低虫口基数，能有效降低翌年危害程度。

（2）物理防治。

①灯光诱控：成虫具强趋光性，在成虫羽化高峰期用杀虫灯诱杀成虫，降低下一代虫口基数，20～50亩挂1盏，灯源距离地面约1.5m。

②色板诱杀：成虫具趋色性，在成虫高峰期前用黄板或黄红相间色板诱杀成虫，可有效降低下一代虫口基数。悬挂密度为20～25张/亩，悬挂高度为色板下边缘高于茶蓬10～15cm，粘虫板视粘虫情况及时更换。

（3）生物防治。

①保护和利用自然天敌：茶卷叶蛾自然天敌种类多，卵期有拟澳洲赤眼蜂、松毛虫赤眼蜂；幼虫期有茧蜂、绒茧蜂、白僵菌等；蛹期有姬蜂、广大腿小蜂等，应加以保护和利用。

②性信息素诱杀：成虫高峰期前采用茶卷叶蛾性信息素诱杀成虫，放置密度为3～4个/亩，2月左右更换诱芯1次，诱芯高于茶蓬15～20cm，可有效降低下一代虫口基数。

③生物药剂防治：在一至二龄幼虫期每平方米茶蓬虫口量达8～15头时，可喷施7.5%鱼藤酮乳油300～500倍液，或0.6%苦参碱水剂300～500倍液，或15 000 IU/mg苏云金杆菌水分散粒剂300～500倍液。

（4）化学防治。在幼虫卷叶前，可喷施24%虫螨腈乳油1 000倍液，或15%茚虫威乳油1 000倍液，或30%唑虫酰胺悬浮剂1 500倍液。

茶小卷叶蛾

茶小卷叶蛾（*Adoxophyes honmai* Yasuda），又称小黄卷叶蛾、棉褐带卷叶蛾，属鳞翅目（Lepidoptera）卷蛾科（Tortricidae），是茶树重要食嫩梢害虫之一。

【分布及危害】分布于全国各产茶区，在云南各产茶区均普遍发生，其中以普洱市思茅区，西双版纳州勐海县、景洪市，大理州南涧彝族自治县等茶园为害较为严重。以幼虫吐丝卷结茶树嫩梢或叶片成苞状，匿居苞内取食叶肉，常留下一层表皮与叶脉，形成枯斑或褐色膜状斑，粪便积留在叶内，严重时蓬面一片枯焦，影响茶树生长，降低茶叶产量和品质。

茶小卷叶蛾为害嫩梢状
（龙亚芹拍摄）

茶小卷叶蛾为害嫩梢成透明枯斑
（龙亚芹拍摄）

茶小卷叶蛾为害成龄叶片状
（龙亚芹拍摄）

【形态特征】

成虫：体长6～8mm，翅展15～22mm，淡黄褐色，前翅近长方形，散生褐色细纹，分别在翅基、翅中部和翅尖有3条明显的深褐色斜行带纹，近翅基带纹呈不规则弧形，翅中部带纹呈h形，近翅尖带纹呈y形。雄蛾个体较雌蛾小，翅面的斑色较暗，翅基褐斑较大且明显。

卵：淡黄色，扁平，呈椭圆形，卵面多为六角形或菱形刻纹。卵块呈扁平状，近似椭圆形，表面覆有透明的胶质物，由数十粒至数百粒在叶背呈鱼鳞状排列。

幼虫：共5龄。一龄幼虫体长1.4～2.8mm，头黑色，体浅黄色；二龄幼虫体长2.5～4.8mm，头浅黄褐色，体浅黄绿色；三龄幼虫体长4.3～7.0mm，头淡黄褐色，体黄绿色；四龄幼虫体长5.0～13.0mm，头黄褐色，体绿色；五龄幼虫体长9.0～19.0mm，头黄褐色，体鲜绿色，前胸背板淡黄褐色。

蛹：初为绿色后渐变为黄褐色，腹末有8枚弯曲臀刺。

茶小卷叶蛾卵块
（龙亚芹拍摄）

茶小卷叶蛾高龄幼虫
（龙亚芹拍摄）

茶小卷叶蛾蛹前期
（龙亚芹拍摄）

茶小卷叶蛾蛹
（龙亚芹拍摄）

茶小卷叶蛾雌成虫
（龙亚芹拍摄）

茶小卷叶蛾雄成虫
（龙亚芹拍摄）

【生物学特性】

(1) 世代及生活史。茶小卷叶蛾在我国茶区以三龄幼虫在卷叶或残花中越冬，年发生代数各地有差异。除一代发生较整齐外，其余各代均有不同程度的世代重叠现象。其在平均气温18 ~ 26 ℃、相对湿度80%以上的温暖湿润条件下繁殖。采用性诱捕器监测，在云南茶园内全年有9个成虫发生期，成虫始见期为3月下旬，终见期为12月上旬，全年均可见幼虫为害,6 ~ 10月虫口基数高，春茶后期、夏秋茶受害较重。

(2) 生活习性。

①成虫交配、产卵及卵的孵化习性：成虫具有趋光性且喜嗜糖醋味，白天多栖息于茶丛中下部，夜晚活动交配产卵，卵产于成叶和老叶叶背，遇高温干旱时产卵量减少。卵多于白天孵化，卵的孵化与气候因素息息相关，温暖高湿更有利于卵的孵化。

②幼虫取食为害特性：初孵幼虫趋嫩性强，孵出后向上爬至芽梢新叶正面叶尖，吐丝将两侧向内卷结匿居，咀食叶肉和上表皮或在新梢芽缝隙内取食，被害叶呈不规则枯斑。虫口多分布于芽下第1叶，三龄后幼虫将邻近2叶甚至整个芽梢结成虫苞，在苞内取食为害，严重时茶丛蓬面呈红褐色焦枯，芽叶生长缓慢甚至停滞。随虫龄增大，转移为害中下部成叶或老叶，为害中心明显。

③化蛹习性：老熟幼虫藏于虫苞内越冬，翌年在虫苞内化蛹。

【防治措施】

(1) 农业防治。

①采摘灭虫：三龄幼虫前及时摘除虫苞；低龄幼虫都在新梢嫩叶上，采摘时摘除有卵叶片或捏死幼虫和苞内幼虫能有效降低虫口基数。

②适时修剪，加强冬季清园：全年采摘结束后进行深修剪10 ~ 15cm，及时清除园内和园外杂草、枯枝、落叶，破坏越冬场所，降低虫口基数，能有效降低翌年为害程度。

(2) 物理防治。

①灯光诱杀：利用成虫的趋光性，在成虫高峰期前用杀虫灯诱杀成虫，20 ~ 50亩挂1盏，降低下一代虫口基数。

②黄板诱杀：利用成虫的趋色性，在成虫高峰期用黄板或黄红双色板诱杀成虫，可有效降低下一代虫口基数。悬挂密度为20 ~ 25张/亩，悬挂高度为色板下边缘高于茶蓬10 ~ 15cm。

(3) 生物防治。

①保护和利用自然天敌：茶小卷叶蛾自然天敌种类多，卵期有拟澳洲赤眼蜂、松毛虫赤眼蜂；幼虫期有卷叶蛾茧蜂、甲腹茧蜂、螟蛉瘤姬蜂、白僵菌、颗粒体病毒等寄生性、病原性天敌及大山雀、步甲、蜘蛛等捕食性天敌；蛹期有卷蛾黑带寄蝇、广大腿小蜂等，应加以保护和利用。

②性信息素诱杀：在成虫高峰期采用茶小卷叶蛾性信息素诱杀成虫，放置密度为3 ~ 4个/亩，诱芯高于茶蓬15 ~ 20cm，2月左右更换诱芯1次，粘虫板视粘虫情况及时更换，可有效降低下一代虫口基数。

③选用生物农药防治：在一至二龄幼虫期，每平方米虫量达8 ~ 15头时，喷施7.5%鱼藤酮乳油300 ~ 500倍液，或0.6%苦参碱水剂300 ~ 500倍液，或15 000 IU/mg苏云金杆菌水分散粒剂300 ~ 500倍液。

(4) 化学防治。在幼虫卷叶前，可结合茶卷叶蛾化学防治措施进行防治。

柑橘黄卷蛾

柑橘黄卷蛾（*Archips seminubilis*）属鳞翅目（Lepidoptera）卷蛾科（Tortricidae），是为害茶树叶片的害虫之一。寄主除茶树外，还包括油茶、龙眼、荔枝、柑橘、红椿、苘麻等多种植物。

【分布及危害】柑橘黄卷蛾在国内主要分布于云南、福建、浙江、安徽、江西、湖南、广东、海南、四川等，以幼虫取食叶片，影响茶叶新梢生长。

【形态特征】

成虫：体长7 ~ 8mm，雌蛾翅展20 ~ 24mm，雄蛾翅展18 ~ 20mm。全体淡黄褐色。触角丝状细长，暗褐色。雌蛾前翅褐色；中横带黑色，由前缘1/3处斜向后缘；端纹深褐色；后缘中部至臀角之间有黑褐色斑；后翅前缘顶角前有1束黑色鳞毛。雄蛾前翅色泽鲜艳；中横带褐色，由前缘中部通向后缘；端纹黑褐色，纹前方有黑色弧线纹，纹后下方及顶角间有楔状纹，略与前缘平行；后翅淡褐色，前缘无黑色鳞毛。

卵：扁椭圆形，长约0.9mm，厚约0.3mm，淡黄色。数十粒至百余粒聚集成鱼鳞状卵块，上有1层胶质物覆盖。

幼虫：老熟幼虫体长22 ~ 27mm，宽2 ~ 3mm；头部漆黑色或黄褐色；前胸背板黑色；中胸至末节均为黄绿色或青绿色，各节背面有乳白色小斑4个，略呈“八”字形排列，上生白色刚毛1根；各气门上方的毛片上有刚毛1根，正下方的毛片上有刚毛2根。雄性幼虫在第5腹节背中线两侧可见1对卵形浅黄色的精巢器官芽，可与雌性幼虫相区别。

蛹：细长形，长11 ~ 13mm，宽2 ~ 3mm，红褐色；头稍前伸，胸部蜕裂线从前胸前缘直达后胸后缘；舌状突末端伸达后胸2/3处；雌蛹背面第2 ~ 7腹节、雄蛹背面第3 ~ 8腹节的前缘有半弧形线。

柑橘黄卷蛾为害状
（龙亚芹拍摄）

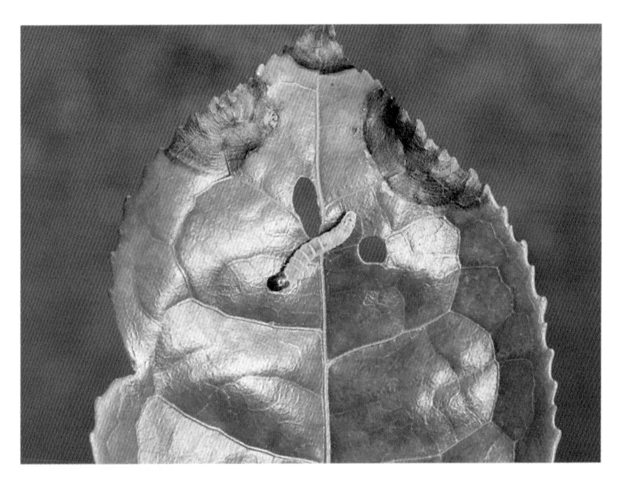

柑橘黄卷蛾幼虫
（龙亚芹拍摄）

柑橘黄卷蛾雄幼虫及为害状
（龙亚芹拍摄）

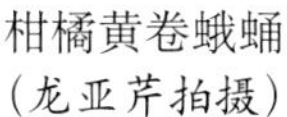

柑橘黄卷蛾蛹
（龙亚芹拍摄）

柑橘黄卷蛾成虫
（龙亚芹拍摄）

【生物学特性】成虫将卵产于叶片正面，聚集成椭圆形的鱼鳞状卵块。该虫在云南茶园内零星发生，世代不整齐，幼虫多数为害嫩叶，初孵幼虫取食叶背叶肉，随虫龄增大，吐丝将叶片缀结成虫苞，匿居其中取食或外出取食叶片成缺刻。4 ～ 11月均可见幼虫。老熟幼虫在卷叶内或将两片叶子以丝黏合，在其中结白色丝膜化蛹，蛹期4 ～ 7d，成虫寿命7 ～ 11d。

【防治措施】参照其他卷叶蛾防治方法进行。

湘黄卷叶蛾

湘黄卷叶蛾（*Archips strojny* Razowski），属鳞翅目（Lepidoptera）卷蛾科（Tortricidae）黄卷蛾属（*Archips*），是茶树食叶害虫之一。

【分布及危害】湘黄卷叶蛾主要分布于云南、浙江、安徽、江苏、江西、湖北、湖南、福建、海南等产茶区。在云南西双版纳州勐海县、景洪市，普洱市思茅区及江城哈尼族彝族自治县等产茶区均有为害，以幼虫吐丝卷结茶树嫩梢或叶片成苞状，匿居苞内取食叶肉，粪便积留在叶内，严重污染鲜叶，降低茶叶产量和品质。

湘黄卷叶蛾为害状
（龙亚芹拍摄）

【形态特征】

成虫：雄虫体长7 ~ 10mm，翅展14.0 ~ 18.2mm；雌虫体长8 ~ 11mm，翅展16.3 ~ 23.8mm，头部均为褐色或深褐色。前翅接近等宽，前缘基部1/3弯曲，顶角短而尖，顶角前有波曲；外缘稍有波曲。雌蛾体型大于雄蛾，雌雄蛾前翅斑纹有明显差异。雄蛾前翅前缘褶凸出明显，前翅浅棕黄色，上有3个深褐色斑，即基斑、中带和端纹。基斑位于前缘褶下，中带上窄下宽，端纹由前缘沿外缘向臀角延伸，形成上宽下窄状，缘黄褐色。雌蛾前翅棕黄色，基斑、中带和端纹不明显，只隐约可见淡褐色暗斑。

卵：卵长0.7 ~ 0.9mm，宽0.5 ~ 0.7mm，卵扁平，黄色，短纺锤形，排列在一起形成卵块，卵块长5 ~ 17mm，宽2 ~ 4mm，鲜黄色，多为长条形和椭圆形，少数不规则，卵块上覆有一层白色胶状膜。

幼虫：共5龄。一至二龄幼虫体淡黄色；三至四龄幼虫体淡绿色或淡棕色，头壳和前胸背板黑色；五龄幼虫体淡绿色，头壳棕色，前胸背板黑色，前胸背板前缘有一白线。刚蜕皮的幼虫头壳为淡绿色，随即变为棕色或黑色。

蛹：棕红色，被蛹，长9 ~ 11mm，宽2 ~ 3mm。腹部第2 ~ 7节背面各有2列钩刺突，腹末有8枚弯曲臀棘。

湘黄卷叶蛾卵
（玉香甩拍摄）

湘黄卷叶蛾低龄幼虫
（玉香甩拍摄）

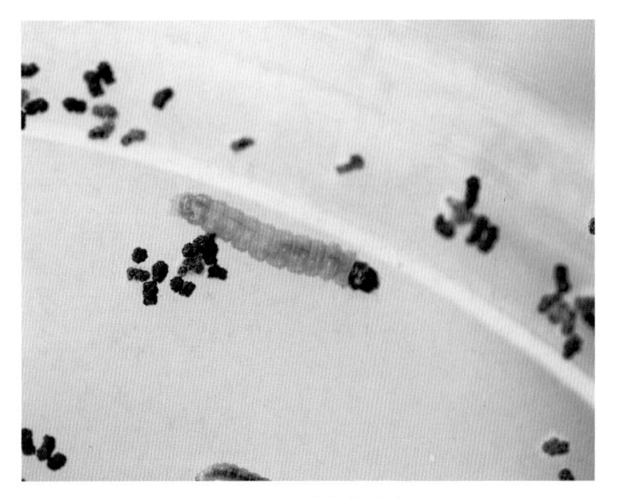

湘黄卷叶蛾高龄幼虫
（玉香甩拍摄）

湘黄卷叶蛾蛹初期
（玉香甩拍摄）

湘黄卷叶蛾蛹
（玉香甩拍摄）

湘黄卷叶蛾蛹壳和成虫
（玉香甩拍摄）

湘黄卷叶蛾雌成虫
（龙亚芹拍摄）

湘黄卷叶蛾雄成虫
（玉香甩拍摄）

【生物学特性】

（1）世代及生活史。云南1年发生3～4代，以蛹越冬。

（2）生活习性。

①产卵习性：田间卵块多分布于茶丛上中部，卵块产于叶片正面，多沿叶脉而产，主脉产卵最多，一张茶叶上大多含1个卵块，少数有2～3个卵块。每卵块平均含卵百余粒。

②幼虫取食习性：初孵幼虫较活跃，善爬行，具有较强趋光性，吐丝悬挂在茶枝中下部，随风飘移。随后，多数爬至茶丛顶部嫩叶正面叶尖，吐丝将叶边缘向内卷，躲在其中取食表皮和叶肉。随着虫龄的增加，其将嫩叶由叶缘纵向卷成虫苞，并藏于苞内取食。当嫩叶较少时，也可在重叠的成叶或老叶间结网取食。三龄后幼虫常吐丝将芽梢的2片茶叶缀结一起，匿居其中取食。吐丝所缀结的叶片随虫龄的增加而增加，末龄幼虫取食后叶片留有圆形孔洞，老熟时吐丝结茧。

③化蛹习性：老熟幼虫藏于虫苞内化蛹越冬。

④羽化习性：羽化时，头先从蛹壳中破壳而出，其后停滞在蛹壳附近晾翅，约4min后双翅竖立，随后4.5min其双翅放平。成虫羽化多集中在10：00～13：00。

⑤成虫交配习性：雌雄蛾在夜间交配产卵。

【防治措施】

(1) 农业防治。

①采摘灭虫。在三龄幼虫前及时摘除虫苞，低龄幼虫都在新梢嫩叶上，采摘时，摘除有卵叶片或捏死幼虫和苞内幼虫，能有效降低虫口基数。

②适时修剪，加强冬季清园：全年采摘结束后进行深修剪10 ~ 15cm，及时清除园内和园边杂草、枯枝、落叶，破坏越冬场所，降低虫口基数，能有效降低翌年为害程度。

(2) 物理防治。

①灯光诱杀：利用成虫的趋光性，在成虫高峰期前用LED太阳能杀虫灯诱杀成虫，降低下一代虫口基数。

②黄板诱杀：利用成虫的趋色性，在成虫高峰期用黄板或黄红双色板诱杀成虫，20 ~ 25张/亩，悬挂高度为色板下边缘距离茶蓬10 ~ 15cm，能有效降低下一代虫口基数。

(3) 生物防治。

①保护和利用自然天敌：如茧蜂、白僵菌、颗粒体病毒等寄生性、病原性天敌及步甲、蜘蛛等捕食性天敌，应加以保护和利用。

②选用生物农药防治：在一至二龄幼虫期每平方米虫口量达8 ~ 15头时，喷施7.5%鱼藤酮乳油300 ~ 500倍液，或0.6%苦参碱水剂300 ~ 500倍液，或15 000 IU/mg苏云金杆菌水分散粒剂300 ~ 500倍液。

(4) 化学防治。在幼虫卷叶前，可结合茶卷叶蛾化学防治措施进行防治。

龙眼裳卷蛾

龙眼裳卷蛾（*Cerace stipatana* Walker）属鳞翅目（Lepidoptera）卷叶蛾科（Tortricidae）卷叶蛾属（*Cerace*），以幼虫取食叶片为害。

【分布及危害】龙眼裳卷蛾在国外分布于日本、印度，国内主要分布于云南、四川、福建、江西等地。寄主包括茶树、龙眼、荔枝、木荷、樟树等。以幼虫缀叶取食为害，影响树势。

【形态特征】

成虫：雌蛾体长14 ~ 17mm，翅展46 ~ 54mm；雄蛾体长10 ~ 12mm，翅展37 ~ 38mm，头部、颈片白色，触角黑色，有白环；胸部黑色，腹部黄色，尾部黑色。前翅紫黑色，前缘具一排2 ~ 3mm长、越近顶角越短的横向白色条斑，条斑以内近基部有5排后部分支、形状不一的近方形白斑，越近外缘处白斑条数越多，翅中间直至外缘有红褐色斑带，斑带从外缘中部扩大呈黄色。后翅基部白色，外缘有一较宽的黑斑，具灰白色缘毛。

卵：圆形，扁而薄，卵块成鱼鳞状排列，初产时呈白色，后期变淡黄色，将孵化时可见黑点状的幼虫头部。

幼虫：初孵时头部黑色，体淡黄色。二龄后略带青绿色。老熟幼虫粉绿色，长29 ~ 32mm，宽3 ~ 4mm，胸部两侧各具1个黑斑。

蛹：蛹长17 ~ 21mm，初为灰绿色，后转为黄棕色，出现翅的黑色花纹后1 ~ 2d羽化。

【生物学特性】

(1) 世代及生活史。1年发生2代，以二龄幼虫在寄主被害的叶苞中越冬。翌年3月中下旬开始羽化为成虫，4月上中旬产卵，5月中旬化蛹。卵期3d左右，孵化后即能分散为害。

(2) 生活习性。成虫有弱趋光性。

①产卵及卵的孵化习性：交尾后翌日10:00左右产卵，卵块产在叶面上，雌虫产卵1 ~ 2次，2次间隔1h左右，卵多在上午8:00前孵化。

龙眼裳卷蛾幼虫及为害状
（龙亚芹拍摄）

龙眼裳卷蛾蛹
（龙亚芹拍摄）

龙眼裳卷蛾蛹腹面
（龙亚芹拍摄）

龙眼裳卷蛾成虫
（玉香甩拍摄）

龙眼裳卷蛾成虫及蛹壳
（玉香甩拍摄）

龙眼裳卷蛾雌成虫腹面
（玉香甩拍摄）

②羽化习性：成虫羽化后爬出卷叶静伏在卷叶外，雄虫较雌虫羽化早，寻找配偶后静伏在叶面交尾，交尾在傍晚和早晨进行。

③取食为害特性：气温10℃以上时，越冬幼虫开始取食。初孵幼虫分散爬行，稍微受惊动即吐丝下垂，附着枝叶后爬行寻找两片叶靠拢处吐丝缀叶为害。初龄幼虫仅为害叶肉组织留下表皮；二龄幼虫为害成孔；四龄幼虫食量大增，取食被缀叶和附近叶片，日夜为害。条件不适合时转移缀叶为害，一般转移1～2次，老熟后在缀叶间化蛹。

【防治措施】龙眼裳卷蛾在云南茶园内零星发生，无须专门防治。

豹裳卷叶蛾

豹裳卷叶蛾（*Cerace xanthocosma*），又称大丽卷叶蛾，属鳞翅目（Lepidoptera）卷叶蛾科（Tortricidae）卷叶蛾属（*Cerace*），以幼虫取食叶片为害。

【分布及危害】该虫在东南亚国家有分布，国内分布于华南、西南地区。幼虫为害茶树、槭树、樟木、山茶、柑橘、梧桐、蔷薇、菊花、夹竹桃、栀子等多种植物。该虫害出现于低、中海拔山区，凡是附近樟树受害严重的茶园受该虫为害严重，幼虫主要取食幼嫩叶片成缺刻、孔洞，甚至将叶片食光，影响茶叶产量；为害成龄叶片成透明枯斑状，影响树势。茶树一年中多次抽梢，为豹裳卷叶蛾幼虫提供了丰富食料，是造成发生猖獗的原因之一。

豹裳卷叶蛾为害状
（龙亚芹拍摄）

豹裳卷叶蛾幼虫及为害状
（龙亚芹拍摄）

【形态特征】

成虫：雄蛾翅展33～40mm，雌蛾翅展48～59mm。头部白色，触角节间毛丛黑色。下唇须短，第1～2节下面及顶端白色。胸部黑紫色，有白斑；翅基片上有一斜白斑；后胸两侧各有一撮黄灰色长毛丛。腹部各节背面一半是黄色，一半是黑色，腹面淡黄色。前翅紫黑色，充满许多白色斑点和短条纹；在中间有1条锈红褐色斑由基部通向外缘，在近外缘处扩大呈三角形橘黄色区。后翅广，半卵圆形，橘黄色。由内缘到1/2外缘的臀角区密布大小不同的黑色圆块状斑。雄性外生殖器爪形突凸出，末端钝，颚形突两臂汇合后上举，末端尖，尾突下垂，多毛，抱器瓣宽而短，抱器瓣、抱器端生密毛，茎粗短，无明显阳茎针。雌性外生殖器产卵瓣长肾形，导管端片膨大呈漏斗状，僧帽状囊突一枚，表面多齿状突。

卵：圆形，扁平，初产时淡黄色，孵化前变为橙黄色，并可见卵壳内黑色的幼虫头部。卵块长椭圆形，鱼鳞状排列。

幼虫：老熟幼虫体长30mm，宽5mm，头部赤红色，胸部黄绿色，前胸背板厚缘两侧各有一黑色斑块；中、后胸及腹部两侧共有64个黑色小斑点；腹部橙黄色；背纵干明显，从前胸背板直达腹部第8节背板。

蛹：长13.5 ~ 17.6mm，宽4.5 ~ 5.4mm。初化蛹时，头、翅、足淡绿色，腹部黄白色；近羽化时，头、胸深黄色，翅红褐色，腹部橙黄色。

【生物学特性】

（1）世代及生活史。豹裳卷叶蛾在云南1年发生2代，一代于5月下旬开始产卵，幼虫期发生在6月上旬至8月下旬，蛹期为8月下旬至9月中旬，成虫期集中在9月；二代于9月中旬开始产卵，幼虫期为10月中旬至翌年5月上旬，蛹期为5月上中旬，成虫期为5月下旬至6月中旬。

（2）生活习性。

①成虫习性：傍晚成虫活动最强，清晨最弱；雨天活动频繁，闷热天次之，晴天活动较少。成虫飞翔力较强，对白炽灯趋光性较弱。

②产卵及卵的孵化习性：成虫产卵于叶片正面主脉两侧；卵块以树冠顶部最多，斜生层次之，披垂层少，卵孵化率高。日均温21 ~ 22℃时，卵期6 ~ 15d，平均10d。初孵幼虫经1.5h左右开始吐丝缀叶，取食叶片表层；三龄后幼虫咬食叶片形成缺刻或孔洞，常从缀叶中爬出，取食附近叶片。幼虫遇敌害时，迅速藏于卷叶内或从口器中分泌一种绿色液体进行自卫。幼虫有吐丝下坠逃逸的习性。初孵幼虫耐饥能力较差，在缺乏食料的情况下48h死亡率非常高。五至六龄幼虫耐饥能力较强。越冬代幼虫从孵化到化蛹迁移2 ~ 3次，第一次在2月前，这时气温低，幼虫呈半休眠状态，很少取食；第二次在2月以后，幼虫转移到去年较嫩的秋梢上为害；第3次在4月以后，幼虫转移到刚抽发的春梢上缀叶为害。在日均温25℃时，幼虫5 ~ 8龄，在6 ~ 8月幼虫历期平均90 ~ 110d。老熟幼虫吐丝缀叶包被虫体化蛹。日均温23 ~ 26℃时，蛹期8 ~ 15d，雌虫寿命7 ~ 15d。成虫多在树冠外围交配，交配后1 ~ 2d开始产卵，一头雌虫产卵1 ~ 3块，1个卵块卵数达上百粒。

③羽化习性：成虫多于傍晚和清晨羽化，羽化后1h左右开始爬行。

【防治措施】

（1）生物防治。保护及利用茶园自然天敌，如舞毒蛾黑瘤姬蜂、广大腿小蜂、大草蛉、寄生蝇以及捕食蜘蛛等。

（2）化学防治。可参照其他卷叶蛾防治方法进行。

豹裳卷叶蛾成长幼虫
（龙亚芹拍摄）

豹裳卷叶蛾高龄幼虫
（龙亚芹拍摄）

豹裳卷叶蛾幼虫即将化蛹
（龙亚芹拍摄）

豹裳卷叶蛾化蛹初期
（龙亚芹拍摄）

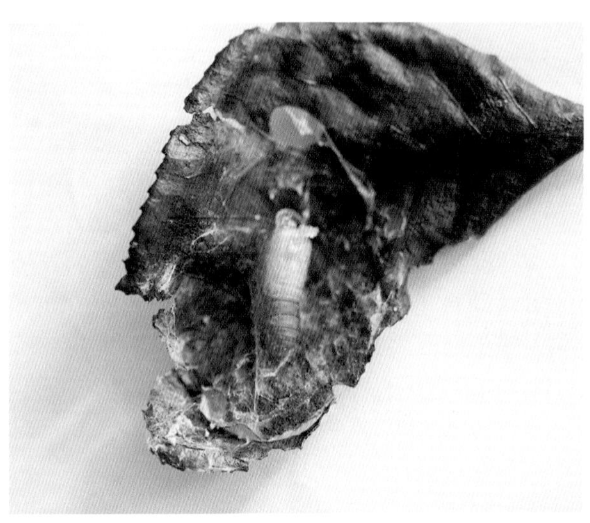

豹裳卷叶蛾蛹壳
（龙亚芹拍摄）

豹裳卷叶蛾新羽化成虫
（龙亚芹拍摄）

豹裳卷叶蛾成虫
（龙亚芹拍摄）

顶梢卷叶蛾

顶梢卷叶蛾（*Spilonota lechriaspis* Meyrick），属鳞翅目（Lepidoptera）卷蛾科（Tortricidae），是近两年在滇西南茶区新发现的害虫，以幼虫为害茶叶新梢顶芽，将叶片卷为一团，咬食新芽、嫩叶，生长点被害后新梢歪至一边，影响顶芽生长和茶叶的品质。

【分布及危害】在云南省普洱市思茅区、江城哈尼族彝族自治县、澜沧拉祜族自治县，西双版纳州景洪市大渡岗乡、勐海县等茶园均有为害，主要为害夏秋茶，尤其以秋茶为害最为严重，每平方米平均虫苞数达40头。以幼虫为害茶树顶梢，幼虫吐丝将数片嫩叶缠缀成虫苞，并啃下叶背做成筒巢潜藏入内，仅在取食时身体露出巢外。为害后期顶梢卷叶团干枯不脱落，受害芽叶僵硬质脆，制成干茶易碎，虫苞中粪便易污染鲜叶，使茶叶失去经济价值。

顶梢卷叶蛾为害状
（陈林波拍摄）

顶梢卷叶蛾卷梢及为害状
（玉香甩拍摄）

顶梢卷叶蛾为害嫩梢状
（龙亚芹拍摄）

【形态特征】

成虫：成虫体长6 ~ 10mm，全体银灰褐色具光泽，翅半透明，布黑色鳞毛，翅脉、翅缘黑色，雄虫触角羽毛状，雌虫短锯齿状；前翅前缘有数组褐色短纹；基部1/3处和中部各有一暗褐色弓形横带，后缘近臀角处有一近似三角形褐色斑，此斑在两翅合拢时并成一菱形斑纹；近外缘处从前缘至臀角间有8条黑色平行短纹。

幼虫：共6龄。一龄幼虫体长约2mm，体淡黄绿色，头淡黄色，背中线褐色；二龄幼虫体长3 ~ 4mm，体黄绿色，头淡黄色；三龄幼虫体长5 ~ 6mm，体淡黄色，背中线棕褐色；四龄幼虫体长7 ~ 9mm，体黄色，背中线棕褐色；高龄幼虫体长10 ~ 12mm，体红褐色。

蛹和茧：蛹纺锤形，体长9 ~ 10mm，初期乳白色，后期红褐色。茧椭圆形，白色绒毛状。

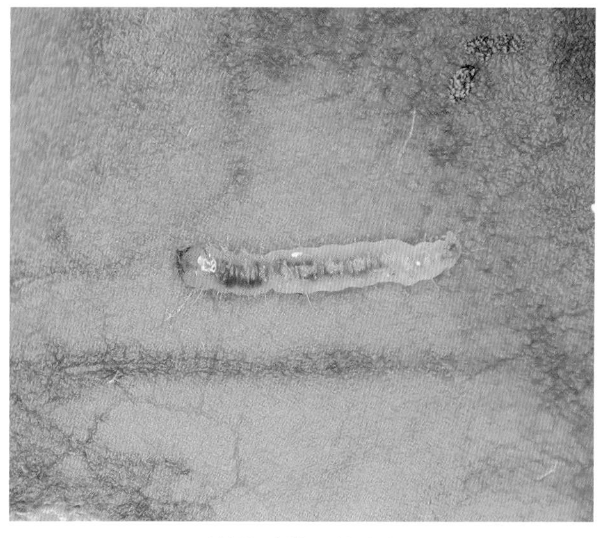

顶梢卷叶蛾一龄幼虫
（龙亚芹拍摄）

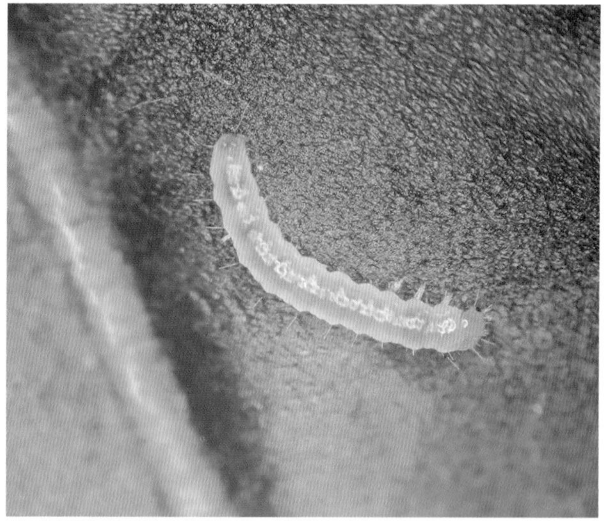

顶梢卷叶蛾二龄幼虫
（龚雪娜拍摄）

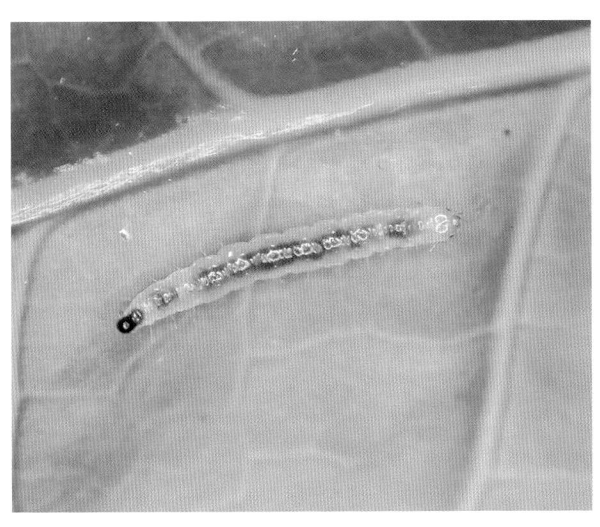

顶梢卷叶蛾三龄幼虫
（龙亚芹拍摄）

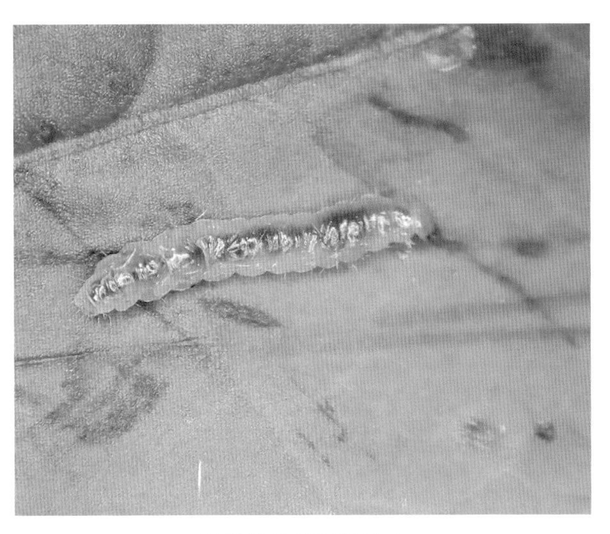

顶梢卷叶蛾四龄幼虫
（龚雪娜拍摄）

顶梢卷叶蛾五龄幼虫
（龙亚芹拍摄）

顶梢卷叶蛾高龄幼虫准备化蛹
（玉香甩拍摄）

顶梢卷叶蛾卷边化蛹
（玉香甩拍摄）

顶梢卷叶蛾卷边化蛹虫态
（玉香甩拍摄）

顶梢卷叶蛾蛹
（龙亚芹拍摄）

顶梢卷叶蛾成虫
（龙亚芹拍摄）

【生物学特性】

（1）世代及生活史。顶梢卷叶蛾1年发生4代以上。以二至三龄幼虫在枝梢顶端的卷叶团中结茧越冬。

（2）生活习性。

①成虫交尾及产卵习性：成虫白天静伏在树冠内荫蔽处，略有趋光性，多在傍晚活动、交配及产卵。卵散产于中部叶片背面，老叶和嫩叶上较少。

②幼虫取食为害特性：幼虫孵化后爬至茶梢顶端卷缀嫩叶形成虫苞为害，一个虫苞内有1 ～ 4头幼虫，并吐丝缠缀从叶背上啃下来的绒毛做虫苞，幼虫取食时身体探出虫苞取食嫩芽和嫩叶，造成茶芽枯死，叶片缺刻和孔洞，后期僵硬质脆。

③化蛹习性：老熟幼虫藏于卷叶内结茧化蛹，初为黄褐色，近羽化时渐变为黑褐色。

④羽化习性：成虫多在早晨羽化，羽化时，部分将蛹壳带至茧外1/2以上，多数将蛹壳全部带至茧外。

【防治措施】

（1）农业防治。

①采摘灭虫。一代幼虫发生整齐，虫苞明显，容易发现，低龄幼虫都在新梢嫩叶上，采摘时，摘除有卵叶片或捏死幼虫和苞内幼虫能有效降低虫口基数。

②适时修剪，加强冬季清园：全年采摘结束后进行修剪，及时清除园内和园边杂草、枯枝、落叶，破坏越冬场所，并将枯枝、落叶、杂草等集中进行沤肥或深埋，降低虫口基数，能有效降低翌年为害程度。

（2）物理防治。利用成虫的趋色性，在成虫高峰期用黄板或黄红双色板诱杀成虫，可有效降低下一代虫口基数。色板悬挂密度为20 ～ 25张/亩，悬挂高度为色板下边缘高于茶蓬10 ～ 15cm，粘虫板视粘虫情况及时更换。

（3）生物防治。

①保护和利用自然天敌：幼虫期有茧蜂、绒茧蜂、姬蜂、步甲、蜘蛛等寄生性和捕食性天敌，应加以保护和利用。

②选用生物农药防治：在一至二龄幼虫期每平方米虫口量达8头时，可喷施7.5%鱼藤酮乳油300 ～ 500倍液，或0.6%苦参碱水剂300 ～ 500倍液，或15 000 IU/mg 苏云金杆菌水分散粒剂300 ～ 500倍液。

其 他 卷 叶 蛾

一种卷叶蛾幼虫
（王香甩拍摄）

一种卷叶蛾幼虫腹面
（王香甩拍摄）

一种卷叶蛾成虫及蛹壳
（王香甩拍摄）

停歇在茶树上的一种卷叶蛾成虫（一）
（龙亚芹拍摄）

停歇在茶树上的一种卷叶蛾成虫（二）
（龙亚芹拍摄）

油桐尺蠖

油桐尺蠖（*Buasra suppressaria* Guenee），又称大尺蠖，俗称量步虫、柴棍虫等，属鳞翅目（Lepidoptera）尺蛾科（Geometridae），是茶树重要食叶害虫之一。除为害茶树外，还为害油桐、泡桐、乌桕等植物。

【分布及危害】国外分布于印度、缅甸等国家，国内分布于云南、海南、安徽、福建、广东、贵州、重庆等产茶区。以幼虫取食茶树叶片，幼虫食量大，造成叶片缺刻，暴发成灾时，往往将茶树叶片食尽，仅留秃枝，形似火烧，给茶树生产造成较大的经济损失。

油桐尺蠖为害状
（龙亚芹拍摄）

【形态特征】

成虫：雌蛾体长24 ~ 25mm，翅展67 ~ 76mm，触角丝状，翅面灰白色，密布灰黑色小点，前翅近三角形，缘毛黄褐色，翅面有3条黄褐色波状纹；后翅有2条波状纹，腹部肥大，体末端有黄色毛丛。雄蛾体长20 ~ 24mm，翅展55 ~ 61mm，触角栉状，翅面有灰黑色波状纹，腹部瘦细，腹部末端无绒毛，各胸节后缘及翅基片黄色。

卵：椭圆形，长0.7 ~ 0.8mm，初产卵为鲜绿色，后转为淡绿色至褐色，孵化前为灰褐色，卵块覆盖有黄色绒毛。

幼虫：体色有灰绿色、深褐色和灰褐色等，头棕色，多有小颗粒状突起，头顶中央凹陷形成两侧角，前胸背板侧面突起，体表粗糙硬厚，第8腹节背面有大小4个突起，腹面灰绿色，气门紫红色。幼虫共6龄，一龄幼虫头宽0.36mm，体长3mm，头圆，深褐色，体色暗绿，背线及气门线灰白，亚背线黑色带状；二龄幼虫头宽0.99mm，体长9mm，头顶开始凹陷，额区始现褐色“人”字形纹，体绿色，灰白线小，前胸背稍隆起；三龄幼虫头宽1.44mm，体长14mm，体色多变，前胸背侧突起，顶端较尖；四龄幼虫头宽1.80mm，体长20mm，头顶深陷，两侧呈角突，额区“人”字形纹深陷，黑褐色，前胸气门红色；五龄幼虫头宽3.0mm，体长35mm，头顶两侧角明显，第4 ~ 5腹节各有一疣突，气门紫红色；六龄幼虫头宽4.25mm，体长65mm，前胸宽于头部，两侧突明显，其他与五龄幼虫相似。

蛹：圆锥形，体长19 ~ 28mm，黄褐色至棕褐色，头顶有两个黑褐色小突起。翅芽伸达第4腹节后缘，腹末背前有不规则齿突，臀棘明显，基部膨大，端部针状，雌蛹臀棘针顶端分叉，雄蛹臀棘针顶端不分叉。

油桐尺蠖卵块
（玉香甩拍摄）

油桐尺蠖卵粒
（龙亚芹拍摄）

油桐尺蠖低龄幼虫
（玉香甩拍摄）

油桐尺蠖幼虫（一）
（龙亚芹拍摄）

油桐尺蠖幼虫（二）
（龙亚芹拍摄）

油桐尺蠖幼虫（三）
（王香甩拍摄）

油桐尺蠖预蛹
（龙亚芹拍摄）

油桐尺蠖化蛹
（龙亚芹拍摄）

油桐尺蠖蛹初期
（龙亚芹拍摄）

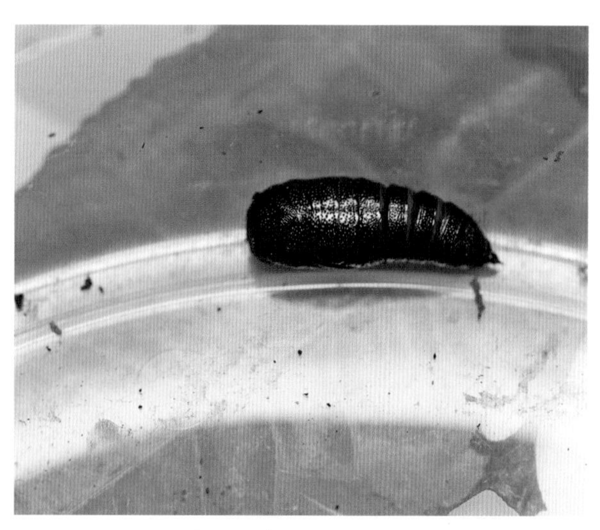
室内饲养的油桐尺蠖蛹
（龙亚芹拍摄）

油桐尺蠖田间化蛹
（龙亚芹拍摄）

油桐尺蠖雌成虫

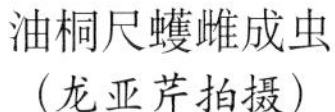

（龙亚芹拍摄）

油桐尺蠖雄成虫

（王香甩拍摄）

【生物学特性】

（1）世代及生活史。1年发生2～3代，以蛹在茶树根际土中越冬。卵期平均10～15d，幼虫期30～50d，蛹期30～35d，越冬蛹200d以上，成虫期7～10d。

（2）生活习性。

①卵及卵的孵化特性：卵分3～4块产于附近树皮裂缝、茶树枝丫中，卵块覆盖有黄色绒毛，孵化前卵为灰褐色，具金属光泽。

②幼虫取食为害特性：初孵幼虫活泼，有较强的吐丝习性，随风飘荡散落在茶树上。一至二龄幼虫喜食嫩叶，自叶缘或叶尖取食表皮及叶肉，使叶片呈现不规则黄褐色网膜斑；三龄幼虫将叶片食成缺刻；四龄以后幼虫体渐增大，取食量也随之变大，仅留叶脉甚至食尽全叶。

③化蛹习性：老熟幼虫喜聚集在疏松、湿润、土层厚的土壤中化蛹越冬，越冬蛹主要分布在距树干基部0～60cm、深0～10cm的土层。

④羽化习性：成虫多于黄昏至20:00羽化，羽化后即飞向茶园周围树干、茶丛或建筑物上栖息。

⑤成虫交尾及产卵习性：成虫羽化当晚即可交尾，交尾后次晚开始产卵，以第一晚产卵最多。每头雌虫平均产卵约千粒。成虫具有趋光性，受惊即落地假死或向下飞落。

【防治措施】

（1）农业防治。

①消灭越冬蛹：冬季在被害茶园中，结合茶园管理，如翻耕、施基肥、清除落叶，深埋虫蛹，使其窒息或阻止其羽化出土，降低越冬基数。

②人工捕杀：三龄以后幼虫虫体渐变褐色，易被发现，可进行人工捕杀。

（2）物理防治。根据成虫的趋光性，在成虫盛发期利用LED太阳能杀虫灯诱杀成虫。

（3）生物防治。

①保护和利用自然天敌：保护和利用黑卵蜂、姬蜂、寄蝇、核型多角体病毒及鸟类、蛙类、螳螂等天敌。

②在幼虫一至二龄期，喷施每克含100亿孢子的苏云金杆菌水分散粒剂300～500倍液，或0.6%苦参碱水剂500～800倍液，或7.5%鱼藤酮乳油300～500倍液。

（4）化学防治。严格按照防治指标于三龄幼虫前喷施化学药剂，可选择24%虫螨腈悬浮剂1 500倍液，或30%唑虫酰胺悬浮剂1 500～2 000倍液，或15%茚虫威悬浮剂2 500倍液，安全间隔期14d。

木 橑 尺 蠖

木橑尺蠖（*Culcula panterinaria* Breme et Grey），又称大头虫、吊死鬼，属鳞翅目（Lepidoptera）尺蛾科（Geometridae），以幼虫取食茶树叶片，具有暴食性，可将叶片全部食光，只留叶脉，树冠呈火烧状，造成树势衰弱。

【分布及危害】广泛分布于各产茶区。低龄幼虫咀食叶肉，残留表皮呈白膜状，幼虫稍大咬食叶片成孔洞和缺刻，严重时将叶食光，仅残留叶柄，影响茶树树势，使茶叶产量和品质下降，造成较大的经济损失。

【形态特征】

成虫：体长20 ～ 30mm，翅展58 ～ 80mm，头金黄色，复眼黑色，体灰色，雌虫触角丝状，雄虫触角羽毛状。足灰白色，胫节和跗节具有浅灰色斑纹。翅底白色，上有不规则大小灰斑；前翅基部有一个较大橙色圆眼斑，前翅中前方及后翅中央有一灰色圆斑，在前翅和后翅的外横线上各有1串橙、灰斑连成间断的波状带纹。

卵：椭圆形，翠绿色，渐变草绿色。卵块上覆有一层黄棕色绒毛，孵化前变为青灰色。

幼虫：幼虫5 ～ 6龄。老熟幼虫体长60 ～ 79mm。通常幼虫的体色与寄主颜色相近似，体色随所食植物的颜色而变化，并散生灰白色斑点。头近方形，棕黄色，满布玉黄色、棕黄色泡状突起，头顶凹陷，两侧角状突起，常红褐色，额侧有黑色倒V形黑纹。臀板三角形，满布淡黄色水泡状小突。气门周边紫红色，胸足棕黄色，腹足紫褐色。

蛹：初为褐色，渐为棕褐色至黑褐色，多刻点，头顶背侧有1对耳形齿状突起。臀棘1枚，基部扁球形，端部分叉。

【生物学特性】

（1）世代及生活史。1年发生2 ～ 3代，以蛹在根际表土或石缝内越冬。

（2）生活习性。

①卵及卵的孵化特性：每头雌虫产卵3 ～ 4块，越冬代平均每头雌虫产卵上千粒。幼虫多于日间孵化，温度26 ～ 27℃时，孵化率高达90%以上。

②幼虫取食为害特性：初孵幼虫活泼善爬行，并能吐丝下垂借风力转移为害，附近有林木的茶园受害较重，无明显发虫中心。附近无林木的茶园，三龄前虫口较集中，有明显的发虫中心。一至二龄幼虫自叶缘取食叶肉，残留表皮，形成黄褐色的枯斑；三龄以后幼虫咀食成叶和老叶，造成缺刻或仅留叶脉；四龄幼虫开始暴食，取食全叶。幼虫蜕皮前1 ～ 2d停止取食，头胸部肿大，静伏在叶或枝条上，蜕皮后将皮吃掉。

③化蛹习性：幼虫老熟时坠于地上，少数幼虫顺树干下爬或吐丝下垂在地面上爬行，选择土壤松软、阴暗潮湿的地方化蛹，一般多在根际30cm范围、深3 ～ 6cm土层内。

④羽化习性：成虫夜间羽化，其羽化的适宜温度约25℃，以20：00 ～ 23：00羽化最多。

⑤成虫交尾及产卵习性：成虫羽化后次晚交尾，只交尾1次，交尾后次晚开始产卵。卵多产在树皮缝中、茶丛枝干上、落叶上或墙缝中，呈不规则卵块，其上覆有一层厚的棕黄色绒毛，卵期9 ～ 10d。

【防治措施】

（1）农业防治。

①消灭越冬蛹：冬季在被害茶园中，结合茶园管理，如翻耕、施基肥、清除落叶，深埋虫蛹，使其窒息或阻止其羽化出土，降低越冬基数。

②人工捕杀：在附近无林木的茶园内，根据其明显的发虫中心，进行人工捕杀幼虫，降低虫口。

（2）物理防治。根据成虫的趋光性，使用LED太阳能杀虫灯诱杀成虫。

（3）生物防治。

①保护和利用自然天敌：保护和利用黑卵蜂、姬蜂、木橑尺蠖核型多角体病毒、虫生真菌、绒茧蜂、广肩步甲、寄生蝇、小茧蜂、胡蜂、土蜂、麻雀、大山雀、白僵菌等。

②在幼虫一至二龄期，喷施每克含100亿孢子的苏云金杆菌水分散粒剂300 ~ 500倍液，或7.5%鱼藤酮乳油300 ~ 500倍液，或0.3%苦参碱水剂1 000倍液。

（4）化学防治。在三龄幼虫期前，当每平方米茶蓬虫口达8头以上时，用24%虫螨腈悬浮剂1 500倍液喷施。

木橑尺蠖幼虫
（王雪松拍摄）

茶 银 尺 蠖

茶银尺蠖（*Scopula subpunctaria* Herrich-Schaeffer），又称白尺蠖、青尺蠖，属鳞翅目（Lepidoptera）尺蛾科（Geometridae），是茶园常见暴食性害虫，以幼虫咀食叶片为害。

【分布及危害】 分布于云南、贵州、四川、西藏、海南、安徽、湖南等产茶区。以幼虫取食叶片为害茶树，多数时候单独为害，严重发生时则集中为害，会将茶树叶片全部食光，仅留主脉。因其繁殖快，发生代数多，蔓延迅速，很容易暴发成灾，一年中以春、秋两季为害最严重。

【形态特征】

成虫：成虫体长12 ~ 14mm，翅展29 ~ 36mm。体翅呈白色，复眼黑褐色，前翅有4条淡棕色波状横纹，近翅中央和翅中央均有1个棕褐色点，翅尖有2个小黑点；后翅有3条波状横纹。因此成虫停息、四翅平展时，能明显看到翅面4个棕褐色点，前、后翅波状横纹相连呈整体4道横纹。雌蛾触角丝状，雄蛾触角羽毛状。

卵：椭圆形，初产时淡绿色，渐变成黄绿色，接近孵化时变为淡灰色，满布白点。

幼虫：共5龄。初孵幼虫淡黄绿色，二至三龄幼虫深绿色；四龄幼虫青色，气门线银白色，体节间出现黄白色环纹；五龄幼虫与四龄幼虫相似，但腹足和尾足淡紫色。

蛹：长椭圆形，长10 ~ 14mm，绿色，翅芽渐白，羽化前翅芽出现棕褐色点线，腹末有4根钩刺。

茶银尺蠖幼虫
（玉香甩拍摄）

茶银尺蠖高龄幼虫
（玉香甩拍摄）

茶银尺蠖成虫
（玉香甩拍摄）

【生物学特性】

（1）世代及生活史。在云南1年发生5～6代，一、二代有明显的发虫中心，三代后世代重叠。幼虫发生期分别在5月上旬至6月上旬、6月中旬至7月上旬、7月中旬至8月上旬、8月中旬至9月上旬、9月下旬至11月上旬、12月上旬至翌年4月上旬。卵期6～9d，越冬代卵期达32d，幼虫期15～23d，越冬代幼虫期长达102d，蛹期8～10d，五、六代蛹期16～20d，成虫期4～8d。

（2）生活习性。茶银尺蠖大部分以蛹在茶树根际表土中越冬，少数以幼虫在茶丛中越冬。越冬蛹大部分处于滞育状态，抗逆力强，死亡率低；其越冬后羽化率的高低，受土壤湿度影响较大。

①卵及卵的孵化特性：卵散产，多产于茶树枝梢叶腋和腋芽处（占总产卵量的85%以上），也产于嫩茎、叶背和茎皮缝中，每处产1粒至数粒，以单产居多。卵孵化不齐，同一天产的卵，需经3d左右孵化完成，孵化率以一、二代较高。

②幼虫取食为害特性：幼虫孵出后，在茶蓬面上形成明显的发虫中心，幼虫吐丝下垂随风扩散为害。幼虫孵化后就近食叶，爬到叶背取食下表皮，或静止倒挂在叶片背光处。一至二龄幼虫在嫩叶叶背咀食叶肉，留上表皮，逐渐食成小洞，三龄幼虫蚕食叶缘成C形缺刻，四龄后幼虫食量增加，五龄幼虫咀食全叶，仅留主脉与叶柄。

③化蛹习性：老熟幼虫在茶丛内吐丝缀结叶片并在其中化蛹。

④羽化习性：成虫多在上半夜羽化，白天极少。

⑤成虫交尾及产卵习性：一般羽化后次日交尾，交尾后第二天晚上产卵。雌蛾产卵时间较长，以第二、三天产卵量最多。未经交尾的雌蛾也能产卵，但不能孵化。

【防治措施】

（1）农业防治。

①灭蛹：结合茶园管理，如翻耕、施基肥、清除落叶，深埋虫蛹，使其窒息或阻止其羽化出土，降低越冬基数。

②人工摘除幼虫：彻底清除一代为害中心及周围扩散的虫体，降低春季繁殖基数。

（2）物理防治。利用成虫的趋光特性，在成虫期安装LED太阳能杀虫灯诱杀成虫，以减少下一代幼虫发生量。

（3）生物防治。

①保护和利用自然天敌：保护和利用蜘蛛、螳螂、鸟类、步甲、寄生蝇、寄生蜂、草蛉和蚂蚁等天敌。

②利用性信息素诱杀成虫。

③生物药剂防治：在一至二龄幼虫期，喷施每克含100亿孢子的苏云金杆菌水分散粒剂300 ~ 500倍液。

（4）化学防治。当每平方米茶蓬虫量达10头时，用24%虫螨腈悬浮剂1 500倍液喷施。

聚线皎尺蛾

聚线皎尺蛾（*Myrteta sericea* Butler），又称山茶斜带尺蛾，属鳞翅目（Lepidoptera）尺蛾科（Geometridae），是为害茶树的一种食叶性害虫。

【分布及危害】国内仅见云南、福建、江西、台湾等地有记载，幼虫取食茶树叶片、花萼及嫩枝皮，除为害茶树外，还为害油茶、山茶。

【形态特征】

成虫：体长12 ~ 14mm，翅展27 ~ 30mm。雄蛾触角栉齿状，雌蛾触角丝状。体白色、细长，腹背基半部有3条棕色横纹。双翅白色。前翅前缘有灰褐色斑点，外缘有棕褐色细边，翅中有3条棕灰色斜行横纹带。后翅外缘有棕褐色细边，同样具3条棕灰色横纹带。

卵：椭圆形，长0.6 ~ 0.7mm，宽0.4 ~ 0.5mm；表面有高尔夫球面花纹。

幼虫：体极细长形，胸部和第6腹节稍缢缩。低龄幼虫草绿色，头部黄棕色。随着虫龄增大，体逐渐变为黄绿色并出现皱褶。高龄幼虫体色进一步变浅，头部两侧具棕色横纹带，臀节色浅略透明。老熟幼虫体长约20mm，体宽约1.5mm，体色变暗且多皱褶，头两侧具黑褐色带纹并延伸到胸背两侧，胸部及腹部第8 ~ 10节腹面两侧为白色。

蛹：长约11mm，宽3mm，锥形。黄绿色满布棕灰色斑，后期颜色加深。

【生物学特性】幼虫期35 ~ 40d，预蛹期3d，蛹期25d，成虫寿命5d。低龄幼虫取食叶背叶肉，随着虫龄增大，取食叶片成缺刻，也可取食嫩枝的皮。老熟幼虫在卷曲的枯叶中吐少量丝，结薄茧化蛹。

聚线皎尺蛾蛹
（龙亚芹拍摄）

聚线皎尺蛾蛹壳
（玉香甩拍摄）

聚线皎尺蛾成虫（一）
（龙亚芹拍摄）

聚线皎尺蛾成虫（二）
（玉香甩拍摄）

大 鸢 尺 蠖

大鸢尺蠖（*Ectropis excellerns*），又名大鸢茶枝尺蠖，属鳞翅目（Lepidoptera）尺蛾科（Geometridae），是茶树主要食叶性害虫之一。

【分布及危害】分布于云南、广东、福建、江西、湖南、河南等地，在云南省普洱市、西双版纳州勐海县和景洪市等茶区均有不同程度的发生危害。以幼虫咀食茶树新梢成叶，影响茶树长势及降低茶叶产量，随着幼虫虫龄的增大，取食量增大，对茶树造成的经济损失增大。

【形态特征】

成虫：体浅灰色，前后翅具3 ~ 4条不太明显的黑褐色波纹，前翅中部近外缘处有1个灰黑色小斑点，胸腹节背面具有2个灰黑色斑纹。雌蛾体长15 ～ 20mm，翅展41 ～ 55mm，触角丝状；雄蛾体长14 ～ 19.5mm，翅展34 ～ 40mm，触角栉齿状，较小，体色稍浅。

卵：椭圆形，青绿色，一端较大平滑，另一端较小而圆。

幼虫：初孵幼虫灰黑色，带有白色环纹，成长幼虫体长36 ～ 43mm，黄褐色或灰褐色，头顶两侧角突明显，额部凹陷具有黑色“八”字形纹。后胸及第1腹节背面横列黑点6个，第1、3、5腹节侧面各有黑纵纹2条，第2腹节背面前方有2个黑斑，后方有2个较大黑点，腹末有一倒“八”字形黑纹。气门浅红色，周缘黑色。幼虫蜕4 ～ 5次皮，老熟幼虫各体节散生长毛。

蛹：长椭圆形，初化蛹时为青绿色，渐变为红褐色，后转至黑褐色，体长13 ～ 20mm，腹末臀棘突出，有并列短臀刺2根。

【生物学特性】

（1）世代及生活史。云南1年发生4 ～ 5代，以蛹在茶丛树冠下土内越冬。各代成虫盛发期分别是3月中旬、5月、6月下旬、8月中旬、9月下旬；各代幼虫盛发期分别是3月中下旬、5月中下旬、7月中旬、9月上旬、10月中旬。

（2）生活习性。

①卵及卵的孵化特性：卵多成堆藏于树枝分杈处、树干皮层裂缝凹陷处或枯叶间、卷叶虫枯苞中，上覆灰白色绒毛。卵初期绿色，后渐变淡绿色、灰绿色，近孵化时为灰褐色。

②幼虫取食为害特性：幼虫喜食嫩叶，并在嫩叶上栖息，停食后用尾足夹住叶缘，头部带动体躯，左右摇摆，以二龄幼虫最明显。初孵幼虫，善爬行，吐丝借风飘移，寻到食物后，即可取食茶树叶片的下表皮及叶肉；二龄幼虫从叶缘开始取食叶片成缺刻；三龄以后幼虫食量逐渐加大，取食全叶，受惊吐丝下垂明显，停食时，多在枝干上用尾足夹住枝叶，头部向上或向下，或横跨在枝叶间，不食不动，体色暗淡，头壳推向前方，则说明其快要蜕皮。未休眠的幼虫，体色保持鲜艳，休息时间不长，有的虫体头部向前倾，胸部前二足并在一起。

③化蛹习性：幼虫老熟后，体色暗淡斑纹逐渐消失，体长逐渐缩短，停食下地，在树冠下松土内寻找适当处造一土室，蜕皮化蛹。蛹初期淡绿色，后渐黄绿色至黄褐色，后期黑褐色。

④羽化习性：成虫多在黄昏至夜晚羽化。

⑤成虫交配及产卵习性：羽化后的成虫，在当日或翌日20：00 ～ 24：00交配。交配持续时间为1.25 ～ 4.5h，交配后翌日晚，雌虫开始产卵，多分两次产，少数一次产或分三次产，以第一次产卵量最多。

【防治措施】

（1）农业防治。

①灭蛹：冬季在被害茶园中，逐行逐丛清除冬蛹，并结合茶园管理，如翻耕、施基肥、清除落叶，深埋虫蛹，使其窒息或阻止其羽化出土，降低越冬基数。

②在3月中旬，彻底清除一代为害中心茶丛及周围扩散的虫体，降低春季繁殖基数。

③利用幼虫受惊下落的习性，先将塑料膜置于树冠下，然后用力击拍塑料膜上方的树冠，将虫体震落于塑料膜上集中捕杀。

（2）物理防治。根据成虫的趋光性，在成虫盛发期利用LED太阳能杀虫灯诱杀成虫。

（3）生物防治。

①保护和利用自然天敌：大鸢尺蠖整个生活史各虫态中均有天敌寄生或捕食。如卵期有蜘蛛、草蛉捕食；幼虫期有蜘蛛、胡蜂、食虫虻等捕食及绒茧蜂寄生；蛹期有步甲捕食和寄生蝇寄生；成虫期有螳螂和多种鸟雀捕食。

②生物药剂防治：在幼虫孵化盛末期至三龄初期，喷施15 000IU/mg苏云金杆菌水分散粒剂300 ～ 500倍液，或7.5%鱼藤酮乳油300 ～ 500倍液，或0.3%苦参碱水剂1 000 ～ 1 500倍液。

（4）化学防治。严格按照防治指标于三龄幼虫前喷施化学药剂，可参照油桐尺蠖进行防治。

大鸢尺蠖卵块
（龙亚芹拍摄）

大鸢尺蠖幼虫
（龙亚芹拍摄）

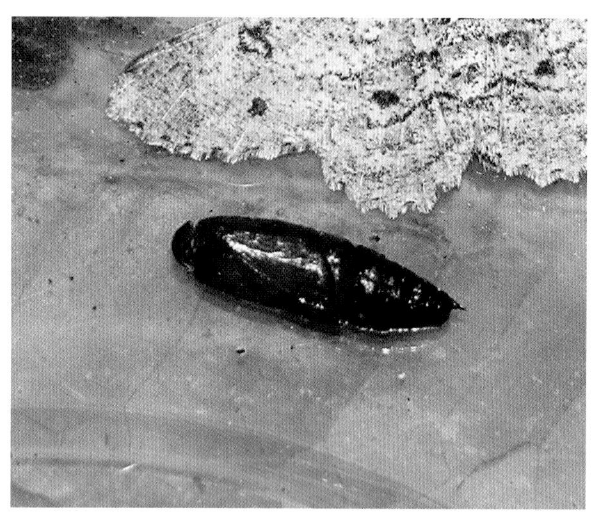
大鸢尺蠖雄蛹
（玉香甩拍摄）

大鸢尺蠖雌蛹壳
（龙亚芹拍摄）

大鸢尺蠖雌成虫
（龙亚芹拍摄）

大鸢尺蠖雄成虫
（玉香甩拍摄）

茶用克尺蠖

茶用克尺蠖（*Junkowskia athlrta* Oberthur），又名云纹尺蠖，属鳞翅目（Lepidoptera）尺蛾科（Geometridae），为茶树重要食叶害虫之一，以幼虫咀食茶树叶片为害。

【分布及危害】国外已知分布于日本、朝鲜等国家；国内分布于云南、安徽、江苏、山东、湖南、贵州、浙江、江西、广东、海南、台湾等地。以幼虫取食叶片为害，该虫暴发时，能够使整株茶树被害光秃，削弱树势，严重影响茶叶产量、品质。

茶用克尺蠖为害状
（龙亚芹拍摄）

【形态特征】

成虫：体长18 ~ 25mm，翅展39 ~ 59mm。雌虫触角丝状，雄虫触角双栉状。体翅灰褐色至赭褐色，复眼黑色，头、胸多灰褐色毛簇。前后翅分别有5条和3条暗褐色至黑色横线，外缘线锯齿形。前后翅外横线外侧均有1个咖啡色斑。前翅中室上方有1个深色斑，前后翅反面深灰色，均有横线。腹部深灰，第1腹节背面有灰黄色横带纹。

卵：椭圆形，端稍尖。草绿色渐变为淡黄色，孵化前灰黑色。

幼虫：共5 ~ 6龄。成长幼虫体长30 ~ 53mm。一龄幼虫体黑色，腹部第1 ~ 5节和第9节有环列白线；二至四龄幼虫体咖啡色，腹节上白线同一龄；五至六龄幼虫体咖啡色或茶褐色，额区出现倒V形纹，腹节上白线消失，第8腹节背面突起明显。

蛹：赭褐色，体表布满细小刻点，翅芽伸近第4腹节后缘，腹末节背呈环状突起，臀棘基部较宽大，端部分两叉。

【生物学特性】

（1）世代及生活史。云南1年发生4 ~ 5代，大多以低龄幼虫在茶树上越冬，温度大于10℃时仍可少量取食，少数以蛹在根际土中越冬。

（2）生活习性。

①幼虫取食为害特性：初孵幼虫较活跃，爬行敏捷，吐丝性和趋嫩性强，集中在芽梢嫩叶上为害，形成发虫中心。自叶缘取食叶肉，残留表皮形成圆形枯斑，二龄幼虫取食成孔洞，三龄后幼虫逐渐分散，食尽全叶，四龄后幼虫暴食，对茶树生长造成一定的影响。

②化蛹习性：幼虫老熟后爬至根际入土约3cm深化蛹。

茶用克尺蠖低龄幼虫
（龙亚芹拍摄）

茶用克尺蠖幼虫（三至四龄）
（玉香甩拍摄）

茶用克尺蠖高龄幼虫
（龙亚芹拍摄）

茶用克尺蠖蛹
（玉香甩拍摄）

茶用克尺蠖雌成虫
（玉香甩拍摄）

茶用克尺蠖雄成虫
（玉香甩拍摄）

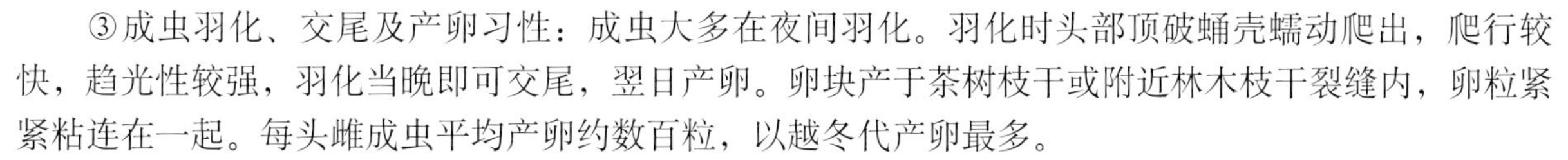

③成虫羽化、交尾及产卵习性：成虫大多在夜间羽化。羽化时头部顶破蛹壳蠕动爬出，爬行较快，趋光性较强，羽化当晚即可交尾，翌日产卵。卵块产于茶树枝干或附近林木枝干裂缝内，卵粒紧紧粘连在一起。每头雌成虫平均产卵约数百粒，以越冬代产卵最多。

【防治措施】

（1）农业防治。

①灭蛹：冬季在被害茶园中，逐行逐丛清除冬蛹，同时根据茶园受害情况，轻修剪或重修剪，将枝叶集中处理，并结合茶园管理，如翻耕、施基肥，深埋虫蛹，使其窒息或阻止其羽化出土，降低越冬基数。

②在4月中下旬，彻底清除一代为害中心茶丛及周围扩散的虫体，降低春季繁殖基数。

③人工捕杀：利用幼虫受惊吓后下落的习性，先将塑料膜置于树冠下，然后用力击拍塑料膜上方的树冠，将虫体震落于塑料膜上集中捕杀。

（2）物理防治。利用成虫的趋光性，在成虫盛发期使用LED太阳能杀虫灯诱杀成虫，可有效降低下一代虫口量。

（3）生物防治。

①保护和利用自然天敌：幼虫期有蜘蛛捕食和绒茧蜂寄生；蛹期有姬蜂、寄生蝇寄生及步甲捕食；成虫期有螳螂和多种鸟雀捕食。

②生物药剂防治：在幼虫孵化盛末期至三龄初期，喷施8 000IU/μL苏云金杆菌水分散粒剂300 ～ 500倍液，或每毫升含100亿孢子的短稳杆菌悬浮剂500 ～ 800倍液，或7.5%鱼藤酮乳油300 ～ 500倍液，或0.3%苦参碱水剂1 000 ～ 1 500倍液。

（4）化学防治。严格按照防治指标于三龄幼虫前喷施化学药剂，可参照油桐尺蠖进行防治。

灰　茶　尺　蠖

灰茶尺蠖（*Ectropis grisescens* Warren）属鳞翅目（Lepidoptera）尺蛾科（Geometridae）灰尺蛾亚科（Ennominae）埃尺蛾属（*Ectropis*），以幼虫取食茶树叶片进行为害，是我国茶树的主要害虫之一，常严重影响茶叶的产量和品质，给茶叶生产造成巨大的经济损失。

【分布及危害】分布于云南、浙江、河南、上海、安徽、湖北、江西、湖南、福建等茶区。云南茶园内局部发生为害。其繁殖快，发生代数多，蔓延迅速，极易暴发成灾。以幼虫取食叶片为害，具有暴食性，大发生时，能够使茶叶秃顶，仅剩主脉，削弱树势，严重影响茶叶产量、品质。

灰茶尺蠖为害状
（龙亚芹拍摄）

【形态特征】

成虫：雌虫体长10 ～ 14mm，翅展30 ～ 41mm，触角线状，体肥。雄虫体长9 ～ 12mm，翅展25 ～ 31mm，触角栉状，体瘦。复眼棕色，体色有灰白色和黑色，灰白色个体体表覆被灰白色鳞片，并散布黑点；翅面灰白色，前翅内横线、外横线、亚外缘线和外缘线呈黑色波状，外横线中部外侧有一黑斑，前缘中上部有一黑褐色圆斑，外缘有7个小黑点；后翅外横线、亚外缘线以及外缘线黑褐色波状，外缘有6个小黑点；3对胸足灰白色，散布黑斑，前足胫节无刺，中足胫节末端1对刺，后足胫节约2/3处和末端各1对刺；腹部灰白色，各腹节背面均有1对黑斑，其中第2腹节上的两斑块最为明显；触角背面灰白色，腹面黄棕色。黑色个体体表覆有黑色鳞片，翅面无明显斑纹，仅可见翅脉；触角背面黑色，腹面黄棕色；胸足黑色，节间灰白色；腹部黑色。

卵：椭圆形，初产时青绿色，后变成黄绿色，孵化前为黑色。常成块状，每块有几十粒至几百粒不等，卵块上覆有白色絮状物。

幼虫：多为4龄，少数为5龄。初孵幼虫黑色，胸腹部各节均环列白点、纵列白线；后期白点和白线渐不明显。二龄初幼虫头部和腹部末节为黑褐色，其余为棕褐色，白点和白线消失，腹部第1、2节背部均有1对黑斑，第8腹节黑斑不明显。三龄初幼虫黄褐色，第1节腹背黑点明显，第2节腹背黑斑呈"八"字形，腹部第5节背面出现黑褐色斑块，第8节有明显倒"八"字形黑斑。四龄初幼虫茶褐色，中胸两侧有褐色突起，腹背可见明显的褐色背线和亚背线，第1 ～ 7腹节背面均有黑点围成的褐色菱形斑纹，其中第2腹节最为明显；四龄后期幼虫头部至第4腹节背面体色较深，灰褐色，第5 ～ 10腹节背面黄褐色。五龄幼虫特征与四龄幼虫相似。

蛹：圆锥形，长14 ～ 19mm，蛹前期为浅绿色，后变成棕黄色，最后至棕红色，臀棘端部分叉。

灰茶尺蠖幼虫
（龙亚芹拍摄）

灰茶尺蠖成虫
（龙亚芹拍摄）

【生物学特性】

（1）世代及生活史。在云南1年发生4 ～ 5代，以蛹在茶树根际土中越冬。

（2）生活习性。

①卵及卵的孵化特性：雌蛾将卵多产于茶树叶片上、枝丫夹缝或枝皮裂缝中，也可产于土表枯枝落叶上、土壤缝隙间或杂草上，并覆有白色絮状物。每头雌成虫产卵200 ～ 400粒，最多可产800粒。卵约1周开始孵化成幼虫。

②幼虫取食特性：幼虫孵化后半天内十分活跃，有趋光性，到处乱爬或吐丝下坠分散，但一个卵块孵化的幼虫，常集中在一丛茶树上，分布在茶丛顶层，形成发虫中心。三龄后幼虫拟态状静止于茶枝，受惊后吐丝下坠。一至二龄幼虫多聚于茶丛蓬面取食嫩叶，一龄幼虫取食下表皮和叶肉，形成点状枯斑，二龄后期开始咀食叶片成C形缺口。三龄后幼虫向下转移，取食成叶与老叶。四龄后幼虫可连叶脉将全叶食光，造成秃枝。一至二龄幼虫食叶量很少，三龄幼虫开始食量增加，四龄幼虫为暴食期，约占总食叶量的80%。

③化蛹习性：幼虫老熟后下坠至地面，爬入浅土中化蛹。化蛹部位多在离根颈30cm范围内，土深3cm处最多。

④羽化习性：成虫多在15：00 ～ 23：00羽化，19：00 ～ 21：00为羽化高峰期。雄蛾一般较雌蛾早1 ～ 2d羽化。

⑤成虫交尾及产卵习性：成虫羽化后于翌晚交尾，但在23 ～ 25℃条件下，一般当晚即可交尾，交尾后次晚开始产卵。成虫可多次交尾、多次产卵，但第一次产卵较多、卵块较大。

【防治措施】

（1）农业防治。

①灭蛹：冬季在被害茶园中，逐行逐丛清除冬蛹，并结合茶园管理，如翻耕、施基肥、清除落叶，深埋虫蛹，使其窒息或阻止其羽化出土，降低越冬基数。

②在3月中旬，彻底清除一代为害中心茶丛及周围扩散的虫体，降低春季繁殖基数。

③利用幼虫受惊下落的习性，先将塑料膜置于树冠下，然后用力击拍塑料膜上方的树冠，将虫体震落于塑料膜上集中捕杀。

（2）物理防治。利用成虫的趋光性，在成虫盛发期前使用LED太阳能杀虫灯诱杀成虫。

（3）生物防治。

①保护和利用自然天敌：幼虫期有蜘蛛捕食和绒茧蜂寄生；蛹期有姬蜂、寄生蝇寄生及步甲捕食；成虫期有螳螂和多种鸟雀捕食。

②性信息素诱杀：成虫盛发期，利用灰茶尺蠖性信息素诱杀成虫，3 ～ 4个/亩，诱芯高于茶蓬15 ～ 20cm。

③生物药剂防治：在幼虫孵化盛末期至三龄初期，喷施每毫升含100亿孢子的短稳杆菌悬浮剂，或每毫升含20亿PIB的甘蓝夜蛾核型多角体病毒，或每克含100亿孢子的苏云金杆菌水分散粒剂300 ～ 500倍液。

（4）化学防治。严格按照防治指标，于三龄幼虫前，每平方米茶蓬虫量达8头以上时，喷施24%虫螨腈悬浮剂1 500倍液。

其　他　尺　蠖

钩翅尺蠖低龄幼虫
（龙亚芹拍摄）

钩翅尺蠖高龄幼虫
（龙亚芹拍摄）

一线沙尺蠖幼虫正在取食
（玉香甩拍摄）

一线沙尺蠖蛹
（玉香甩拍摄）

绿翠尺蛾成虫
（龙亚芹拍摄）

黄褐尖尾尺蛾
（龙亚芹拍摄）

一种尺蠖成虫（一）
（龙亚芹拍摄）

一种尺蠖成虫（二）
（龙亚芹拍摄）

一种尺蠖成虫（三）
（龙亚芹拍摄）

茶　蓑　蛾

茶蓑蛾（*Cryptothelea minuscula* Butler），又称背袋虫、袋蛾、避债虫等，属鳞翅目（Lepidoptera）蓑蛾科（Psychidae），是茶园较常见的食叶害虫，主要为害夏、秋茶，造成茶叶减产，品质下降。

【分布及危害】广泛分布于全国各产茶区，在云南以西双版纳、临沧、怒江等茶区发生为害严重。该类害虫均具蓑囊护身。蓑囊是幼虫利用丝、枝叶碎屑和其他残屑等材质“量体裁衣”制成的袋状外壳，因此，蓑囊的特征往往是识别蓑蛾的重要依据之一。以幼虫在蓑囊内咬食叶片、芽梢、嫩梗、茎皮造成危害，取食成褐斑、孔洞、缺刻，甚至造成局部茶丛光秃，严重影响茶树的长势和茶叶产量。

【形态特征】

蓑囊：纺锤形，老熟幼虫蓑囊长25 ～ 30mm，暗色至茶褐色。幼时囊外黏附叶屑、碎叶；稍大后蓑囊外黏附许多断截小枝梗，平行纵列，紧密整齐。

成虫：雄蛾体长11 ～ 15mm，翅展20 ～ 30mm，深褐色，胸背鳞毛长，前翅沿翅脉色深，近外缘有2个近长方形透明斑。雌蛾无翅，蛆状，体长12 ～ 16mm，头、胸红棕色，腹部黄白色。

卵：椭圆形，淡黄白色，长0.6 ～ 0.8mm。

幼虫：老熟幼虫体长16 ～ 26mm，头黄褐色，胸、腹部肉黄色，颅侧有黑褐色并列斜纹。胸背有2个褐色纵条斑，各节侧面有1个褐色斑。腹部中部较暗，各节有2对黑毛片呈“八”字形排列，臀板褐色。

蛹：长纺锤形，雄蛹较小，体长10 ～ 13mm，咖啡色至赤褐色，翅芽达第3腹节后缘，腹背第3 ～ 6节前、后缘及第7 ～ 8节前缘各有1列小齿，臀棘具短刺。雌蛹蛆状，体型较大，体长14 ～ 18mm，咖啡色，腹背第3节后缘及第4 ～ 8节前、后缘各具1列小齿，臀刺也具短刺。

茶蓑蛾为害状
（龙亚芹拍摄）

茶蓑蛾低龄幼虫群集为害状
（龙亚芹拍摄）

茶蓑蛾高龄幼虫为害状
（龙亚芹拍摄）

茶蓑蛾低龄幼虫蓑囊
（龙亚芹拍摄）

茶蓑蛾低龄幼虫
（龙亚芹拍摄）

茶蓑蛾高龄幼虫蓑囊
（龙亚芹拍摄）

茶蓑蛾高龄幼虫
（龙亚芹拍摄）

茶蓑蛾越冬时期的蓑囊
（龙亚芹拍摄）

茶蓑蛾越冬虫态
（龙亚芹拍摄）

茶蓑蛾蛹
（龙亚芹拍摄）

【生物学特性】

(1) 世代及生活史。在云南1年发生2代，以三至四龄幼虫悬挂于枝叶上的蓑囊内越冬，开春气温回升后幼虫开始暴食。4 ~ 5月和9 ~ 11月，茶蓑蛾幼虫为害较严重。

(2) 生活习性。

①幼虫取食为害特性：幼虫多在清晨和傍晚活动取食为害。卵孵化后，在母囊内停留2 ~ 3d并食去卵壳，随后多在午后成批自母囊下口涌出，幼虫靠吐丝下垂，或借风力扩散，爬行或吐丝飘移至枝叶上建造蓑囊护身，蓑囊建成后即取食叶肉，留下的表皮呈透明枯斑。初孵幼虫多在叶面翘举腹部行动，蓑囊随之倒立，栖息状如铆钉，且就地聚集取食，形成为害中心。二龄幼虫转至叶背取食为害，蓑囊下垂，悬挂于枝叶下面，爬行、取食时，头、胸伸出，负囊活动。三龄幼虫多取食中上部成叶，咬食叶片成缺刻和孔洞，一至三龄蓑囊以叶屑作为粘缀物。随着虫龄增长，蓑囊不断增大，幼虫在囊内可自由转身，撕松囊丝以增加体积，并吐丝加厚，加贴叶屑。四龄后幼虫随食量增大，可食去全部叶片、嫩梢、枝皮和幼果，且取咬断枝梗贴于囊外，平行纵列紧密整齐。为害严重时茶树仅存秃枝，在茶区常局部成灾，进而削弱茶树长势，使叶片枯黄，茶叶品质下降。

②羽化习性：成虫多于黄昏至夜晚羽化。雌蛾先自蛹壳胸部环裂，头、胸伸出蛹壳，腹部仍留蛹内，胸部和腹尾生出绒毛，且虫体同时下移。雄蛾羽化前，蛹体蠕动半露囊外，羽化后伏于雌蛾囊外，腹部插入雌囊直至交尾。

③成虫交尾及产卵习性：雌蛾大多交尾一次，少数两次。交尾后当晚或翌日产卵，产卵期达10d，大多在前2 ~ 3d产卵，随产卵量增加，雌蛾虫体逐渐缩小死亡。

④化蛹习性：幼虫喜光，多聚集于枝梢，幼虫老熟后转移向下，悬挂在中下部枝叶上，在囊内化蛹。

【防治措施】

(1) 农业防治。

①人工除囊：茶蓑蛾有明显的发生为害中心，在低龄幼虫期人工摘除蓑囊，并集中处理，防止扩散蔓延。

②冬季修剪、封园：秋茶采收结束后进行深修剪10 ~ 15cm，剪除越冬的幼虫及蓑囊，可有效降低翌年幼虫发生数量。

(2) 物理防治。雄蛾具有趋光性，可于成虫羽化期用LED太阳能杀虫灯诱杀。

(3) 生物防治。

①保护和利用寄生性天敌和捕食性天敌：茶园内广大腿小蜂、姬蜂、寄生蝇、蜘蛛、瓢虫、螳螂等均为茶蓑蛾的自然天敌，要充分保护自然天敌，发挥自然天敌的防控作用。

②生物药剂防治：在低龄幼虫期挑治发虫中心，选用15 000IU/mg苏云金杆菌水分散粒剂300 ~ 500倍液，或病毒含量1×10^7PIB/mL与苏云金杆菌含量2 000IU/mL的甘核·苏云菌悬浮剂500 ~ 800倍液均匀喷湿茶丛和蓑囊。

(4) 化学防治。在低龄幼虫盛发期使用24%虫螨腈悬浮剂1 500倍液或24%溴虫腈悬浮剂1 500倍液充分喷施叶背和蓑囊至湿润为止。

白囊蓑蛾

白囊蓑蛾（*Chaliaides kondonis* Matsumura），又称棉条蓑蛾、橘白蓑蛾，属鳞翅目（Lepidoptera）蓑蛾科（Psychidae），是茶园较常见的食叶害虫。

【分布及危害】国外分布于日本；国内分布于云南、贵州、四川、广东、安徽、福建、浙江、江苏、湖北、湖南等地。以幼虫背负蓑囊聚集在一起在叶背取食茶树叶片，造成局部茶丛光秃，一至二龄幼虫咬食叶肉仅留一层表皮，被害叶片形成半透明枯斑，老熟幼虫咬食叶片成孔状或缺刻，仅留叶脉，发生较多时，茶丛叶片被咬食成千疮百孔，被害叶易脱落。多数茶园内零星发生，局部茶园暴发为害，影响茶树的生长和产量。

【形态特征】

蓑囊：老熟幼虫蓑囊长30 ～ 40mm，细长，灰白色，丝质紧密，无枝叶贴附。

成虫：雄蛾体长8 ～ 11mm，翅展18 ～ 20mm，体淡褐色，密被白色长毛，腹末黑色，翅无色透明。雌蛾无翅，蛆状，体长9 ～ 14mm，黄白色。

卵：椭圆形，长约0.4mm，黄白色。

幼虫：老熟幼虫体长25 ～ 30mm，头黄褐色，有暗色点纹。胸背红褐色，中、后胸背板各分为两块，前后相连。腹部黄白色，具深褐色点纹，臀板深黄褐色。

蛹：雄蛹长16 ～ 20mm，赤褐色，有翅芽和足，臀棘分两叉。雌蛹蛆状，黄褐色。

白囊蓑蛾为害状
（龙亚芹拍摄）

白囊蓑蛾蓑囊及低龄幼虫
（龙亚芹拍摄）

白囊蓑蛾高龄幼虫及蓑囊
（龙亚芹拍摄）

【生物学特性】

(1) 世代及生活史。在云南1年发生1代，以低龄幼虫在蓑囊内越冬，翌年气候转暖继续取食为害。

(2) 生活习性。

①成虫：一般在4月下旬至6月中旬羽化，雌虫还未出蓑囊时，雄虫飞来交配。

②卵：雌成虫多于4月下旬至6月上中旬产卵，每头雌虫可产卵千余粒于蓑囊内。

③幼虫：5月下旬开始，幼虫孵化爬出蓑囊，爬行或吐丝下垂分散传播，在枝叶上吐丝结蓑囊，蓑囊随幼虫生长而扩大，幼虫活动时携带蓑囊而行，取食时只将头、胸部伸出囊外，受惊吓则缩回囊内。幼虫在蜕皮或越冬前吐丝密封蓑囊上口，并悬挂于茶树中下部枝叶。

④蛹：多在4月上旬至5月中旬化蛹。

【防治措施】

(1) 农业防治。

①人工除囊：结合茶园管理，在冬季和早春白囊蓑蛾还未分散前及时人工摘除蓑囊，集中处理，减少田间虫口基数。

②修剪：虫口较多、为害严重的茶园内，可轻修剪，将枝叶集中处理，减少虫口基数。

(2) 物理防治。雄蛾具趋光性，可于雄虫羽化期采用LED太阳能杀虫灯诱杀，能有效抑制下一代幼虫发生。

(3) 生物防治。

①保护和利用寄生性天敌和捕食性天敌：茶园内的天敌昆虫有广大腿小蜂、姬蜂、寄生蝇、蜘蛛、瓢虫、螳螂等，应加以保护和利用。

②生物药剂防治：在低龄幼虫期挑治发虫中心，选用每克含100亿孢子的苏云金杆菌可湿性粉剂500 ～ 1 000倍液，或病毒含量1×10^7PIB/mL与苏云金杆菌含量2 000IU/mL的苜核·苏云菌悬浮剂500 ～ 800倍液均匀喷湿茶丛和蓑囊。

(4) 化学防治。在低龄幼虫盛发期采用24%溴虫腈悬浮剂或24%虫螨腈悬浮剂1 500倍液充分喷施叶背和蓑囊至湿润为止。

茶褐蓑蛾

茶褐蓑蛾（*Mahasena corona* Sonan），又称褐袋蛾、茶褐背袋虫，属鳞翅目（Lepidoptera）蓑蛾科（Psychidae），是茶园常见的食叶害虫，除为害茶树外，还为害油菜、油桐等。

【分布及危害】分布于云南、贵州、福建、安徽、浙江等各产茶区。以幼虫取食叶片为害，影响茶树生长和茶叶产量。

茶褐蓑蛾为害状
（龙亚芹拍摄）

【形态特征】

蓑囊：成长幼虫蓑囊长40～50mm，黄褐色，丝质宽松柔软，囊外附缀许多较大碎叶，呈鱼鳞状松散重叠排列。

成虫：雄蛾体长约15mm，翅展约26mm，体翅棕褐色，鳞毛厚密，翅面无斑纹，具金属光泽。雌蛾体长约15mm，蛆状、无翅，头浅黄色，体乳黄色。

卵：椭圆形，乳白色渐变为淡黄色，近孵化时变灰白色，且可见黑色头点。

幼虫：成长幼虫体长18～25mm，头部褐色，两侧较暗，中部较淡并向两侧延伸成横斑；胸背淡黄色，背侧上下有2个不规则黑斑；腹背黄褐色，各节有2对淡黄色毛片呈“八”字形排列；臀板黄色。

蛹：雄蛹体长16～20mm，深褐色，翅芽伸达第3腹节中部，第2～5腹节背面后缘各有1横列细毛，第8腹节背前有1横列小刺，尾端弯曲，臀棘2叉；雌蛹长17～25mm，蛆状，赤褐色。

【生物学特性】

（1）世代及生活史。在云南1年发生1代，以非老熟幼虫越冬，4～5月为害较重。

（2）生活习性。基本习性与茶蓑蛾相同，但幼虫向光性较弱。

①成虫羽化、交尾及产卵习性：雌成虫在17:00开始羽化，以21:00～24:00羽化最盛，羽化时蛹的头、胸部纵裂，后雌蛾露出蛹壳约1/2，并用退化的头部及胸部将蓑囊的尾部扩大，以待雄成虫交尾。雄蛾多在18:00～19:00羽化，羽化时，用足抱住蛹壳，经1～2h即可飞翔。成虫羽化后即可交尾，雄蛾根据雌蛾分泌的雌性激素找到雌蛾的蓑囊，即停在雌蛾所在蓑囊的尾部，并将腹部伸向雌蛾所在蓑囊中与之交尾，交尾时，雄蛾只露出头和胸部，而整个腹部则伸进雌蛾的蓑囊中。交尾时

茶褐蓑蛾低龄幼虫和蓑囊
（龙亚芹拍摄）

茶褐蓑蛾幼虫及蓑囊
（龙亚芹拍摄）

茶褐蓑蛾高龄幼虫和蓑囊
（龙亚芹拍摄）

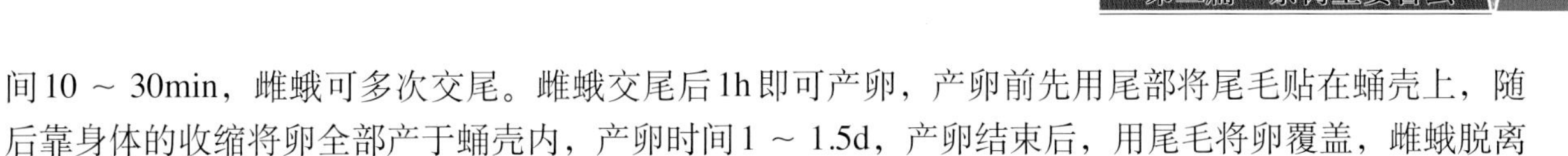

间10～30min，雌蛾可多次交尾。雌蛾交尾后1h即可产卵，产卵前先用尾部将尾毛贴在蛹壳上，随后靠身体的收缩将卵全部产于蛹壳内，产卵时间1～1.5d，产卵结束后，用尾毛将卵覆盖，雌蛾脱离蛹壳，从蓑囊尾部掉出后死亡。卵块呈圆锥形，没有交尾的雌蛾不能产卵，1～2d后落地死亡。

②卵的孵化特性：卵孵化最适温度为22～23℃，相对湿度为60%。幼虫孵化从16:00开始，20:00～21:00为卵孵化高峰期。

③幼虫取食为害特性：幼虫多达9～10龄，初孵幼虫在卵壳内停留1.5～3d，不取食卵壳，幼虫从蓑囊爬出多在6:00～7:00，且多集中在第1天爬出，第2～3天爬出的量较少。幼虫爬出后即在母体的蓑囊上结织蓑囊，需60～90min完成。幼虫畏强光，大多在茶树的中、下部取食，一至四龄幼虫只取食叶肉，留上表皮或下表皮呈透明枯斑，五龄以后幼虫把叶片食成孔洞或缺刻。以七龄幼虫在茶树基部群集越冬，温度高时幼虫连续啃食嫩梢或茶树表皮，造成茶树生长势衰弱或枯死。

④化蛹习性：幼虫老熟后于蓑囊内化蛹。雌幼虫化蛹时间比雄幼虫晚10d左右，且老熟雄幼虫蓑囊的尾部附有雄幼虫的蜕皮，而无蜕皮的蓑囊大部分幼虫为雌虫。

【防治措施】

（1）农业防治。

①人工摘除蓑囊：茶褐蓑蛾具有明显的发生为害中心，可人工摘除蓑囊；结合茶园管理，在冬季和早春蓑蛾活动前，清除茶园越冬蓑囊，集中处理。

②适时采摘：及时分批多次采摘，在采摘茶叶时摘除蓑囊，减少虫口基数。

（2）物理防治。雄蛾具有趋光性，可于雄虫羽化期进行灯光诱杀。

（3）生物防治。

①保护和利用寄生性天敌和捕食性天敌：如保护和利用广大腿小蜂、姬蜂、寄生蝇、蜘蛛、瓢虫、益鸟等。

②生物药剂防治：在低龄幼虫期挑治发虫中心，用0.5%印楝素乳油300倍液，或15 000IU/mg苏云金杆菌水分散粒剂300～500倍液，或病毒含量1×10^7PIB/mL与苏云金杆菌含量2 000IU/mL的茸核·苏云菌悬浮剂500～800倍液均匀喷湿茶丛和蓑囊。

（4）化学防治。在低龄幼虫盛发期采用15%茚虫威乳油2 500～3 500倍液充分喷施叶背和蓑囊至湿润为止。

茶小蓑蛾

茶小蓑蛾（*Acanthopsyche* sp.）属鳞翅目（Lepidoptera）蓑蛾科（Psychidae），是茶树上较为常见的蓑蛾类害虫。

【分布及危害】国外分布于斯里兰卡、日本；国内分布于云南、贵州、安徽、河南、湖北、海南、台湾等地。主要以幼虫蓑囊集中在叶背取食为害茶树叶片、树皮，严重影响茶树生长和茶叶产量。一至二龄幼虫咬食叶肉，留下一层表皮，被害叶呈现不规则枯斑；三龄后取食叶片形成圆孔状。茶园内常常出现发虫中心，严重时局部茶丛被食成光秃状。除为害茶树外，还为害油茶、山茶、柑橘等作物。

【形态特征】

蓑囊：成长幼虫蓑囊长7～12mm，呈长纺锤形，枯褐色，内壁丝质灰白色，质地坚韧，囊外黏附茶末状细碎叶，化蛹前在蓑囊的上端以一长丝柄系于枝叶上。长纺锤形蓑囊是茶小蓑蛾区别于茶树其他蓑蛾的最显著特征。

成虫：雄蛾体长4～6mm，翅展12～16mm；体、翅背面观黑褐色，腹部节间端部黄色；腹面观腹部及后翅银灰色，后翅前、外缘毛黑褐色，腹部节间有黑黄色斑纹；体被细绒毛，触角羽状。雌成虫无翅，蛆状，体长6～8mm，头咖啡色，胸、腹部黄白色。

卵：椭圆形，长约0.6mm，乳黄色，有光泽。

幼虫：老熟幼虫体长6 ~ 10mm，头咖啡色，有深褐色花纹。体长筒形，头部略狭，腹部略宽，尾部变细，黄白色。前胸背板大，黄褐色，有黑褐纹；中、后胸背面各有咖啡色斑纹4块，背部中间

茶小蓑蛾残食叶片成孔洞
（龙亚芹拍摄）

茶小蓑蛾为害后期叶片斑驳破烂
（龙亚芹拍摄）

茶小蓑蛾为害后期叶片被食光
（龙亚芹拍摄）

茶小蓑蛾蓑囊及幼虫
（龙亚芹拍摄）

茶小蓑蛾幼虫
（龙亚芹拍摄）

2块偏大而明显。腹部10节，第8和第9腹节背面分别有2个和4个褐色斑，腹末节臀板骨化、深褐色，并具有4对刚毛。

蛹：雄蛹长4.5 ~ 6mm，茶褐色，腹末具2个短刺。雌蛹长5 ~ 7mm，蛆状，黄色，腹末有2个短刺。

【生物学特性】

（1）世代及生活史。1年发生2 ~ 3代，以老熟幼虫在蓑囊内越冬。

（2）生活习性。除幼虫取食为害习性及化蛹习性外，其他习性与茶蓑蛾相似。

①成虫及产卵习性：雄成虫活跃，有趋光性；雌成虫在蓑囊中羽化产卵，平均每头雌虫产卵在百粒以上，产卵后身体缩小，由排泄口脱出后不久便死亡。

②幼虫取食为害特性：初孵幼虫在蓑囊内先取食卵壳，随后从母囊末端排泄孔爬出，爬行迅速，十分活跃，吐丝分散，咬取细小的绿叶碎片织成桶形蓑囊。蓑囊初为黄绿色，后变枯褐色，三龄以后蓑囊外常黏附有碎叶片和枝皮。幼虫晴天多在丛间叶背活动，夜间至晨昏或阴天则常在叶面活动。幼虫取食和爬行时将头及胸部从囊口伸出露于蓑囊外，腹部翘起，背负蓑囊于体后。幼龄时蚕食叶片呈透明不规则枯斑，三龄后幼虫可将叶片食成穿孔，叶面斑驳破烂，严重时啃食枝梢、树皮或果皮。越冬幼虫对春茶为害较重。

③化蛹习性：老熟幼虫以1cm左右的丝索将蓑囊悬吊于枝叶下化蛹。雌囊多在茶丛上部叶片茂密处，雄囊多在茶丛下荫蔽处。

【防治措施】

（1）农业防治。

①人工摘除蓑囊：茶小蓑蛾有明显发生为害中心，在幼虫分散为害前人工摘除蓑囊并带出茶园集中处理，可有效降低虫口基数。

②修剪：发生严重时数量往往偏大，人工摘除容易漏摘，可及时重修剪，并将修剪枝条集中处理。

（2）物理防治。雄蛾具有趋光性，可于雄虫羽化期用LED太阳能杀虫灯进行诱杀。

（3）生物防治。

①保护和利用寄生性天敌和捕食性天敌：如保护和利用广大腿小蜂、小蓑蛾瘦姬蜂、益鸟等。

②生物药剂防治：低龄幼虫期挑治发虫中心，选用15 000IU/mg苏云金杆菌水分散粒剂300 ~ 500倍液，或病毒含量1×10^{7}PIB/mL与苏云金杆菌含量2 000IU/mL的苜核·苏云菌悬浮剂500 ~ 800倍液均匀喷湿茶丛和蓑囊。

（4）化学防治。在低龄幼虫盛发期使用24%溴虫腈悬浮剂1 500倍液充分喷施叶背和蓑囊至湿润为止。

白痣姹刺蛾

白痣姹刺蛾（*Chalcocelis albigutata*），又称胶刺蛾、中点刺蛾，属鳞翅目（Lepidoptera）刺蛾科（Limacodidae）姹刺蛾属（*Chalcocelis*），主要为害茶、油茶、咖啡、银杏、荔枝、油桐、柑橘、可可等作物，以幼虫在叶片取食造成危害。

【分布及危害】国外主要分布于印度尼西亚、印度、新几内亚等国家，国内主要分布于云南、福建、广东、广西、江西、贵州等地。白痣姹刺蛾主要为害夏秋茶。近年来，该虫在云南省普洱市思茅区倚象镇、南屏镇，西双版纳州景洪市大渡岗乡，临沧市凤庆县洛党镇等茶园内发生为害较重。初孵幼虫在叶背咀食叶肉，留下上表皮形成枯黄透明斑；三龄前幼虫食量较小，喜欢转移取食，导致叶面枯斑分散且多；四龄后幼虫食量增大，由叶缘向内残食，造成茶树叶片缺刻，仅剩少量叶片或叶柄，严重为害时造成植株枯顶，严重影响茶树的长势，降低茶叶的产量和品质。

白痣姹刺蛾为害状
（龙亚芹拍摄）

【形态特征】

成虫：白痣姹刺蛾雌雄异色。雌成虫黄白色，体长10 ~ 15mm，翅展25 ~ 34mm，触角丝状，前翅中室下方有一不规则的红褐色斑纹，其内缘有一白线环绕，线中部有一白点，斑纹上方有一小褐斑。雄蛾灰褐色，体长9 ~ 13mm，翅展23 ~ 29mm，触角灰黄色，基半部羽毛状，端半部丝状。下唇须黄褐色，弯曲向上。前翅中室中央下方有一黑褐色近梯形斑，内窄外宽，斑内侧棕黄色，上方有一白点，中室端横脉上有一小黑点。

卵：近圆形，乳白色，表面光滑，半透明，长0.9 ~ 1.5mm，宽0.6 ~ 0.8mm。

幼虫：幼虫一至三龄时黄白色，前后两端黄褐色，体背中央有1对黄褐斑。老龄幼虫椭圆形，长15 ~ 22mm，宽8 ~ 10mm，头隐于前胸内，体分节不甚明显，腹面扁平，背隆起且呈淡蓝色，无斑纹，表面光滑，体上覆有一层微透明的胶蜡物。

蛹和茧：蛹短圆形，乳黄白色，后渐加深至褐色。茧近圆形，浅褐色，长8 ~ 12mm。

白痣姹刺蛾低龄幼虫
（龙亚芹拍摄）

白痣姹刺蛾幼虫（中期）
（龙亚芹拍摄）

白痣姹刺蛾高龄幼虫
（龙亚芹拍摄）

白痣姹刺蛾准备结茧
（龙亚芹拍摄）

白痣姹刺蛾茧
（龙亚芹拍摄）

白痣姹刺蛾成虫
（龙亚芹拍摄）

【生物学特性】

（1）世代及生活史。在云南茶区1年发生3 ～ 4代，以蛹越冬，翌年3月底至4月初幼虫出现开始为害，常年以二代和三代虫口发生较多；成虫昼伏夜出，具有趋光性，寿命3 ～ 6d；幼虫共5龄，龄期约45d，一龄幼虫期4d，二龄幼虫期12d，三龄幼虫期10d，四龄幼虫期10d，五龄幼虫期9d。

（2）生活习性。

①产卵及卵的孵化特性：卵散产于叶面或叶背，在25 ℃下约5d后开始孵化。

②幼虫取食为害特性：初孵幼虫即取食叶肉，剩下叶表皮，形成斑点状，主要以二、三代幼虫暴发取食造成危害，在6月中下旬至9月中旬，幼虫虫口数量最高，为害最重。三龄前幼虫食量较小，喜欢转移取食，导致叶面枯斑分散且多；四龄后幼虫食量增大，由叶缘向内残食，造成茶树叶片缺刻或留下上表皮，仅剩少量叶片或叶柄，严重影响茶树的长势。

③化蛹行为：老熟幼虫在枝条上结茧化蛹，蛹老熟后，将茧端的圆盖掀开，羽化后成虫从此孔飞出，蛹壳则留在茧内。

④成虫羽化及交配习性：大多于19:00 ～ 20:00羽化。成虫飞翔能力较弱，多栖息于叶片上，羽化后数小时即可交配，多数于第二晚交配，第三晚产卵，交配时多呈“一”字形，少数呈V形，每次交配时间为30 ～ 150min。

【防治措施】

(1) 农业防治。冬季修剪清除枝叶上的虫茧，结合清园，清除枯枝落叶，深埋灭茧；夏秋茶期间，人工摘除带虫叶片并集中处理。

(2) 物理防治。利用成虫的趋光性，在成虫盛期使用LED太阳能杀虫灯诱杀成虫，降低虫口基数。

(3) 生物防治。低龄幼虫期用白僵菌50～70倍液或15 000 IU/mg苏云金杆菌水分散粒剂300～500倍液喷雾。此外，注意保护和利用自然天敌，如小茧蜂、姬蜂、病毒等，对该虫有一定的制约作用。

(4) 化学应急防治。在二至三龄幼虫发生初期可使用15%茚虫威乳油2 500～3 500倍液，或24%溴虫腈悬浮剂1 500倍液喷雾防治。

扁 刺 蛾

扁刺蛾（*Thosea senensis*）属鳞翅目（Lepidoptera）刺蛾科（Limacodidae），幼虫称痒辣子或洋辣子，是茶树上的一种重要刺蛾类害虫，以幼虫取食叶片造成危害。除为害茶树外，还为害油茶、枇杷等40多种植物。

【分布及危害】国外已知分布于印度、印度尼西亚等；国内分布于云南、贵州、四川、海南、陕西、广东、广西、台湾等茶区，在云南主要分布于临沧市凤庆县、普洱市、西双版纳州勐海县和景洪市等产茶区。幼虫咀食茶树叶片，常平切食去半叶，严重时常将茶树叶片食光，导致下一轮茶叶严重减产，造成严重的经济损失。其幼虫虫体具有毒刺，人体皮肤触及后引起红肿、疼痛，妨碍正常采茶及茶园农事操作。

扁刺蛾为害状
（王香甩拍摄）

【形态特征】

成虫：体长10～18mm，翅展26～35mm，体、翅淡灰褐色。前翅2/3处有一暗褐色带纹斜向后缘，带纹内侧颜色浅，翅中央有一黑褐色点；后翅淡灰色。前、后翅外缘有刚毛。

卵：扁长椭圆形，长约1mm，淡黄绿色，随着卵的发育，颜色逐渐变深，孵化前变褐色。

幼虫：共6龄。一龄幼虫扁平淡红色；二龄幼虫绿色，背线灰白色，较细；三龄幼虫背线明显；四龄幼虫背线白色，较粗；五龄幼虫背中有1对红点，背侧呈现2列细小红点；老熟幼虫体长26～35mm，鳖状，淡鲜绿色。各节有4枚绿色枝状丛刺，侧缘1对较背侧1对大，前后丛刺间有下陷深绿色斜纹。

蛹：椭圆形，蛹长10～14mm，黄白色至黄褐色。茧卵圆形，长14～15mm，暗褐色，硬脆。

【生物学特性】

（1）世代及生活史。云南茶区1年发生2代，均以老熟幼虫在根际表土内结茧越冬，翌年4月下旬化蛹，5月下旬羽化。一代幼虫常在6～7月发生为害，二代幼虫于8～9月发生。

（2）生活习性。

①羽化习性：成虫多夜间羽化，昼伏夜出，具有较强的趋光性，羽化时间为18:00至翌日凌晨2:00，多集中在傍晚，羽化高峰期为18:00～20:00。

②成虫交尾及产卵习性：成虫羽化后，静止于茶树上片刻后即飞翔寻偶，羽化当晚即可交尾，交尾时雌雄蛾相向成“一”字形。交配完成后不久雌蛾即开始产卵，产卵均在夜间进行。卵多散产于叶面，1处1粒，多则4～5粒产于1处，每雌蛾平均产卵约100粒。

③幼虫取食为害特性：初孵幼虫停留在卵壳附近，蜕皮一次后，开始取食卵壳，其后转至叶背取食叶肉，残留上表皮形成透明枯斑，三至四龄以后幼虫自叶尖平切蚕食，取食1/2或2/3茶叶叶片后转移为害另一叶。随虫龄增长，自下逐渐向茶蓬面取食，全天均可取食为害。

④化蛹习性：老熟幼虫沿树干向下爬，进入土中结茧，以凌晨2:00～4:00爬下树最多，翌年在茧中化蛹。

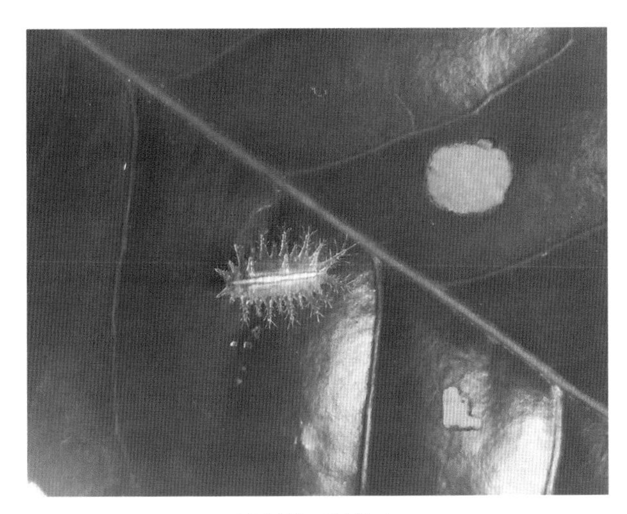

扁刺蛾二龄幼虫
（玉香甩拍摄）

扁刺蛾三龄幼虫初期
（玉香甩拍摄）

扁刺蛾三龄幼虫
（玉香甩拍摄）

扁刺蛾四龄幼虫
（玉香甩拍摄）

扁刺蛾五龄幼虫
（玉香甩拍摄）

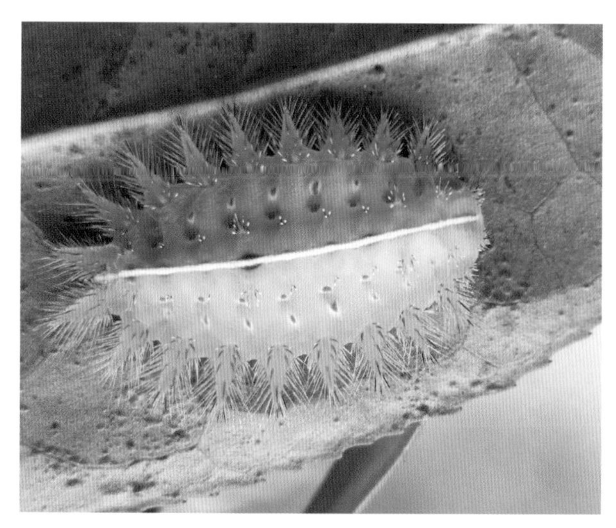

扁刺蛾六龄幼虫
（玉香甩拍摄）

扁刺蛾结茧前
（玉香甩拍摄）

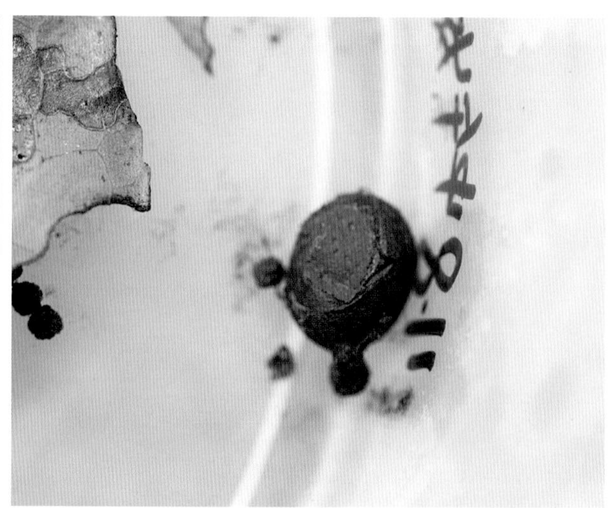

扁刺蛾茧
（玉香甩拍摄）

【防治措施】

（1）农业防治。结合冬耕施肥，将表土和落叶深翻深埋，消灭越冬虫茧；结合修剪，剪除带虫枝条。

（2）物理防治。扁刺蛾具有较强的趋光性，在成虫羽化盛期使用LED太阳能杀虫灯诱杀成虫。

（3）生物防治。

①保护和利用自然天敌：保护黑小蜂、赤眼蜂、小茧蜂、寄生蝇等天敌。

②利用生物源药剂防治：在一至二龄幼虫期喷施扁刺蛾核型多角体病毒（NPV）悬浮液，浓度为1.0×10^8PIB/mL。

（4）化学防治。为害严重时，可选用10%溴虫腈悬浮剂2 000倍液进行防治，安全间隔期7d。

茶　刺　蛾

茶刺蛾（*Iragoides fasciata* Moore），又名茶角刺蛾、茶奕刺蛾，俗称洋辣子、火辣子、刺虫等，属鳞翅目（Lepidoptera）刺蛾科（Limacodidae），是茶树芽叶咀食性重要害虫之一，以幼虫取食叶片为害。

【分布及危害】普遍分布于我国大部分茶区，云南、贵州、浙江、安徽、湖南、海南、台湾等茶区均有分布。大暴发时则仅留叶柄，茶树一片光秃，不仅影响茶树安全过冬，甚至可致茶树死亡。幼虫咬食叶背表皮和叶肉，形成残圆形或残留不规则的枯焦状上表皮，或咬成圆形或不规则的孔洞，影响树势，重则将叶片全部食光，导致茶树死亡。

茶刺蛾及为害状
（玉香甩拍摄）

【形态特征】

成虫：体长12 ~ 16mm，翅展24 ~ 30mm，体和前翅浅灰红褐色，翅面具雾状黑点，有3条暗褐色斜线；后翅灰褐色，近三角形，缘毛较长。前翅从前缘至后缘有3条不明显的暗褐色波状斜纹。

卵：卵扁平、椭圆形，长约1mm，淡黄白色，呈半透明状。

幼虫：成长幼虫体长30 ~ 35mm，长椭圆形，背中隆起，黄绿色至绿色。体背有11对枝刺，体侧有9对枝刺，体背第2对枝刺和第3对枝刺间有一绿色或红紫色角突，伸向上前方。背线蓝绿色，背中有一红褐色或浅紫色菱形斑，其前后方各有一小斑。体侧气门线上有一列红点。

蛹：椭圆形，长约15mm，淡黄色，翅芽伸达第4腹节，腹部气门棕褐色。

茧：近圆形，质地较硬，褐色。

【生物学特性】

（1）世代及生活史。云南1年发生3 ~ 4代，以老熟幼虫在茶树根际落叶和表土中结茧越冬。

（2）生活习性。

①卵的孵化及幼虫取食为害特性：卵一般4 ~ 10d孵化。初孵幼虫行动缓慢，一龄幼虫只取食卵壳，一般停留在卵壳附近取食；二龄幼虫食量小，大多在茶丛中下部老叶背面取食下表皮和叶肉，留下上表皮，呈枯黄半透膜质斑；三龄后幼虫逐渐向茶丛中、上部转移，取食常从叶片的叶尖或

茶刺蛾初孵化幼虫及为害状
（玉香甩拍摄）

茶刺蛾低龄幼虫及为害状
（玉香甩拍摄）

茶刺蛾中龄期幼虫
（玉香甩拍摄）

茶刺蛾老熟幼虫及为害状
（玉香甩拍摄）

茶刺蛾茧
（玉香甩拍摄）

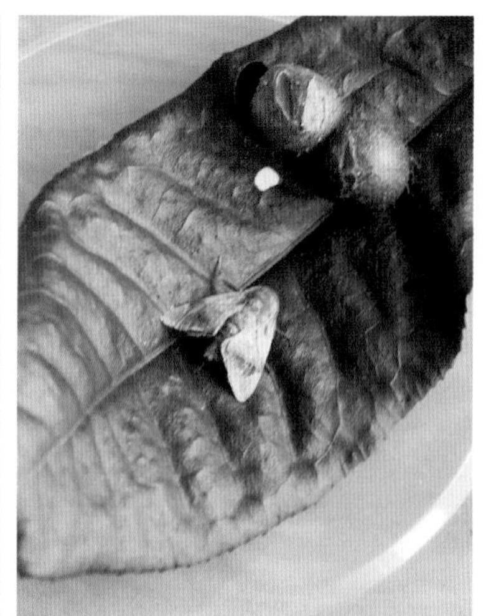

茶刺蛾成虫及茧壳
（玉香甩拍摄）

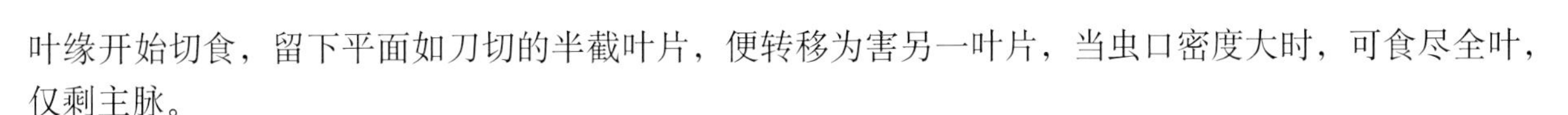

叶缘开始切食，留下平面如刀切的半截叶片，便转移为害另一叶片，当虫口密度大时，可食尽全叶，仅剩主脉。

②化蛹习性：幼虫老熟后爬至茶树根际落叶下或表土内结茧化蛹，在潮湿、腐殖物多的树下结茧多。

③羽化习性：茶刺蛾雌雄成虫羽化主要集中在14：00 ~ 19：00，其羽化高峰期在15：00 ~ 17：00，其中雄蛾羽化高峰期在15：00 ~ 16：00，雌蛾羽化高峰期在16：00 ~ 17：00。

④成虫交尾及产卵习性：成虫寿命4 ~ 10d，日间栖于茶丛叶背，夜间活动，具有趋光性，以雄蛾扑灯较多。羽化后当晚即交尾产卵，一般交尾1 ~ 3次，卵散产，多产于茶丛中、下部外缘叶上，且以边缘卵量较多，一叶一粒，少数2 ~ 3粒。

【防治措施】

（1）农业防治。结合冬耕施肥，将表土和落叶深翻深埋，消灭越冬虫茧；初龄幼虫毒害小，被害状明显，可人工摘除有虫叶片，降低虫口基数。

（2）物理防治。利用成虫的趋光性，在成虫盛发期用LED太阳能杀虫灯诱杀成虫，降低下一代虫口发生率。

（3）生物防治。

①保护和利用自然天敌：茶刺蛾自然天敌种类多，捕食性天敌如螳螂、瓢虫、螽斯、蜘蛛、蚂蚁、胡蜂等，寄生性天敌如姬蜂、寄生蝇、绒茧蜂等，真菌性天敌有白僵菌等，利用这些自然天敌可以有效抑制茶刺蛾的发生。

②生物药剂防治：三龄幼虫期前用8 000IU/mg苏云金杆菌水分散粒剂500 ~ 800倍液，或0.3%苦参碱水剂300 ~ 500倍液喷雾。

（4）化学防治。三龄幼虫期前，可选用15%茚虫威乳油2 500 ~ 3 500倍液，或24%溴虫腈悬浮剂1 500倍液防治。

丽 绿 刺 蛾

丽绿刺蛾（*Parasa lepida*），又名四点刺蛾、青刺蛾、绿刺蛾，属鳞翅目（Lepidoptera）刺蛾科（Limacodidae），主要为害茶树、油茶、咖啡等多种经济作物。幼虫取食茶叶，毒刺伤人肌肤，红肿疼痛，妨碍采茶等农事操作。

【分布及危害】国外已知分布于印度、印度尼西亚、斯里兰卡、日本、越南等国家；国内分布于云南、贵州、四川、江西、浙江、江苏、河北、广东、台湾等地。云南省西双版纳州勐海县、景洪市，普洱市，大理州南涧彝族自治县，临沧市凤庆县，文山州广南县等产茶区常发生为害，均以幼虫蚕食茶树叶片，幼虫孵化初期，先群集为害，随虫龄增大逐渐分散取食，严重时可将叶肉食净，仅剩叶脉，造成茶树树势衰弱，影响茶叶产量和品质。

【形态特征】

成虫：体长14 ~ 18mm，翅展27 ~ 43mm，头、胸翠绿，背中有一褐色纵纹向后延伸至腹背。前翅绿色，前缘基部有一尖刀形深褐色斑纹，外缘带深褐色。后翅内半淡褐色，外半深褐色。腹部及足黄褐色，前足基部两侧各有一簇绿色毛。雄虫触角基部数节为单栉齿状。

卵：扁椭圆形，淡黄绿色，透明，长1.4 ~ 1.5mm。数十上百粒在叶背排成鱼鳞状卵块。

幼虫：共7龄。老熟幼虫体长24 ~ 30mm，宽8.5 ~ 9.5mm。幼虫的龄数及各龄的形态特征常随寄主、代别、发生的环境条件而有变异。一般头红褐色，前胸黑色，体翠绿，背线黄绿，两侧纵列蓝色斑点。体侧具4列杂色刺枝，第8 ~ 9腹节两侧缘基部各有一组短黑刺毛丛，在腹末弧列成4个黑色大绒球。一龄幼虫亚背线上有11对枝刺，以第2、3、9、10对最大，上生黑色刺，体侧气门下线上有9对枝刺，除第2、9对外，上生黄色刺。二龄幼虫各枝刺较一龄幼虫明显，体侧枝刺以第2对最大，刺转黑。体背出现青褐色、白色和紫褐色相间的条纹，体侧出现青褐色和白色相间条纹。三龄幼虫后期前胸背出现2个浅褐色斑，与二龄幼虫相似。四龄幼虫中胸至第2腹节背线上出现8个绿点，第7 ～ 9腹节背线上出现1对绿点。五龄幼虫前胸背面2个斑纹转黑。体表条纹更明显，中胸至第2腹节背线上绿点增至10个，第7 ～ 9腹节背线上的绿点增至7个，第2 ～ 6腹节背线上的绿色条纹变为10对绿点。体背第3对枝刺上出现红斑，上生基部特粗的刺3 ～ 6根，第9对刺突上有时也出现粗刺。六龄幼虫体背第1 ～ 3对及第9 ～ 10对枝刺相对变小而刺则变长变多，腹末出现2个或4个黑斑或无黑斑。七龄幼虫所有枝刺均变小，第3对枝刺上的粗刺变为红色，腹末有4个黑点。

蛹：扁椭圆形，黄褐色，长12 ～ 15mm，宽7 ～ 9mm，高5mm。

茧：扁椭圆形，棕黄色，上覆有灰白色的丝状物，长14 ～ 17mm，宽9 ～ 12mm，高约6mm。

丽绿刺蛾低龄幼虫
（王香甩拍摄）

丽绿刺蛾高龄幼虫及为害状
（龙亚芹拍摄）

【生物学特性】

（1）世代及生活史。云南1年发生2 ～ 3代，以老熟幼虫于茧内越冬。

（2）生活习性。

①卵：卵多产于较嫩叶的叶背，数十粒一块，每头雌虫产卵500 ～ 900粒。同一卵块大多同一天内孵化。

②幼虫取食为害特性：初孵幼虫群集于卵块的附近，约停食1.5d后开始取食，取食时成行排列。四龄期前幼虫仅取食叶背之表皮及叶肉，残留上表皮而成为白色斑块或全叶枯白。三龄前幼虫群集取食，四龄后幼虫分散取食，五龄幼虫取食全叶。六至七龄幼虫取食量最多，为害最重。幼虫蜕皮前多停食1 ～ 1.5d，蜕皮后停食数小时即取食。

③化蛹习性：以老熟幼虫聚于茶树枝干上或分散于叶上结茧化蛹。

④羽化习性：羽化后白天静伏于叶背，夜间活动。成虫于每天傍晚开始羽化，以19：00 ～ 21：00羽化最多，羽化时虫体向外蠕动，用头顶破羽化孔，多从茧壳上方钻出，蛹壳留在茧内。成虫有较强的趋光性，白天多静伏在叶背，夜间活动。

⑤成虫交配及产卵习性：成虫大多在羽化后的次夜交尾，交尾多可延长到次夜，交尾后即在该夜产卵，大多在前3d产卵，少数在第4 ～ 5天产卵。

【防治措施】可在茶园其他害虫防治时兼治，一般无须单独防治。

翘须刺蛾

翘须刺蛾（*Microlean longipalpis* Butler），又名茶小褐刺蛾、红斑小刺蛾、杨梅刺蛾等，属鳞翅目（Lepidoptera）刺蛾科（Limacodidae），以幼虫取食叶片造成危害。

【分布与危害】国内已知分布于云南、贵州、四川、浙江、湖南、江西、台湾等地。近3年来，在开展云南茶园病虫发生情况监测中发现，该虫广泛分布于云南各茶区，以幼虫在茶树叶背咀食叶肉，留下上表皮形成条带状透明枯斑。该虫虽食量小，但虫口多时，造成茶园局部成片枯黄。

翘须刺蛾为害状
（龙亚芹拍摄）

【形态特征】

成虫：体长4 ~ 8mm，翅展11 ~ 20mm，灰棕褐色。头黄褐色，下唇须向上曲翘。前翅暗褐色，略带紫色光泽，前缘红褐色，外缘浅黑色，缘毛灰黄色，近翅尖有一小黑点，后翅灰褐色。

卵：扁而椭圆，长0.7 ~ 1.0mm，呈无色透明状，后转为浅黄色。

幼虫：共5龄。老熟幼虫长椭圆形，体长6 ~ 8mm，浅绿色至浅玫瑰色。体背具有4行瘤突并各有小刺1 ~ 2枝，第1 ~ 2腹节侧面有棕黄褐色斜斑，第3 ~ 6腹节背面乃至整个腹背也为棕褐色，与前两个斜斑成叉带状。一龄幼虫体宽圆，长0.7 ~ 1.0mm，乳黄色，背瘤无刺；二龄幼虫体长1 ~ 2mm，淡绿色，背瘤具刺；三龄幼虫体狭长，长2 ~ 4mm，棕褐色，背瘤刺尖硬；四龄幼虫卵形，体长4 ~ 6mm，鲜绿色；五龄幼虫体长6 ~ 8mm，淡黄转淡玫红色，背部呈现棕褐色红斑。

蛹和茧：蛹灰黄褐色，长约5mm。茧黄褐色，卵圆形，丝质，长5 ~ 6mm，附有碎叶或土粒。

【生物学特性】

（1）世代及生活史。在云南1年发生3代，以老熟幼虫结茧越冬。根据周年定点监测情况看，该虫虫口基数逐年增大，为害面积逐年增加，为害程度也逐年加重。在勐海1年有3个幼虫为害期，分别为5月中下旬至7月上旬、7月中下旬至9月中下旬和10月上旬。

（2）生活习性。

①成虫习性：成虫具有趋光性，于晚间羽化、交尾，较活跃，善于飞翔。停息时全身作“入”字形斜立。

②产卵习性：卵多散产于成龄叶片背面，少数产于叶面。

③幼虫取食特性：以幼虫在叶背咀食叶肉，残留上表皮，形成条带状枯黄透明斑块，甚至整叶成透明网膜，两侧上卷。

④化蛹习性：幼虫老熟后，移至基部枝干、落叶间或根际表土内结茧化蛹。

翘须刺蛾卵
（龙亚芹拍摄）

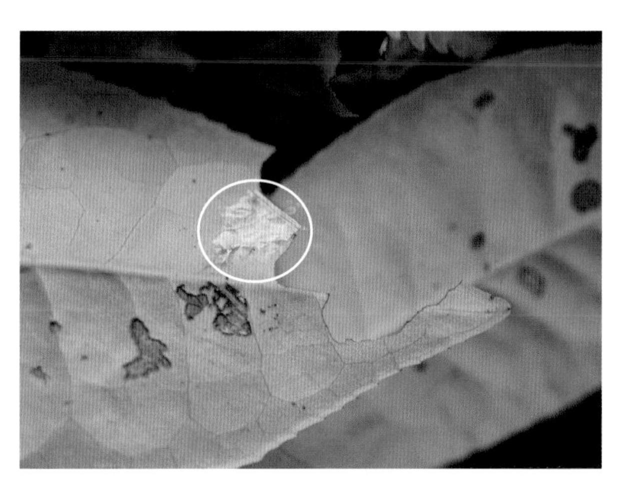

翘须刺蛾初孵化幼虫
（龙亚芹拍摄）

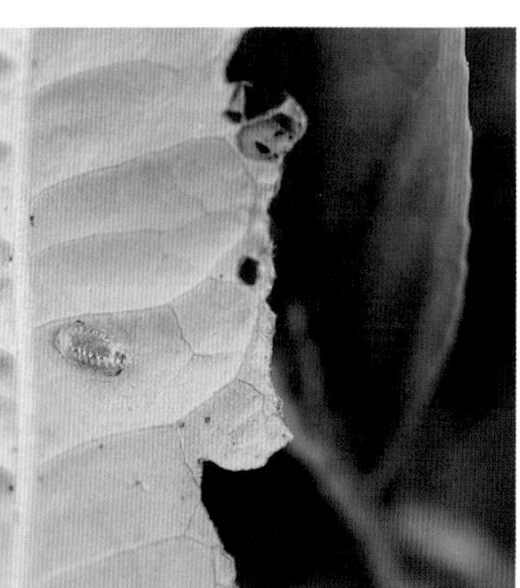

翘须刺蛾低龄幼虫
（龙亚芹拍摄）

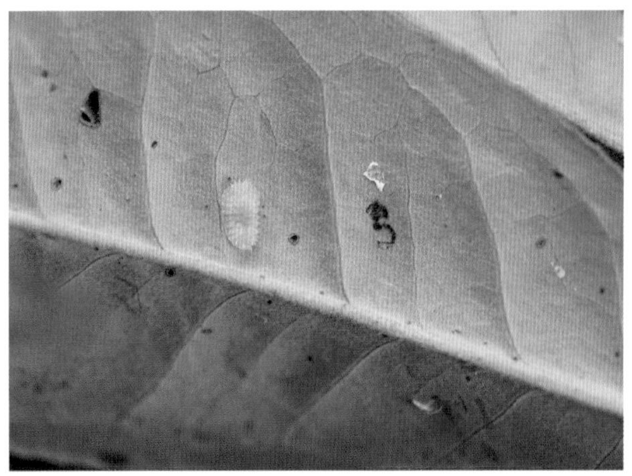

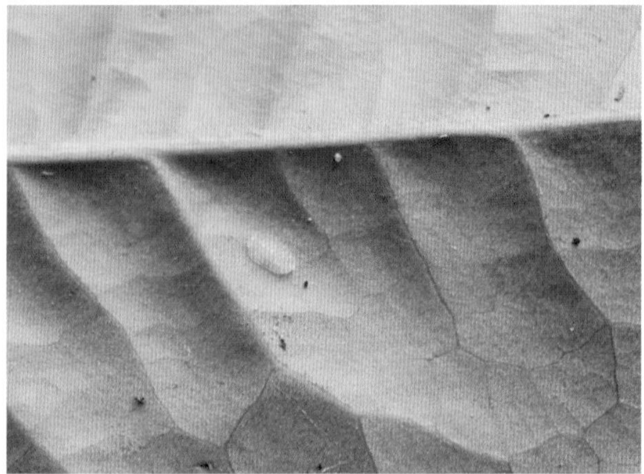

翘须刺蛾幼虫（中期）
（龙亚芹拍摄）

翘须刺蛾高龄幼虫
（龙亚芹拍摄）

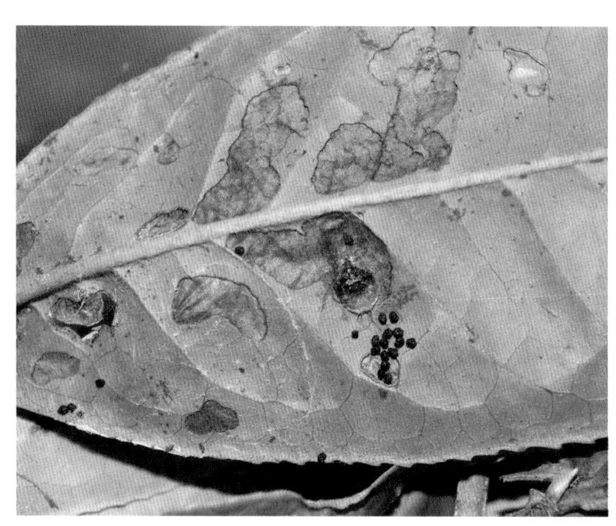

翘须刺蛾结茧
（龙亚芹拍摄）

翘须刺蛾茧（一）
（龙亚芹拍摄）

翘须刺蛾茧（二）
（玉香甩拍摄）

翘须刺蛾成虫（一）
（龙亚芹拍摄）

翘须刺蛾成虫（二）
（玉香甩拍摄）

【防治措施】

（1）农业防治。

①人工摘除枝叶上的虫茧。

②采茶结束后进行深修剪，结合清园，清除枯枝落叶，降低虫口基数。

③结合冬耕施肥，将表土连同落叶深翻深埋，破坏其越冬场所，使虫体窒息而亡。

（2）物理防治。成虫具有一定的趋光性，可在成虫羽化盛期使用LED太阳能杀虫灯诱杀成虫。

（3）生物防治。保护和利用茶园内寄生性天敌和捕食性天敌，如寄生蜂、蜘蛛、步甲等。

（4）化学防治。可在其他刺蛾防治时兼治。

红点龟形小刺蛾

红点龟形小刺蛾（*Narosa nigrisigna* Wileman），又名小白刺蛾，属鳞翅目（Lepidoptera）刺蛾科（Limacodidae），幼虫蚕食叶片，形成斑驳透明枯斑。

【分布与危害】红点龟形小刺蛾分布于云南、浙江、福建、海南、广东等地。以幼虫蚕食叶片造成危害，留下上表皮形成条带状透明枯斑或孔洞，影响茶树生长。

红点龟形小刺蛾为害状
（龙亚芹拍摄）

【形态特征】

成虫：体长6 ~ 8mm，翅展约20mm，体翅灰白色，前翅中部有一淡褐色云形斑纹，外缘灰褐色并排1列小黑点。

卵：扁平，椭圆，透明，淡黄色。

幼虫：成长幼虫体长8mm左右，近似龟形，翠绿色至黄绿色，无刺毛，腹部背中两侧常有2 ~ 4对红点。

茧：茧长5 ~ 6mm，近圆形，白色或灰白色，较坚硬，光滑，有白色及褐色条纹，中部暗褐色，一端有深褐色圈。

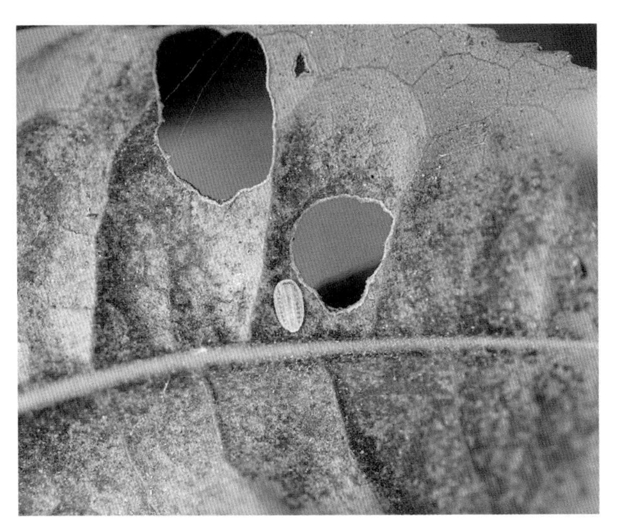

红点龟形小刺蛾低龄幼虫
（玉香甩拍摄）

红点龟形小刺蛾高龄幼虫
（龙亚芹拍摄）

红点龟形小刺蛾末龄幼虫
（龙亚芹拍摄）

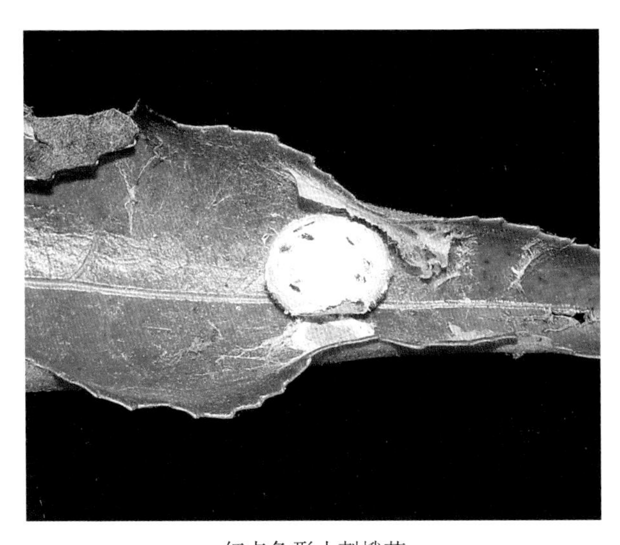

红点龟形小刺蛾茧
（龙亚芹拍摄）

红点龟形小刺蛾成虫（一）
（龙亚芹拍摄）

红点龟形小刺蛾成虫（二）
（玉香甩拍摄）

【生物学特性】在云南1年发生3代，以老熟幼虫在茶树枝条上结茧越冬。成虫羽化期一般在5月下旬。成虫具有趋光性，昼伏夜出，羽化后1 ~ 2d开始产卵，卵散产于叶背。低龄幼虫在叶背取食叶肉，三龄以后的幼虫将叶尖叶缘食成缺刻。幼虫老熟后，多在叶背结茧化蛹。

【防治措施】结合在茶园其他害虫防治时兼治。

窃 达 刺 蛾

窃达刺蛾（*Darna trina*），又名油棕三代刺蛾、茶淡黄刺蛾，属鳞翅目（Lepidoptera）刺蛾科（Limacodidae），是茶树上食叶类害虫之一。除为害茶树外，还为害樟树、油棕等多种植物。

【分布与危害】已知分布于云南、广东。以幼虫咀食为害茶树叶片为主，高龄幼虫只咬食叶片表皮，留有透明的小孔，老龄幼虫啃食完一个叶片后转移到其他地方继续啃食，可将叶片为害成缺刻、大孔洞，严重时将叶片食光，影响茶树长势和产量。幼虫体上有刺有毒，皮肤接触后疼痛和奇痒，影响采茶及田间农事操作。

【形态特征】

成虫：雌成虫体长7 ~ 9mm，翅展16 ~ 22mm，触角羽毛状；雄成虫体长8 ~ 10mm，翅展18 ~ 22mm，触角丝状。头部灰色，复眼大，黑色；几束灰黑色长毛覆盖在胸部，腹部被细长毛。双翅灰褐色，有5条明显黑色横纹。

卵：长约1.3mm，短径0.8mm，淡黄色，质软，椭圆形。

幼虫：低龄幼虫体被棕褐色，腹面淡黄绿色。老熟幼虫体长12 ~ 16mm，头小、淡褐色，体背褐色或深黄色，在背面4 ~ 9对枝刺间、枝刺的前后各有2个黑色斑点，腹末也有2个。腹面白色，在背线两旁及体侧各有10个枝刺，背上枝刺着生黄色刺毛，刺毛末端有时黑色。体侧第1、2枝刺为黄色，第3、8枝刺为黑色，其余为白色。

蛹和茧：蛹黄绿色，除翅外，其余附肢白色。茧长约10mm，宽约8mm，灰褐色。茧卵圆形，茧壳上附有黄色毒毛。

【生物学特性】窃达刺蛾1年发生3代，以幼虫在茶叶背面越冬。一代发生在4 ~ 7月，二代发生在7 ~ 9月，越冬代发生在10月至翌年4月。在树根或枯枝落叶处化蛹，少数结茧在茶树两片叶之间。成虫寿命4 ~ 7d，具趋光性，白天栖息在阴暗茶丛中，晚上活跃，羽化后第3天开始产卵，在上半夜羽化和交尾。

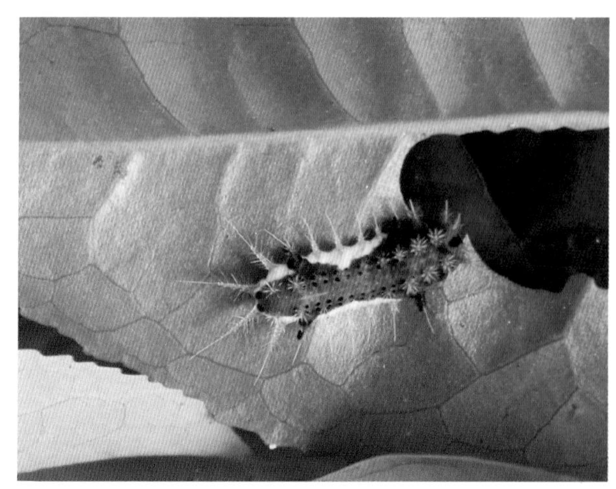

窃达刺蛾为害状
（龙亚芹拍摄）

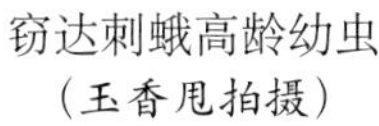
窃达刺蛾高龄幼虫
（玉香甩拍摄）

窃达刺蛾茧
（玉香甩拍摄）

【防治措施】

（1）农业防治。

①人工摘除茶叶上的卵块及带幼虫枝叶。

②结合施肥，将落叶和表土翻入施肥沟后覆土，破坏越冬场所，减轻翌年为害。

（2）物理防治。根据成虫的趋光特性，在成虫羽化期使用LED太阳能杀虫灯诱杀，能有效降低下一代幼虫数量。

（3）生物防治。

①保护自然天敌：茶园间作经济林木，可为天敌提供栖息场所，如姬蜂、蜘蛛、螳螂、猎蝽、寄生蝇等，都是窃达刺蛾的天敌。

②生物药剂防治：每平方米茶蓬虫口达8头时，可选用8 000 IU/g 苏云金杆菌水分散粒剂500倍液防治。

（4）化学防治。目前该虫为零星发生，无须专门防治，可在其他害虫防治时兼治。

媚 绿 刺 蛾

媚绿刺蛾（*Parnasa repanda*），属鳞翅目（Lepidoptera）刺蛾科（Limacodidae），是茶树上食叶类害虫之一。以幼虫咀食叶片影响茶树生长。

【分布与为害】在云南、福建、江西、广东有分布。在云南茶园内零星发生，以幼虫为害叶片成缺刻，影响茶树长势和产量。

【形态特征】

成虫：翅展30 ~ 35mm，近红褐色；前翅紫红色，基斑稍宽而尖长，约占前缘的1/3，外缘带稍窄，向后延伸至后缘近基部，其内侧蒙有1层银色雾点并具银边；后翅内半部黄褐色，外半部暗红褐色。

幼虫：老熟幼虫体长24 ~ 28mm，宽8 ~ 10mm。体青瓷色，3条背线和气门上、下线呈青绿色，体侧具4列丛枝刺，枝刺基半部颜色与体相同，端半部呈浅黄色，第1 ~ 2、第8 ~ 9节枝刺尖端多为黑色；第2腹节背侧两列枝刺有7 ~ 9根较粗大，其端部为球形、黑色，形似火柴棍；侧缘两列枝刺中间有1个大的橙黄色刺突；第9腹节背侧刺突较长，斜伸向体后方。第8腹节气门下线末端有1个黑色半月形斑，第9腹节和臀节之间有1对黑色的眼状斑。

蛹和茧：蛹褐色，长14 ~ 16mm。茧褐色，椭圆球形，长17 ~ 20mm，宽10 ~ 12mm，高6 ~ 7mm；茧外覆盖黄褐色透明薄膜，薄膜长25 ~ 29mm，宽18 ~ 20mm。

【生物学特性】该虫为零星发生，其特性不详。

【防治措施】参照其他刺蛾进行防治。

媚绿刺蛾高龄幼虫
（龙亚芹拍摄）

媚绿刺蛾老熟幼虫即将结茧
（玉香甩拍摄）

媚绿刺蛾正在结茧
（玉香甩拍摄）

媚绿刺蛾正在结茧（示腹面）
（玉香甩拍摄）

媚绿刺蛾茧
（玉香甩拍摄）

媚绿刺蛾成虫
（龙亚芹拍摄）

赭刺蛾

赭刺蛾（*Orthocraspeda furva*），曾用名三点斑刺蛾（*Darna furva*），属鳞翅目（Lepidoptera）刺蛾科（Limacodidae），是为害茶树的一种食叶性害虫。

【分布及危害】分布于低海拔山区，在滇西南茶区零星发生为害，以幼虫取食叶片形成缺刻，影响茶树生长。

【形态特征】

成虫：中小型，翅膀宽广，前翅灰褐色密布褐色鳞，中央有1条黑色的斜纹，中室端有1枚眉形的横斑，内侧具黄褐色横斑，亚外缘线黑褐色，近顶角于前缘上有1枚不明显的黄褐色斑。

幼虫：头部黑色，胸背面灰白色，腹背黑色，体背中央有1条白色的纵纹，腹侧具褐色及黄绿色的长棘刺。

赭刺蛾低龄幼虫
（龙亚芹拍摄）

赭刺蛾成长幼虫
（龙亚芹拍摄）

赭刺蛾成长幼虫为害叶片成缺刻
（龙亚芹拍摄）

赭刺蛾高龄幼虫及为害状
（龙亚芹拍摄）

【生物学特性】该虫属零星发生，其生物学特性不详。

【防治措施】参照其他刺蛾进行防治。

短爪鳞刺蛾云南亚种

短爪鳞刺蛾云南亚种（*Squamosa brevisunca yunnanensis*）属鳞翅目（Lepidoptera）刺蛾科（Limacodidae），是为害茶树的一种食叶性害虫。该虫食性杂，主要为害茶树、海棠、刺槐、悬铃木、香樟、石楠、梅花、月季、紫薇、杨、柳等。

【分布及危害】在滇西及滇南茶区有分布。低龄幼虫群集在叶背啃食叶片下表皮及叶肉，仅存上表皮，形成透明枯斑，三龄后幼虫分散为害，取食全叶，将叶片食光，仅留叶脉和叶柄，严重时造成植株枯死。7～9月是幼虫为害盛期。幼虫肥短，身体覆盖有毒刺毛，触及人体皮肤后，毒刺留在皮肤内，引起红肿和灼热。

【形态特征】

成虫：翅展36～42mm。身体浅黄褐色，胸背和腹背前两节有一纵行竖立毛簇，毛簇末端和臀毛簇黑色。前翅浅黄褐色掺有黑色雾点，尤以前缘下较浓，外缘较明亮，常有乳白色丝绸光泽；横脉外有一枚带光泽的近圆形大斑，斑的内半部蓝黑色，外半部红褐色，中央被一亮线所切；1b脉中央有一较大的黑点；亚端线细黑色，在R_4脉上呈一内向齿形曲。后翅黄褐色至暗褐色。雄性外生殖器爪形突一对，短小，齿状；颚形突较粗，末端钝；抱器瓣相对狭长，基部宽，逐渐向端部变窄，末端圆；阳茎端基环大，端部有1对不对称的突起，一侧宽片状，末端呈小喙状，另一侧细长，尖角状；阳茎细长，直，末端有一枚小刺突。

幼虫：老熟幼虫体长25～30mm，长圆形，绿黄色；有4列枝刺，背侧2列以前端3对较长，其余较短；体侧2列约等长；背中有由白绿色线组成的梅花形纹，中部还有一横椭圆形的黄白色纹，两侧衬有深蓝色半环状边，似眼珠。

茧：长椭圆形，灰色，外附棕色线状丝，土中结茧。

【生物学特性】每年1代，成熟幼虫在茧中越冬，幼虫在6月下旬至10月觅食。

【防治措施】参照其他刺蛾进行防治。

短爪鳞刺蛾云南亚种一龄幼虫
（龙亚芹拍摄）

短爪鳞刺蛾云南亚种二龄幼虫及为害状
（龙亚芹拍摄）

短爪鳞刺蛾云南亚种三龄幼虫及为害状
（玉香甩拍摄）

短爪鳞刺蛾云南亚种四龄幼虫及为害状
（玉香甩拍摄）

短爪鳞刺蛾云南亚种高龄幼虫及为害状
（龙亚芹拍摄）

短爪鳞刺蛾云南亚种老熟幼虫
（龙亚芹拍摄）

短爪鳞刺蛾云南亚种老熟幼虫准备结茧
（玉香甩拍摄）

短爪鳞刺蛾云南亚种茧
（玉香甩拍摄）

褐缘绿刺蛾

褐缘绿刺蛾（*Parasa consocia* Walker），又称青刺蛾、绿刺蛾、四点刺蛾，属鳞翅目（Lepidoptera）刺蛾科（Limacodidae）绿刺蛾属（*Parasa*），为害茶树、柑橘、石榴等多种植物。

【分布及危害】分布于云南、贵州、四川、重庆、湖南、湖北、广东、广西、安徽、江苏、浙江、江西等地。低龄幼虫取食叶肉，仅留表皮，老熟幼虫可将茶树叶片食成缺刻或孔洞，仅留叶柄，严重影响树势，阻碍茶树光合作用，致使茶叶产量下降、品质降低。

【形态特征】

成虫：体长15 ～ 16mm，翅展36 ～ 39mm。触角棕色，复眼黑色，雄虫触角基部十几节是单栉齿状，雌虫触角丝状。胸部背面为绿色，中央有一条褐色纵带，腹部背面灰黄色。前翅中间部分为绿色，外缘阔带浅褐色，内边无明显曲齿。后翅灰黄色。

卵：椭圆形，长1.3 ～ 1.5mm，数十粒排成卵块。初产卵乳白色，后渐变为黄绿色至浅黄色。

幼虫：初孵化时为黄色，后逐渐变为绿色。老熟幼虫体长约25mm，略呈长方形。头黄色，极小，常缩在前胸内。身体橙黄色，背中线天蓝色。前胸背板上有2个横列的黑斑，其亚背线和各枝刺的刺毛橙黄色。第1腹节枝刺上有1根黑色的刺毛。胴部第2节至最后节有4个毛瘤，其上生有1丛刚毛。第4节背面的1对毛瘤上各有3 ～ 6根红色刺毛，体末端有黑色刺毛组成的绒毛状毛丛4个。腹面浅绿色。胸足小，无腹足。第1 ～ 7节腹面中部各有1个扁圆形吸盘。

蛹和茧：蛹椭圆形，长约15mm，黄褐色，肥大，包被茧内。茧椭圆形，长约16mm，棕色或暗褐色，形似羊粪状，茧上布有黑色刺毛和少量白丝。

褐缘绿刺蛾老熟幼虫
（玉香甩拍摄）

褐缘绿刺蛾幼虫（示头部）
（玉香甩拍摄）

褐缘绿刺蛾茧
（玉香甩拍摄）

【生物学特性】

(1) 世代及生活史。1年发生1～2代。以老熟幼虫在树干基部和浅土层内结丝茧越冬。5月化蛹，5月下旬羽化为成虫。

(2) 生活习性。

①取食为害特性：一龄幼虫不取食，第2天蜕皮。二龄幼虫开始取食，幼虫蜕皮前，体侧和腹面4列枝刺张开，排列整齐，腹部紧贴叶片，不吃不动直至蜕皮。蜕皮时先从头顶部撕开一破口，虫体即从此处抽出，蜕皮过程在1min内完成，蜕皮后15min后刺毛张开，再过20min后，开始取食蜕下的皮，幼虫从准备蜕皮至食掉蜕皮整个过程大约持续50min。蜕皮后不久，幼虫开始取食叶片。二至四龄幼虫只食叶肉，食后留下叶脉，叶片呈网状透明，透明斑随龄期增长而增大，四龄前幼虫有群集取食习性，四龄期以后的幼虫开始分散取食，五龄幼虫啃穿叶片形成孔洞，六龄幼虫自叶缘向内开始取食，形成缺刻。

②羽化习性：成虫多在傍晚羽化，17:00～22:00为羽化盛期。羽化时虫体向外蠕动，用头顶破羽化孔，破茧而出，并将蛹壳留于茧内。刚羽化的成虫不移动，10min后，成虫开始拍翅活动，一般雄成虫比雌成虫活跃，翅上鳞片很容易因此脱落。

③成虫交配及产卵习性：成虫昼伏夜出，有较强的趋光性，白天静伏在叶背或杂草丛中，夜间活动。成虫交尾集中于18:00～21:00，一般持续时间约为15min，交尾前雌虫很活跃。雌虫一生交尾1～2次，雄虫有多次交尾现象，雌虫交尾后第2天开始产卵，卵产于叶片背面，数十粒卵排列成块，卵期约1周。

【防治措施】

(1) 农业防治。

①清园灭茧：结合冬耕施肥，将表土和落叶深翻深埋，消灭越冬虫茧。

②幼虫发生期，田间发现后及时摘除带虫枝、叶，集中杀死幼虫，效果明显。

(2) 物理防治。成蛾具有较强的趋光性，在其羽化盛期使用LED太阳能杀虫灯诱杀成虫。

(3) 生物防治。

①保护和利用自然天敌：保护黑小蜂、赤眼蜂、小茧蜂、寄生蝇等天敌。

②生物药剂防治：幼龄幼虫期可喷施10%苏云金杆菌可湿性粉剂800倍液。

(4) 化学防治。参照其他刺蛾进行防治。

黄刺蛾

黄刺蛾（*Cnidocampa flavescens*），又名痒辣子、毒毛虫，属鳞翅目（Lepidoptera）刺蛾科（Limacodidae）黄刺蛾属（*Cnidocampa*）。为害茶树、梧桐、桃、苹果、梨、石榴等多种植物。

【分布与危害】国外已知分布于日本、朝鲜、俄罗斯等国家；国内分布于云南、贵州、四川、重庆、湖南、湖北、广东、广西、吉林、陕西、山西、河北、河南等地，以幼虫取食茶树叶片为害，可将叶片食成很多孔洞、缺刻或仅留叶柄、主脉，严重影响茶树树势和茶叶产量。

【形态特征】

成虫：体长13～17mm，翅展30～39mm，雄虫略小于雌虫。体形短粗肥大，杏黄色，头和胸背黄色；头小，黑色复眼球形；触角线状，棕褐色；前翅自基角向后缘有两条暗褐色斜纹，呈倒V形，将翅分为两部分，上半部为黄色，下半部为棕褐色，两个前翅中部分别对称分布有两个暗褐色大斑点和两个暗褐色小斑点，沿翅外缘有暗褐色细线；翅浅褐色，边缘色较深。足浅褐色，基节、腿节为褐色。

卵：卵小，扁椭圆形，初产时乳白色，后渐变为淡黄色。

幼虫：头小，黄褐色，隐于前胸的下方，胸部宽大；体黄绿色，虫体背部有一前后宽大的紫褐色大斑纹，边缘呈蓝色；各体节有1对枝刺，胸部和臀部的枝刺特别大，枝刺上生有黑色刺毛；体侧各节有瘤状突起，上有黄毛。

蛹和茧：蛹椭圆形，初化蛹时浅黄色后渐变为棕黄色；蛹外有茧，茧质地坚硬，上有褐色和灰白色相间的纵条纹。

黄刺蛾幼虫
（玉香甩拍摄）

【生物学特性】

（1）世代及生活史。在云南1年发生2代，于5月上旬开始化蛹，5月下旬到6月上旬羽化，一代幼虫在6月中旬至7月上中旬发生，二代幼虫为害盛期在8月上中旬。8月下旬幼虫老熟后从茶树上缓慢向下爬行，多在枝丫和小枝处，偶尔也在粗枝上吐丝缠绕，分泌黏液结茧越冬。

（2）生活习性。

①成虫交尾及产卵特性：成虫趋光性较强，昼伏叶背，夜间活动，交尾产卵。雌雄蛾在羽化当晚即可交尾，交尾后第2天晚上可产卵，每头雌蛾可产卵100 ~ 150粒。卵散产在茶叶叶背，或堆产，每堆数十粒。

②取食为害特性：初孵幼虫先食卵壳，一至二龄幼虫常群集于叶背面取食下表皮和叶肉，留下上表皮，形成网状透明小斑，食量随着虫龄增大而增大。幼虫长大后分散开，可将叶片吃成缺刻、孔洞，发生严重时仅留下叶脉。

③结茧、化蛹、羽化习性：幼虫老熟后啃咬树皮，形成一个长7 ~ 10mm、宽3 ~ 4mm的斑，深达木质部的无皮带后，开始吐丝结茧，茧的一端留有小孔，最后老熟幼虫在孔处吐丝密封，呈盖状(即为羽化孔盖)。老熟幼虫化蛹初期呈淡黄色，复眼颜色先变深，随后体色逐渐加深，雌蛹腹尾部有红色腺体，当蛹体外壳变干燥时，开始羽化。羽化时，蛹体靠腹部蠕动，用头部顶开羽化孔盖，露出蛹体头部，不停地扭动体躯，最后脱出茧和蛹壳，蛹壳仍半藏于羽化茧的孔处。刚羽化的成虫通体柔软、略带潮湿，翅较短，爬行5 ~ 8min后翅逐渐展开，两翅向上竖起，静伏10 ~ 15min翅收回腹部后，静伏或开始飞翔。

【防治措施】

（1）农业防治。

①清园灭茧：结合修剪，将附在枝条上的虫茧，连同枝条剪除并集中处理，降低翌年虫口基数。

②幼虫发生期，一、二龄幼虫具有群集性，田间发现后及时摘除带虫枝、叶，集中杀死幼虫，效果明显。

（2）物理防治。成虫具有一定的趋光性，可在其羽化盛期于19：00 ～ 21：00 用LED太阳能杀虫灯诱杀成虫。

（3）生物防治。

①保护和利用自然天敌：茶园内有青蜂、蛾广肩小蜂、刺蛾紫姬蜂、刺蛾寄蝇、黑小蜂、赤眼蜂、螳螂、步甲等天敌，要加以保护和利用。

②生物药剂防治：幼龄幼虫期可用10%苏云金杆菌可湿性粉剂800倍液进行喷雾。

桑 褐 刺 蛾

桑褐刺蛾（*Setora postornata*），别名褐刺蛾、八角丁、毛辣子、八角虫等，属鳞翅目（Lepidoptera）刺蛾科（Limacodidae）桑褐刺蛾属（*Setora*），是为害茶树的一种食叶害虫。

【分布与危害】在云南、四川、福建、广西、安徽、广东等地均有分布。以幼虫取食茶树叶片造成危害，影响茶树生长。

【形态特征】

成虫：体长15 ～ 18mm，翅展31 ～ 39mm，全体土褐色至灰褐色、浅绿色、花色。前翅前缘近2/3处至近肩角和近臀角处，各具一暗褐色弧形横线，两线内侧衬影状带，外横线较垂直，外衬铜斑不清晰，仅在臀角呈梯形。雌蛾体色、斑纹较雄蛾浅。

卵：扁椭圆形，黄色，半透明。

幼虫：体长35mm，黄色，背线天蓝色，各节在背线前后各具1对黑点，亚背线各节具1对突起，其中后胸及第1、5、8、9腹节突起最大。

茧：黄灰褐色，椭圆形。

【生物学特性】云南1年发生3代，以老熟幼虫在树干附近土中结茧越冬。成虫分别在5月中下旬、7月中下旬、9月上中旬出现，成虫夜间活动，有趋光性，卵多成块产在叶背，每头雌虫产卵300多粒，幼虫孵化后在叶背群集并取食叶肉，半月后分散为害，取食叶片。老熟后入土结茧化蛹。

【防治措施】参照其他刺蛾防治措施进行。

桑褐刺蛾成长幼虫
（王香甩拍摄）

桑褐刺蛾高龄幼虫
（龙亚芹拍摄）

眉原褐刺蛾

眉原褐刺蛾（*Setora baibarana*），属鳞翅目（Lepidoptera）刺蛾科（Limacodidae），是为害茶树的一种食叶害虫。

【分布及危害】分布于云南省普洱市及西双版纳州景洪市大渡岗乡、勐海县等茶区。幼虫在茶树叶背取食叶肉，为害较重时将叶片食光，造成茶树树势衰弱，影响茶叶产量和品质。

【形态特征】

成虫：翅展28 ~ 33mm，体型大，雄虫触角前半段双栉齿状，后半段丝状，雌虫触角丝状。体灰褐色，翅宽，中线由前缘近顶角1/3段向内缘近基部延伸，后中线近臀角有1个三角形黑褐色横带。

幼虫：体橙黄色或绿色，体背中央有1条粉紫色或紫褐色纵带，纵带边缘排列8对白绿色斑。背侧与腹侧具枝状丛刺，枝刺上着生浅黄色、淡绿色或紫褐色刺毛。头、尾丛刺较长，中间丛刺稍短。

【生物学特性】成虫多在夜晚羽化，昼伏夜出，趋光性强，善飞翔。卵多散产于叶背。幼虫爬行缓慢，初龄幼虫在叶背取食叶肉，留下上表皮形成枯斑，后转叶为害，蚕食叶缘，成长幼虫蚕食全叶，严重时将整丛叶片食光。老熟后移至根际落叶下或土表内结茧化蛹。

【防治措施】

（1）农业防治。

①人工摘除枝叶上的虫茧。

②采茶结束后进行深修剪，结合清园，清除枯枝落叶，降低虫口基数。

③结合冬耕施肥，将表土连同落叶深翻深埋，破坏其越冬场所，使虫体窒息而亡。

（2）物理防治。成虫具趋光性，在羽化盛期使用LED太阳能杀虫灯诱杀成虫。

（3）生物防治。

①保护和利用寄生性天敌和捕食性天敌：茶园内有寄生蜂、蜘蛛、步甲等天敌，应加以保护和利用。

②生物药剂防治：低龄幼虫期使用每毫升含800万孢子的白僵菌稀释液或15 000 IU/mg 苏云金杆菌水分散粒剂300 ~ 500倍液喷施。

眉原褐刺蛾成长幼虫
（龙亚芹拍摄）

眉原褐刺蛾成长幼虫及为害状
（龙亚芹拍摄）

眉原褐刺蛾高龄幼虫及为害状
（龙亚芹拍摄）

眉原褐刺蛾高龄幼虫（示枝刺）
（龙亚芹拍摄）

迷　刺　蛾

迷刺蛾（*Miresina banghaasi*），属鳞翅目（Lepidoptera）刺蛾科（Limacodidae），是为害茶树的一种食叶害虫。

【分布及危害】迷刺蛾分布于低中海拔山区，在云南、辽宁、四川等地皆有分布，以取食春发新芽叶造成危害，影响茶树树势。

【形态特征】

成虫：体长约7mm，翅展17 ~ 20mm，前翅赤褐色，翅面密布褐色鳞点。头小，额宽，密生茶褐色倒立鳞毛。下唇须短粗。前翅宽阔，基部褐色，中部黑褐色，中室内有1枚黑色的横斑，外缘部为一浅褐色宽带，内有黑边。下方有一条暗褐色的横带，带形手肘状，端部达臀角；后翅灰褐色，足短粗，腿、胫及第1跗节外侧有刷状黑褐色鳞毛，其他跗节黄褐色。后足胫节有端距1对。腹部粗，褐色，尾毛短。

卵：圆形，略扁，直径为0.6mm，浅黄色，略有光泽，外有透明膜状物，并以此黏附在寄主植物叶背上。

幼虫：体长约16mm，宽约9mm，体态扁。每体节体侧生有1对长的枝刺，基部扁粗，向顶端逐渐尖细，枝刺上生有数十根浅褐色刺毛。一龄幼虫为灰绿色，二龄幼虫为绿色，背部略带浅褐色，三龄幼虫为灰褐色或褐色，背线处较深；四龄幼虫为绿色，背线灰色；五龄幼虫为绿色，背线呈灰蓝色，其两端红色或紫红色，每体节两侧各有S形黄白色褶皱，老熟时体肥胖并变为浅黄绿色。

蛹和茧：蛹体粗壮，体长8mm，宽5mm，头钝圆，尾略尖细，初为白色，后逐渐着色，羽化前为褐色或深褐色。茧石灰质，较坚硬。

【生物学特性】

（1）世代及生活史。迷刺蛾1年发生1代，以三龄末期幼虫在树干缝隙中越冬。越冬幼虫于翌年4月下旬开始活动，为害嫩叶。幼虫经历6个龄期，于6月下旬开始结茧。结茧后约6d化蛹，蛹期15d，于7月中旬开始羽化为成虫，并交配产卵。卵期10d，7月下旬孵化出幼虫，以9月中旬的三龄末期幼虫越冬。

（2）生活习性。

①产卵及卵的孵化特性：成虫羽化当天即可交配，多在19：00 ~ 21：00进行，历时3 ~ 4h，雌蛾在当晚或次夜产卵。初产卵为黄白色，卵壳薄而无弹性，不透明；第2 ~ 3天卵内物质向中央凝聚，卵周围半透明；第4 ~ 8天胚胎分裂完成，并出现卵虫形态；第9天可见幼虫在卵内缓缓活动，卵变为乳白色；第10天幼虫咬破卵壳孵化出来。初孵幼虫为灰绿色，静止30 ~ 60min后食卵壳，其后再啃食嫩叶。一龄经17d蜕皮后为二龄；二龄经16d蜕皮后为三龄；以三龄幼虫越冬，210 ~ 220d后蜕皮为四龄；四龄经16d蜕皮为五龄，食量剧增；五龄经18d蜕皮为六龄，大量取食，经21d老熟，爬到叶面吐丝结茧。结茧全在夜间进行，通常在19：00 ~ 24：00，但以20：00 ~ 22：00为最多。

②羽化习性：成虫羽化多集中在18：00 ~ 20：00，22：00后不羽化。成虫以头胸部顶开茧一端的盖状羽化孔爬出茧外，并带出蛹皮。初羽化的成虫在叶背面静止，约2h充分晾翅后飞翔和求偶。成虫活动多在20：00 ~ 23：00，凌晨不再活动。成虫趋光性弱。雌蛾寿命为4 ~ 6d，雄蛾寿命为3 ~ 5d。

【防治措施】

（1）生物防治。茶园内迷刺蛾天敌有迷刺蛾绒茧蜂、姬蜂、赤眼蜂、日本追寄蝇、多角体病毒（NPV）等，应加以保护和利用。

（2）化学防治。参照其他刺蛾进行防治。

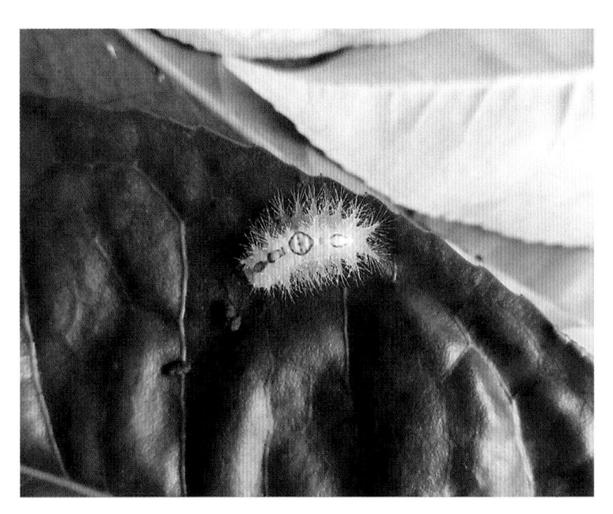

迷刺蛾二龄幼虫
（玉香甩拍摄）

迷刺蛾三龄幼虫
（玉香甩拍摄）

迷刺蛾四龄幼虫
（王香甩拍摄）

迷刺蛾老熟幼虫
（王香甩拍摄）

迷刺蛾结茧初期
（王香甩拍摄）

迷刺蛾茧
（王香甩拍摄）

迷刺蛾茧及成虫
（王香甩拍摄）

褐边绿刺蛾

褐边绿刺蛾（*Latoia consocia* Walker），又名绿刺蛾、青刺蛾、四点刺蛾、曲纹绿刺蛾、洋辣子等，属鳞翅目（Lepidoptera）刺蛾科（Limacodidae），以幼虫取食叶片造成危害。

【分布及危害】褐边绿刺蛾分布广泛，寄主植物也较广泛，可以为害茶树、油桐、桑、核桃、苹果、梨、柑橘、桃、李、樱桃、山楂、枣、柿等植物。以幼虫取食叶片为害，低龄幼虫取食叶肉，仅留表皮，老龄时将叶片食成孔洞或缺刻，有时仅留叶柄，严重影响树势。

【形态特征】

成虫：体长16mm，翅展38 ~ 40mm。触角棕色，雄虫触角齿状，雌虫触角丝状。头、胸、背绿色，胸背中央有一棕色纵线，腹部灰黄色。前翅绿色，基部有暗褐色大斑，翅外缘为灰黄色宽带，带上散有暗褐色小点和细横线，带内缘内侧有暗褐色波状细线；后翅灰黄色。

卵：扁椭圆形，长1.5mm，黄白色。

幼虫：体长25 ~ 28mm，头小，体短粗，初龄黄色，稍大为黄绿色至绿色，前胸盾上有1对黑斑，中胸至第8腹节各有4个瘤状突起，上生黄色刺毛束，第1腹节背面的毛瘤各有3 ~ 6根红色刺毛；腹末有4个毛瘤丛生蓝黑刺毛，呈球状；背线绿色，两侧有深蓝色点。

蛹和茧：蛹扁椭圆形，黄褐色，长12 ~ 15mm，宽7 ~ 9mm，高5mm。茧长16mm，椭圆形，暗褐色似树皮。

【生物学特性】云南1年发生2 ~ 3代，幼虫发生期多为6月下旬至9月，8月为害最重，10月上旬后陆续老熟于枝干上或入土结茧越冬。成虫昼伏夜出，有趋光性，卵数十粒成块呈鱼鳞状排列，多产于叶背主脉附近。

【防治措施】参照其他刺蛾进行防治。

褐边绿刺蛾初孵幼虫
（王香甩拍摄）

褐边绿刺蛾成长幼虫（放大）
（王香甩拍摄）

褐边绿刺蛾高龄幼虫
（王香甩拍摄）

褐边绿刺蛾老熟幼虫
（王香甩拍摄）

褐边绿刺蛾准备结茧
（王香甩拍摄）

褐边绿刺蛾茧
（王香甩拍摄）

绒 刺 蛾

绒刺蛾（*Phocoderma velutinum*），又名大青刺蛾、八角丁，属鳞翅目（Lepidoptera）刺蛾科（Limacodidae），是茶树食叶害虫之一。

【分布与危害】分布于云南、广东、海南、贵州、四川、湖南等地，以幼虫蚕食茶树叶片造成危害，除为害茶树外，还为害油茶、山茶、油桐等多种植物，其毒刺严重伤人，影响农事操作。

【形态特征】

成虫：体长21 ～ 25mm，翅展50 ～ 65mm，体翅黑褐色。前翅前部大半呈黑褐色梯形斑，带紫色光泽。亚外缘线黑褐色。自近翅基1/3后缘有一灰白色弧线斜向顶角后方与亚外缘线相连，并在臀角内侧围成新月形浅黑褐色大斑。外缘呈浅黑褐色宽带。后翅淡褐色，具紫色光泽。前足胫节、跗节有5个银白色环纹。

卵：扁平，椭圆形，黄绿色至淡绿色。

幼虫：成长幼虫体长40 ~ 45mm，宽14 ~ 17mm，绿色。前后各有4根长刺突并生黑褐色长刺毛。背线上有淡姜黄色斑8块，4对长刺突间的斑块大而呈梯形，其余4块较小，长椭圆形。亚背线也为淡姜黄色，体侧有8个淡姜黄色菱形斑纵列相连。

蛹和茧：蛹淡黄色至黑褐色，头顶锥形，胸背脊突起，前足具白色环纹，中足与翅芽等长。茧长卵形，灰褐色，长21 ~ 28mm。

【生物学特性】1年发生1代，以老熟幼虫在茶丛根际土内结茧。翌年5月中旬开始化蛹，6月下旬幼虫出现。成虫昼伏夜出，有趋光性，飞行能力强。卵散产于中下部叶背，卵经10d左右孵化，初孵化幼虫自叶缘将叶片食成缺刻，三龄后幼虫自叶尖蚕食平切叶片，甚至食光。

【防治措施】参照扁刺蛾防治措施进行。

绒刺蛾幼虫及为害状
（龙亚芹拍摄）

绒刺蛾高龄幼虫
（龙亚芹拍摄）

绒刺蛾幼虫（示口器）
（龙亚芹拍摄）

绒刺蛾幼虫（示刺突）
（龙亚芹拍摄）

为害茶树的一种刺蛾（一）

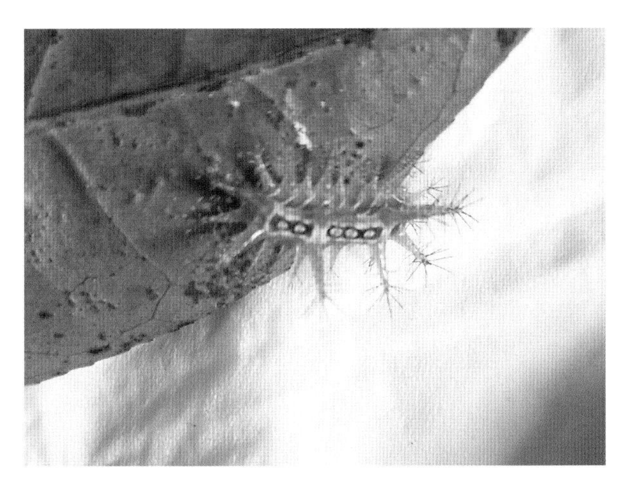

低龄幼虫
（王香甩拍摄）

成长幼虫
（王香甩拍摄）

高龄幼虫及为害状
（龙亚芹拍摄）

老熟幼虫
（王香甩拍摄）

土中准备结茧
（王香甩拍摄）

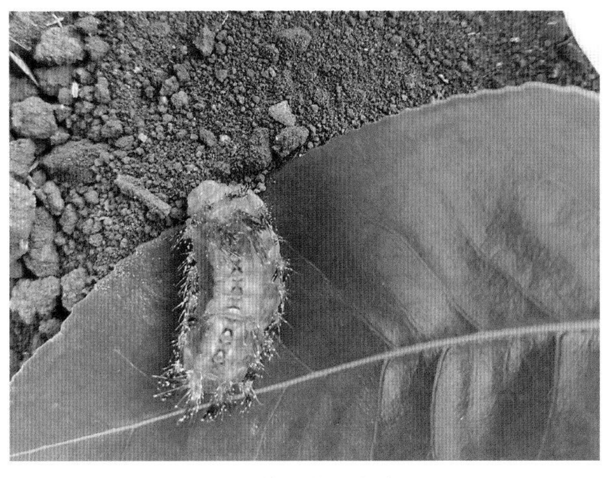

土中结茧化蛹虫态
（王香甩拍摄）

结茧初期
（玉香甩拍摄）

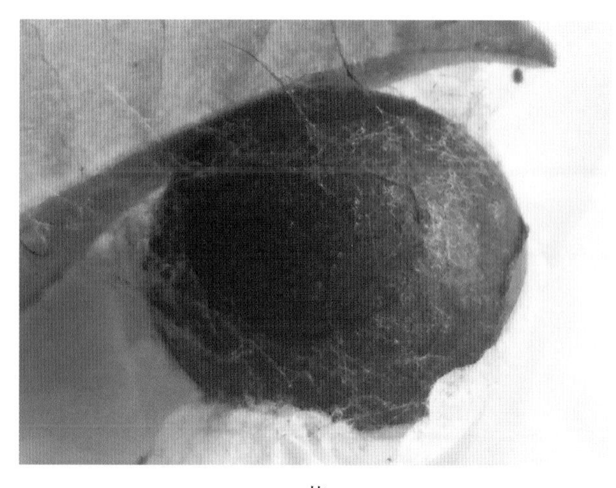

茧
（玉香甩拍摄）

为害茶树的一种刺蛾（二）

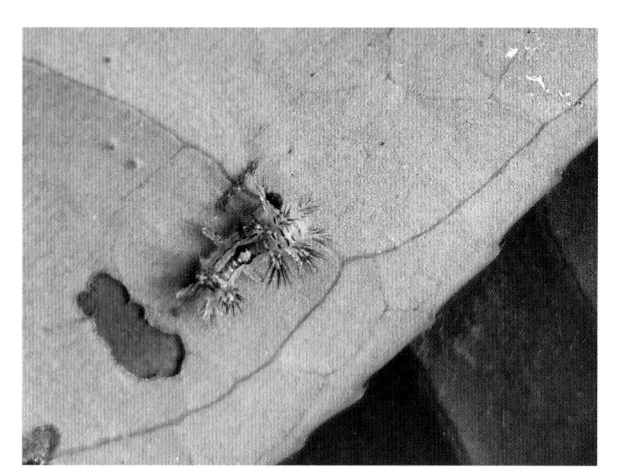

一龄幼虫及为害状
（玉香甩拍摄）

二龄幼虫
（玉香甩拍摄）

三龄幼虫初期
（玉香甩拍摄）

三龄幼虫
（玉香甩拍摄）

四龄幼虫
（玉香甩拍摄）

五龄幼虫
（玉香甩拍摄）

六龄幼虫
（龙亚芹拍摄）

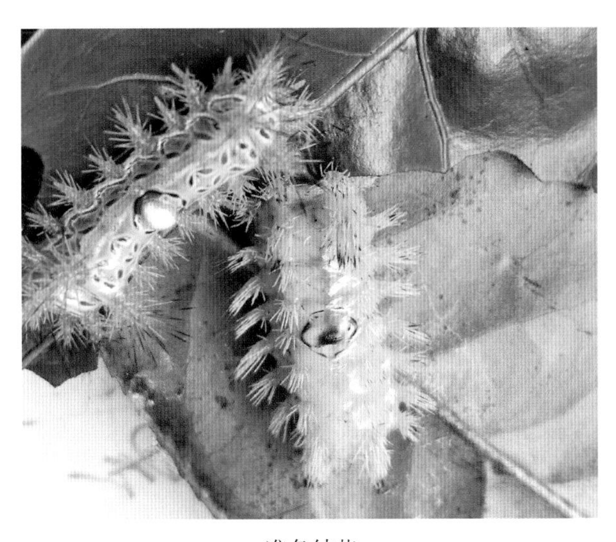

准备结茧
（龙亚芹拍摄）

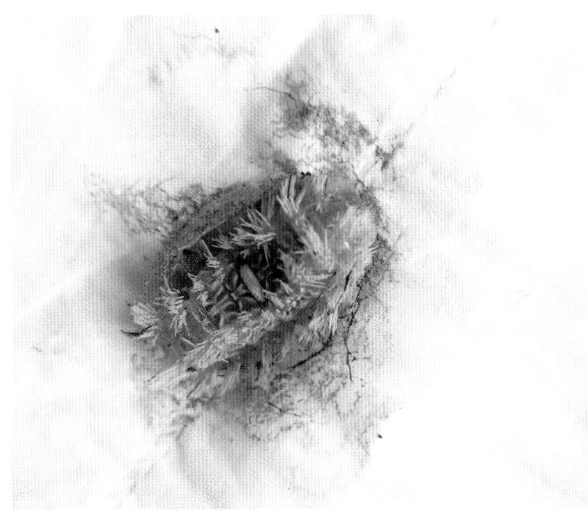

正在结茧
（玉香甩拍摄）

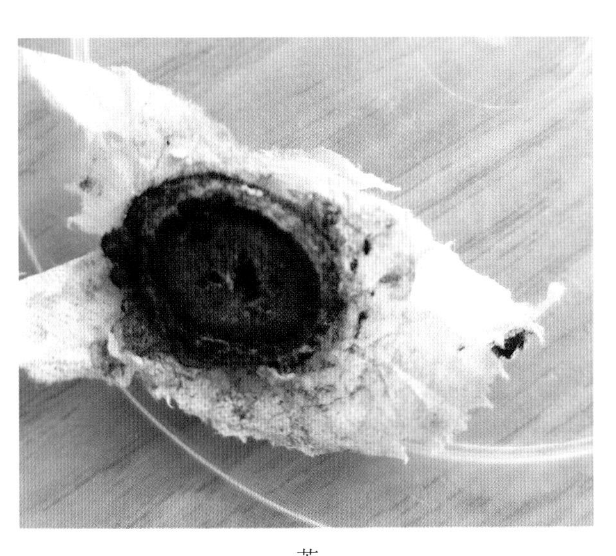

茧
（玉香甩拍摄）

为害茶树的一种刺蛾（三）

一龄幼虫及为害状
（龙亚芹拍摄）

二龄幼虫及为害状
（龙亚芹拍摄）

中龄期幼虫及为害状
（龙亚芹拍摄）

高龄幼虫及为害状
（龙亚芹拍摄）

老熟幼虫及为害状
（龙亚芹拍摄）

茧
（龙亚芹拍摄）

为害茶树的一种刺蛾（四）

成长幼虫
（龙亚芹拍摄）

高龄幼虫及为害状
（龙亚芹拍摄）

老熟幼虫准备结茧
（龙亚芹拍摄）

正在结茧
（龙亚芹拍摄）

茧
（龙亚芹拍摄）

成　虫
（龙亚芹拍摄）

其 他 刺 蛾

八字褐刺蛾幼虫
（龙亚芹拍摄）

一种扁刺蛾幼虫正在蜕皮
（龙亚芹拍摄）

一种正在取食的刺蛾幼虫
（龙亚芹拍摄）

一种刺蛾幼虫
（龙亚芹拍摄）

一种刺蛾幼虫及为害状
（龙亚芹拍摄）

一种刺蛾成虫
（龙亚芹拍摄）

灰双线刺蛾成虫
（龙亚芹拍摄）

一种停歇在茶树上的刺蛾成虫
（龙亚芹拍摄）

茶　　蚕

茶蚕（*Andraca bipunctata* Walker），又名茶狗子、茶叶家蚕、无毒毛虫，属鳞翅目（Lepidoptera）蚕蛾科（Bombycidea）茶蚕蛾属（*Andraca*），主要为害茶树、油茶、山茶、厚皮香等山茶科植物。

【分布及危害】国外已知分布于日本、印度、越南、马来西亚、印度尼西亚等；国内分布于各产茶区。近两年，茶蚕在云南省普洱市思茅区倚象镇，勐海县西定哈尼族布朗族乡、布朗山布朗族乡，景洪市大渡岗乡、普文镇，南涧彝族自治县公郎镇，江城哈尼族彝族自治县康平镇、国庆乡等多个茶园内被发现，且其为害逐年加重，为害面积逐年扩大，以幼虫取食茶树叶片，严重时可将叶片食尽，被害植株形成光秆秃枝，不仅影响茶叶产量，还导致树势衰退，使树势及产量几年内不易恢复。其以幼虫群集取食，一至二龄幼虫群集在叶背取食叶肉为害，残留上表皮，形成透明枯斑，三龄后群集在茶丛枝干上围绕枝干成团取食为害，老嫩叶连同叶柄一起被吞食光，严重时成片茶园被害光秃。

茶蚕群集为害状
（龙亚芹拍摄）

茶蚕前期为害状
（龙亚芹拍摄）

茶蚕将叶片和叶柄食光
（龙亚芹拍摄）

茶蚕后期为害状
（龙亚芹拍摄）

【形态特征】

成虫：雌蛾体长14 ～ 20mm，翅展26 ～ 60mm，体棕黄色至暗棕色，具丝绒状光泽，触角白色锯齿状。前翅翅尖向外伸出略成钩状，翅中央有一黑点，翅面有暗褐色内横线、中横线和外横线。翅尖和外缘有银色浮斑，后翅有2条横线和1个黑点。雄蛾比雌蛾小，体长12 ～ 15mm，翅展26 ～ 40mm，体棕褐色，前翅顶角钩状部较平直，线纹不明显，触角褐色明显呈双栉齿状。

卵：椭圆形，长约1.2mm，常数十粒成行形成卵块，多由2 ～ 5行组成，初产时呈淡黄色，后渐变为橙色，近孵化时可透过卵壳看到黑色头壳。

幼虫：共5龄。老熟幼虫体长可至30 ～ 55mm。一龄幼虫体长3 ～ 6mm，体黄色，被细绒毛；二龄幼虫体长6 ～ 12mm，体褐色，前胸盾后有一黑色横向条斑；三龄幼虫体长12 ～ 25mm，体表出现黄白相间纵线，各节体侧出现两个对称橘红色斑；四龄幼虫体长25 ～ 35mm，体侧红斑明显，黄白色纵线明显；五龄幼虫体长35 ～ 55mm，体肥大，体表有黑色斑及黄白色纵线，头黑色，体赤褐色，各节气门前有一黑色圆斑，气门后有一橘红色斑，体表密生黄褐色短绒毛，体背出现许多黄白色纵横线构成的小方格。

蛹和茧：蛹长17 ～ 22mm，呈暗红褐色纺锤形，尾部有黄褐色绒毛；翅芽伸达第4腹节近后缘处，腹末圆钝。茧丝质，长约22mm，椭圆形，灰褐色至棕黄色，茧外附有碎片和土粒。

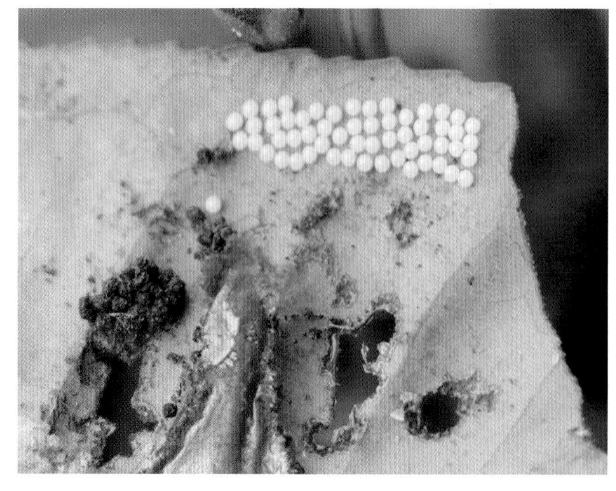
茶蚕卵
（龙亚芹拍摄）

茶蚕低龄幼虫
（龙亚芹拍摄）

茶蚕三龄幼虫
（龙亚芹拍摄）

茶蚕四龄幼虫
（龙亚芹拍摄）

茶蚕高龄幼虫
（龙亚芹拍摄）

茶蚕高龄幼虫群集为害
（龙亚芹拍摄）

茶蚕茧
（玉香甩拍摄）

茶蚕蛹和茧
（玉香甩拍摄）

茶蚕蛹和成虫
（王香甩拍摄）

茶蚕雌成虫
（王香甩拍摄）

【生物学特性】

（1）世代及生活史。1年发生2～4代，成虫寿命5～9d，卵期7～24d，幼虫期20～36d，蛹期20d至4～5个月，一般以蛹在茶树根际落叶下与杂草间越冬。但在云南茶区冬季可同时发现成虫、卵、幼虫和蛹各虫态，无明显越冬现象。

（2）生活习性。茶蚕喜温湿环境，成虫趋光性弱，多栖于丛间枝叶或地面上。雌蛾活动能力不强，不善飞行，雄蛾活动能力相对强，善飞行。一般情况下，成虫于傍晚至清晨羽化，18：00～22：00和4：00～6：00居多。夜晚羽化的多为雄蛾，清晨羽化的多为雌蛾，羽化后即可交尾。雌成虫交尾后于第2天产卵，产卵时间以黄昏居多。卵成行产于茶丛中上部嫩叶背面，呈块状，每头雌成虫产卵数十粒至百余粒，多由2～5行组成。幼虫群集性强，受惊吓后纷纷坠地装死。一至二龄幼虫群集在叶背面，一龄幼虫在原卵块处聚集取食卵壳；二龄幼虫从叶缘向内取食叶肉，仅留主脉；三龄幼虫群集在茶丛枝干上，围绕枝干成团，并不断向上取食，转移时单行行进，相互尾随；三至四龄幼虫开始再分群，食光一个茶丛，再群集转移到另一个茶丛；五龄后每群多为10头左右，老熟后爬至茶蔸枝杈间、落叶下、枯草中、浅土间结茧化蛹。

【防治措施】

（1）农业防治。

①冬季修剪，清园灭蛹：结合茶园秋冬季管理，施基肥，清除茶蔸、根际枯枝落叶，连同越冬蛹茧深埋土下，降低来年虫口基数。

②人工捕杀：卵块成行裸露于叶背，易被发现；幼虫群集，目标明显，且无毒毛，因此可通过人工捕杀将卵块和幼虫采集带走，降低虫口基数。

③震落法捕杀：利用幼虫受惊吓后具有的假死性，采用震落法集中捕杀。

（2）物理防治。根据成虫的趋光性，在成虫盛发期使用LED太阳能杀虫灯诱杀成虫，每20～50亩挂1盏，灯源距离地面1.5m为宜。

（3）生物防治。

①保护和利用自然天敌：茶蚕自然天敌丰富，如黑卵蜂、姬蜂、寄生蝇、蜘蛛、白僵菌、茶蚕颗粒体病毒、鸟类等，应加以保护和利用。

②性诱剂诱杀：成虫羽化高峰期采用茶蚕性信息素进行诱杀，3～4个/亩，诱芯距离茶蓬高度15～20cm。通过对雄蛾的大量诱杀，可间接控制下一代幼虫虫口数量。为保证诱杀效率，性诱芯需2～3个月更换1次。

③生物药剂防治：在一至二龄幼虫期，选用7.5%鱼藤酮乳油300 ~ 500倍液，或0.6%苦参碱水剂300 ~ 500倍液，或15 000IU/mg苏云金杆菌水分散粒剂300 ~ 500倍液喷施。

（4）化学防治。在三龄幼虫盛发期，选用24%虫螨腈乳油1 000倍液，或15%唑虫酰胺乳油1 000倍液防治。

茶叶斑蛾

茶叶斑蛾（*Eterusia aedea* Linnaeus），又名茶斑蛾、茶柄脉锦斑蛾，属鳞翅目（Lepidoptera）斑蛾科（Zygaenidae），是茶园常见的一种食叶害虫。

【分布及危害】茶叶斑蛾在云南、四川、海南、广东、湖南等产茶区均有不同程度分布危害。以幼虫咀食茶树成叶和老叶片为害，多为零星发生，局部茶园发生严重时可将叶片食光，形成秃枝，影响茶树生长和茶叶产量。

【形态特征】

成虫：体长17 ~ 20mm，翅展56 ~ 66mm，头、胸部黑色，略带青蓝色，有光泽。腹部第1、2节蓝黑色，自第3节起背面黄色，腹面黑色。翅蓝黑色，前翅有3列黄白色斑，后翅有2列黄白斑，基部色斑较宽，连成黄白色横带，触角双栉齿状。雄蛾触角羽毛状，雌蛾触角端部羽毛状，基部丝状，末端弯曲成球状。

卵：椭圆形，初期为乳黄色，近孵化前变为灰褐色。

幼虫：体长20 ~ 30mm，圆形似菠萝状。体黄褐色，肥厚，多瘤状突起，中、后胸背面各具瘤突5对，腹部第1 ~ 8节各有瘤突3对，第9节生瘤突2对，瘤突上均簇生短毛。体背常有不规则褐色斑纹。

蛹和茧：蛹长约20mm，黄褐色。茧淡赭灰色，长椭圆形，丝质，半壁贴于叶片主脉上，两侧叶缘向上稍卷。

【生物学特性】

（1）世代及生活史。1年发生2代，以老熟幼虫于11月后在茶丛基部分杈处，或枯叶下、土缝内越冬。翌年3月上旬气温回升后上树取食，3月中下旬结茧化蛹。一、二代幼虫分别在5 ~ 7月、10月至翌年4月发生。

（2）生活习性。低龄幼虫具有假死性，受惊迅速吐丝坠地，高龄幼虫则较迟钝，受惊不坠落。成虫黄昏及夜晚活动，善飞翔，具有趋光性，雄蛾趋光性更强。

①幼虫取食为害特性：低龄幼虫取食叶片下表皮及叶肉，留下上表皮，被害叶呈现不规则的黄色枯斑；二龄后幼虫逐渐分散，蚕食叶缘，形成缺刻；三龄后蚕食全叶，常留下叶柄，也有食至半叶即转叶为害，严重发生时可将茶树食成光秃状。

②化蛹习性：老熟幼虫在茶丛下部老叶正面吐丝，将叶片卷折，结茧化蛹。

③成虫羽化、交尾及产卵习性：成虫多于晨、昏羽化。羽化当晚即可交尾，雌蛾交尾一次，雄蛾交尾2 ~ 3次。雌雄蛾交尾后1 ~ 2d产卵，3 ~ 5d产卵完成，卵成堆产在茶树或附近其他树木枝干皮层缝隙内，每头雌虫产卵数十粒至百粒。

【防治措施】

（1）农业防治。

①清除虫源：结合茶园管理，摘除蛹茧，清除茶丛根际落叶，深埋入土。

②根际培土：在茶树根际培土，破坏其越冬场所，扼杀越冬幼虫。

③人工捕杀：利用幼虫受惊后吐丝落地的习性，及时人工震落捕杀，或结合中耕除草震落，机械杀伤幼虫。

茶叶斑蛾低龄幼虫
（玉香甩拍摄）

茶叶斑蛾高龄幼虫
（龙亚芹拍摄）

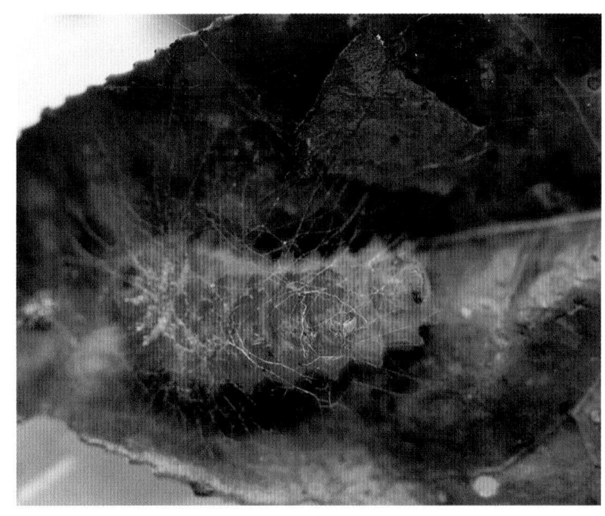

茶叶斑蛾化蛹过程
（龙亚芹拍摄）

茶叶斑蛾越冬幼虫
（龙亚芹拍摄）

茶叶斑蛾茧
（龙亚芹拍摄）

茶叶斑蛾雌成虫
（龙亚芹拍摄）

茶叶斑蛾雄成虫
（龙亚芹拍摄）

（2）物理防治。

①灯光诱杀：在成虫羽化期可安装LED太阳能杀虫灯诱杀成虫，以减少下一代虫口发生量。

②色板诱杀：成虫具有一定的趋色性，在成虫羽化盛期，可选择蓝板或黄板进行诱杀。

（3）生物防治。

①保护和利用自然天敌：保护和利用茶园内蜘蛛、螳螂、鸟类、步甲、寄生蝇、寄生蜂、草蛉和蚂蚁等天敌。

②生物药剂防治：在一至二龄幼虫期，喷施15 000IU/mg苏云金杆菌水分散粒剂300 ~ 500倍液或0.6%苦参碱水剂1 000倍液防治。

（4）化学防治。低龄幼虫期，每米茶行内虫量达10头时，可选用24%虫螨腈悬浮剂1 000倍液喷雾。

网 锦 斑 蛾

网锦斑蛾（*Trypanophora semihyalina* Kollar）属鳞翅目（Lepidoptera）斑蛾科（Zygaenidae），是茶园内偶发性食叶害虫之一。

【分布及危害】网锦斑蛾在云南、浙江、湖南有分布。以幼虫咀食茶树成叶和老叶片为害，多为零星发生。

【形态特征】

成虫：翅展35 ~ 40mm，头、胸基部呈蓝黑色，腹部为黄色和黑色交替出现，至腹部末端全部为黑色，并具蓝色光泽。前翅有11枚大小不等的透明斑，靠近翅基部有2枚，中室1枚最大，外围8枚；后翅前缘有一明显大块黄色斑，靠近外缘有3枚透明斑并排在黄色斑纹下。触角双栉齿状。

幼虫：体长15 ~ 25mm，体黄褐色，肥厚，各节都有瘤状突起，头部有1对较突出的红色瘤突，且端部膨大成球状；尾、腹部两侧有3对瘤突呈黄色；胸足和腹足均短小。

茧：茧为灰白色，长椭圆形，一般结在茶树叶片主脉上，将两侧叶缘向上卷曲。

【生活习性】网锦斑蛾发生少，生活习性不详。

【防治措施】网锦斑蛾为茶园内偶发性害虫，无须专门防治。

网锦斑蛾幼虫
（龙亚芹拍摄）

网锦斑蛾雌成虫
（龙亚芹拍摄）

网锦斑蛾雌成虫和卵
（玉香甩拍摄）

网锦斑蛾成虫交配
（龙亚芹拍摄）

黄条斑蛾

黄条斑蛾（*Eterusia guangxiana* Yen）属鳞翅目（Lepidoptera）斑蛾科（Zygaenidae），是茶园内偶发性食叶害虫之一。

【分布及危害】黄条斑蛾在云南、浙江、广西和贵州有分布。以幼虫咀食茶树成叶和老叶片为害，多为零星发生。

【形态特征】

成虫：黄条斑蛾成虫翅展50 ~ 60mm，头部呈蓝黑色，有光泽，颈部有1条红色环纹，前翅灰黑色，中部有1条淡黄色宽横带；后翅黄色、翅基部和外缘灰黑色。

幼虫：体褐黄色，后半部色较浅，背中线浅黑色，体较肥厚，各节都有6个瘤状突起，周缘的1列瘤突端部色较浅，呈橙色至黄色。胸足和腹足均短小。

茧：茧为灰白色，长椭圆形。黄条斑蛾幼虫老熟后，喜欢吐丝将主脉两侧叶缘向上卷曲，结茧化蛹于其中。

【生活习性】因其零星发生，生活习性不详。

【防治措施】黄条斑蛾为茶园内偶发性害虫，无须专门防治。

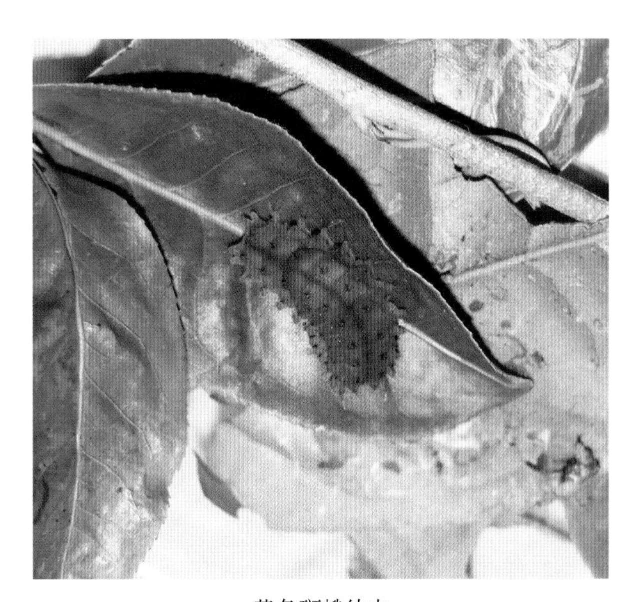

黄条斑蛾幼虫
（龙亚芹拍摄）

黄条斑蛾茧
（龙亚芹拍摄）

黄条斑蛾成虫
（王香甩拍摄）

其他斑蛾

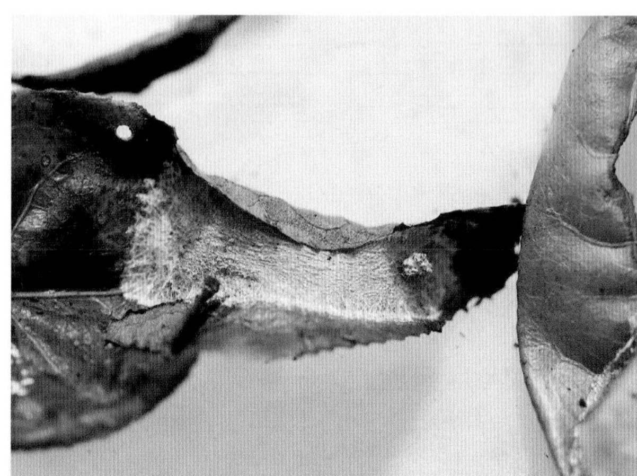

双带透翅斑蛾结茧过程
（龙亚芹拍摄）

双带透翅斑蛾卷叶结茧
（龙亚芹拍摄）

双带透翅斑蛾成虫
（龙亚芹拍摄）

双带透翅斑蛾成虫和卵
（玉香甩拍摄）

重阳木斑蛾成虫
（龙亚芹拍摄）

茶 鹿 蛾

茶鹿蛾（*Amata germana* Felder），又称黄腹鹿蛾、茶鹿子蛾等，属鳞翅目（Lepidoptera）鹿蛾科（Ctenuchidae），是茶园常见的鹿蛾类害虫。

【分布及危害】分布于云南、浙江、江西、湖南、福建、四川、重庆及贵州等茶区。以幼虫咬食茶树叶片为害，目前在茶园内零星发生，对茶叶产量影响不大。

【形态特征】

成虫：体长8 ~ 10mm，翅展20 ~ 25mm，触角丝状，黑色，顶端白色。头黑色，胸腹部橙黄色。颈板、翅基片黑褐色，中、后胸各有一橙黄色斑。腹部各节具橙黄色带。翅黑色，前翅基部通常具黄色鳞毛，翅面有5个透明大斑，其中近外缘中部的1个被翅脉分为2个。后翅小，中室附近为一透明大斑。

卵：椭圆形，乳白色至黄褐色，表面有放射状不规则斑纹。

幼虫：成长幼虫体长22 ~ 29mm，头部橙红色，体紫黑色。头部颅中沟两侧各有一长形黑斑。胸部各节有4对毛瘤，腹部各节有6 ~ 7对毛瘤，瘤上无黑色短毛而着生长毛20余根，长毛上又着生白色细毛，腹部橙红色。

蛹：纺锤状，橙红色，体上有小黑斑，臀棘具钩刺48 ~ 56枚。

【生物学特性】云南1年发生2代。成虫4 ~ 6月及8 ~ 9月出现，具趋光性，每头雌虫产卵百余粒，常数十粒聚在叶背。卵期4 ~ 11d，初孵幼虫群集于叶背，在茶丛中下部咬食成叶和老叶，取食叶片下表皮成半透膜，二龄以后幼虫分散为害，取食叶片成缺刻或孔洞，五龄后幼虫食量较大。幼虫老熟后吐丝将2 ~ 3叶叠结，后倒挂化蛹于其中。

【防治措施】见卵、幼虫及蛹随即采走，无须专门防治。

茶鹿蛾幼虫
（龙亚芹拍摄）

茶鹿蛾蛹
（玉香甩拍摄）

茶鹿蛾蛹正面
（玉香甩拍摄）

茶鹿蛾雌成虫
（玉香甩拍摄）

茶鹿蛾成虫
（玉香甩拍摄）

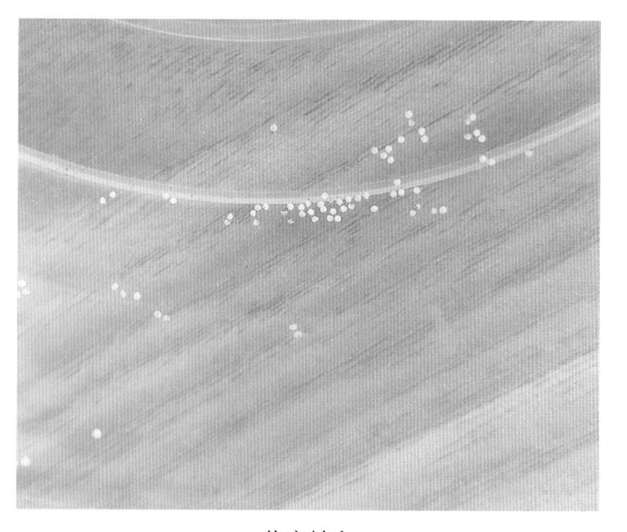

茶鹿蛾卵
（玉香甩拍摄）

其 他 鹿 蛾

广亮鹿蛾低龄幼虫
（龙亚芹拍摄）

广亮鹿蛾低龄幼虫（放大）
（龙亚芹拍摄）

广亮鹿蛾雌成虫
（龙亚芹拍摄）

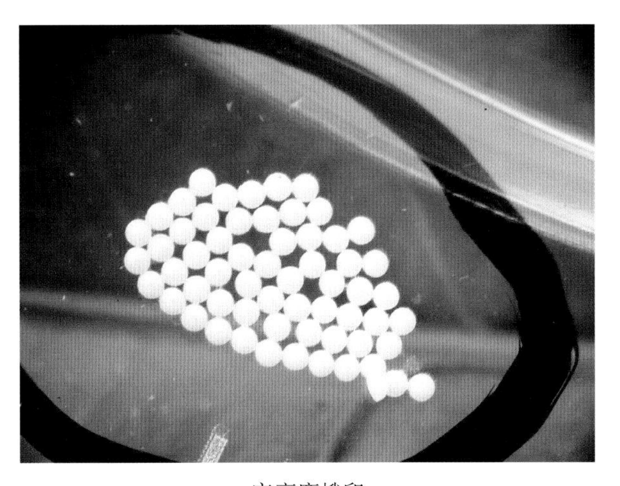

广亮鹿蛾卵
（龙亚芹拍摄）

狭翅鹿蛾成虫
（玉香甩拍摄）

狭翅鹿蛾蛹壳
（玉香甩拍摄）

春鹿蛾
（龙亚芹拍摄）

分鹿蛾
（龙亚芹拍摄）

黄腹鹿子蛾
（龙亚芹拍摄）

透翅鹿蛾
（龙亚芹拍摄）

伊贝鹿蛾
（龙亚芹拍摄）

正在交配的一种鹿蛾
（龙亚芹拍摄）

斜 纹 夜 蛾

斜纹夜蛾（*Spodoptera litura*）属鳞翅目（Lepidoptera）夜蛾科（Noctuidae）灰翅夜蛾属（*Spodoptera*）。其食性杂，喜食山茶科、豆科、十字花科、天南星科、葫芦科、锦葵科和苋科等多种植物。

【分布及危害】云南、福建、浙江、安徽、江西、河南等各产茶区均有发生为害。幼虫咀食茶树芽叶，芽梢折断，叶片呈圆孔状，暴发时局部茶丛被害光秃，导致茶叶减产。

【形态特征】

成虫：体长14 ~ 16mm，翅展 35 ~ 40mm，头、胸、腹及前翅褐色。前翅斑纹复杂，主要由环纹、肾纹和横纹组成，环纹窄长斜向肾纹，肾纹外缘中凹，前端齿形，环纹和肾纹间有一灰白色横纹，自前缘经环纹、肾纹间达2、3脉基部；后翅白色半透明，翅脉及缘线褐色，具紫色闪光。

卵：半球形，直径0.4 ~ 0.5mm；初产时黄白色，后逐渐转至淡绿色、紫黑色，常数十粒至上百粒集结成卵块，外覆灰黄色绒毛。

幼虫：共6龄，成长幼虫体长可至38 ~ 51mm。不同条件下可减少1龄或增加1 ~ 2龄。一龄幼虫体长2.5mm，体表常淡黄绿色，头及前胸盾黑色，并具暗褐色毛瘤，第1腹节两侧具锈褐色毛瘤。二龄幼虫体长8mm，头及前胸盾颜色变浅，第1腹节两侧的锈褐色毛瘤变得更明显。三龄幼虫体长9 ~ 20mm，第1腹节两侧的黑斑变大，甚至相连。四至六龄幼虫形态相近，六龄幼虫体长38 ~ 51mm，体色多变，常因寄主、虫口密度等而不同。头部红棕色至黑褐色，中央可见V形浅色纹。中、后胸亚背线上各具一小块黄白斑，中胸至腹部第9节在亚背线上各具1个三角形黑斑，其中以腹部第1和第8节的黑斑为最大，其余黑斑及第8节黑斑可减退或消失。

蛹：暗红褐色，纺锤形，长17 ~ 22mm，红褐色至黑色，第4 ~ 7腹节背前多小刻点，腹末有1对大而弯曲的臀棘。

【生物学特性】

（1）世代及生活史。斜纹夜蛾1年发生4 ~ 9代，各地不一，世代重叠发生。在云南无明显越冬或滞育现象，可终年繁殖。

（2）生活习性。

①成虫及产卵特征：成虫昼伏夜出，趋光性强，卵多产于茶丛中部叶背。

②幼虫取食为害特性：斜纹夜蛾以幼虫取食茶树芽叶和嫩茎。初孵幼虫群集在卵块附近取食，受害叶片常被食成网纱状，易吐丝随风飘散，二至三龄后幼虫开始扩散为害，四龄后幼虫进入暴食期，将叶片咬成缺刻或孔洞，造成叶片残缺不全，为害成光秆后即转移到邻近植株为害。幼虫有假死性，遇到惊动则立即蜷曲滚落地面，三龄后幼虫尤为明显，四龄后幼虫有避光性，对阳光敏感，晴天躲在阴暗处或土缝里，夜晚和早晨出来取食。

蛹：幼虫老熟后下地，在1 ~ 3cm表土内结薄丝茧化蛹，也可在枯叶下化蛹，蛹期8 ~ 17d。

【防治措施】

（1）农业防治。

①人工摘除卵块和虫叶：在产卵高峰期至始孵期，人工摘除有虫叶，消灭卵块和初龄群集幼虫，可有效降低茶园斜纹夜蛾发生量。

②冬耕春锄灭虫：结合冬耕施肥，深翻灭蛹，早春结合锄草，消灭部分初龄幼虫，以降低虫口基数。

（2）物理防治。利用成虫的趋光性，在成虫发生期前，采用太阳能杀虫灯诱杀成虫，每20 ~ 50亩挂1盏，灯源距离地面1.5m为宜。

（3）生物防治。

①保护自然天敌，或释放天敌，如幼虫期的蠋蝽、叉角厉蝽，卵期的夜蛾黑卵蜂等。

②性信息素诱捕：成虫羽化高峰期采用斜纹夜蛾性信息素进行诱捕，3 ~ 4个/亩，诱芯高于茶蓬15 ~ 20cm，通过对雄蛾的大量诱杀，可间接控制下一代幼虫虫口数量。为保证诱杀效率，性诱芯需2 ~ 3个月更换1次。

③在三龄幼虫前，晴天早晚或阴天用200亿PIB/g斜纹夜蛾核型多角体病毒水分散粒剂12 000 ~ 15 000倍液喷雾防治。

（4）化学防治。三龄幼虫前，选用10%甲维·茚虫威微乳剂1 500倍液喷雾防治。

斜纹夜蛾幼虫
（龙亚芹拍摄）

斜纹夜蛾成虫
（龙亚芹拍摄）

斜纹夜蛾成虫及为害状
（龙亚芹拍摄）

其 他 夜 蛾

肾巾夜蛾成虫
（龙亚芹拍摄）

停歇在茶树枝干上的一种夜蛾
（龙亚芹拍摄）

猩 红 雪 苔 蛾

猩红雪苔蛾（*Cyana coccinea* Moore），为灯蛾科（Arctiidae）苔蛾亚科（Lithosiinae）雪苔蛾属（*Cyana*）的一种昆虫。

【分布及危害】已知分布于云南、海南、广东，以幼虫取食茶树成龄叶片造成危害，在云南茶园内零星发生。

【形态特征】

成虫：雄虫翅展22 ~ 36mm，雌虫翅展27 ~ 41mm。雄虫红色，下唇须、头和足橙黄色，头顶、颈板、胸与翅基片具橙红斑，腹部白色，背面红色；前翅基部稍黄或白色，黑色内线在前缘向内曲，中室末端1个黑点及横脉纹2个黑点位于黄色圆斑上，黑色外线在前缘下方向外曲，其外方有1条白带，端带红色；后翅红色；前、后翅缘毛黄色，反面红色，前翅内线处有1个白点。雌虫头白色，触角黄色，颈板、翅基片及中、后胸红色具白斑，腹部白色，背面稍染红色；前翅白色，红色亚基带在前缘及后缘向外弯，在前缘与红色内带相接，红色内带内边具弯曲的黑带，中室末端及横脉纹各具1个黑点，红色外带在中部向后扩宽，其外边一黑带，红色端带内边弧形；后翅红色。

幼虫：老龄幼虫体背各节间有1对红色瘤突，体侧密生黑色长刺。

蛹：蛹覆篓茧，茧很薄，由幼虫体背的毛组成，常见粘贴于树干。

【生物学特性】该虫零星发生，其生物学特性不详。

【防治措施】该虫在茶园内零星发生，无须专门防治。

猩红雪苔蛾幼虫
（龙亚芹拍摄）

猩红雪苔蛾幼虫正在筑巢化蛹
（龙亚芹拍摄）

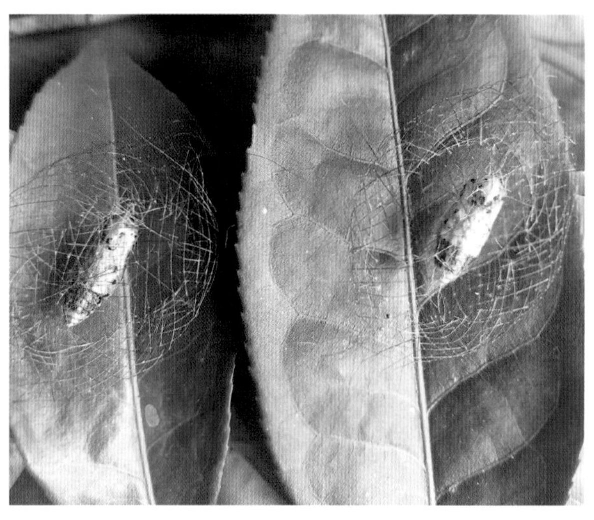

猩红雪苔蛾蛹
（玉香甩拍摄）

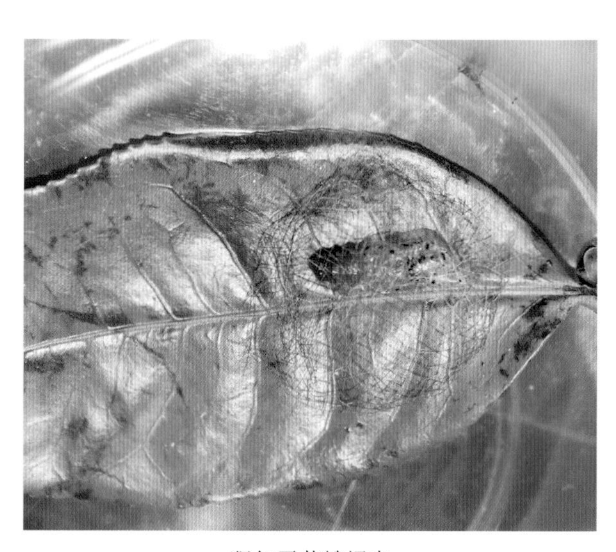

猩红雪苔蛾蛹壳
（玉香甩拍摄）

猩红雪苔蛾新羽化成虫
（玉香甩拍摄）

猩红雪苔蛾成虫
（玉香甩拍摄）

其 他 灯 蛾

黑须污灯蛾幼虫
（龙亚芹拍摄）

胡麻斑红灯蛾
（龙亚芹拍摄）

优美苔蛾成虫
（龙亚芹拍摄）

粉蝶灯蛾成虫
（龙亚芹拍摄）

灰白灯蛾成虫
（龙亚芹拍摄）

新羽化的毛玫灯蛾成虫
（龙亚芹拍摄）

毛玫灯蛾成虫
（龙亚芹拍摄）

一点拟灯蛾成虫
（龙亚芹拍摄）

交配的灯蛾成虫
（龙亚芹拍摄）

茶须野螟蛾

茶须野螟蛾（*Nosophora semitritalis* Lederer）属鳞翅目（Lepidoptera）螟蛾总科（Pyraloidea）草螟科（Crambidae）斑野螟亚科（Spilomelinae），是茶树上较为常见的一种食叶性害虫。

【分布与危害】茶须野螟蛾在国外已知分布于日本、缅甸、印度尼西亚、印度、不丹、菲律宾等国家；国内已知分布于云南、浙江、江西、北京、河南、安徽、湖北、湖南、贵州、四川、甘肃、广东、海南、福建等地。主要以幼虫在茶树上吐丝缀叶并潜伏其中为害，喜食当年生的嫩叶和嫩梢，田间为害状与卷叶蛾类害虫为害状相似。随着虫龄的增大，被其为害的茶树叶片会出现“窗斑”、缺刻或仅剩主脉等，严重时茶树枝叶会被取食殆尽，形成秃梢。

【形态特征】

成虫：体长约12mm，翅展22 ~ 30mm。头顶白色，额黄白色，触角丝状，黄褐色。下唇须黄褐色，基部腹面白色，雄性第2节腹面具灰黑色须状长毛。胸腹部背面黄褐色，足白色，前足胫节端部褐色。前翅基半部黄褐色，其余茶褐色或黄褐色，中室端部有1个长圆形和梯形相接的半透明白斑，

茶须野螟蛾苞内虫态
（王香甩拍摄）

茶须野螟蛾蛹
（王香甩拍摄）

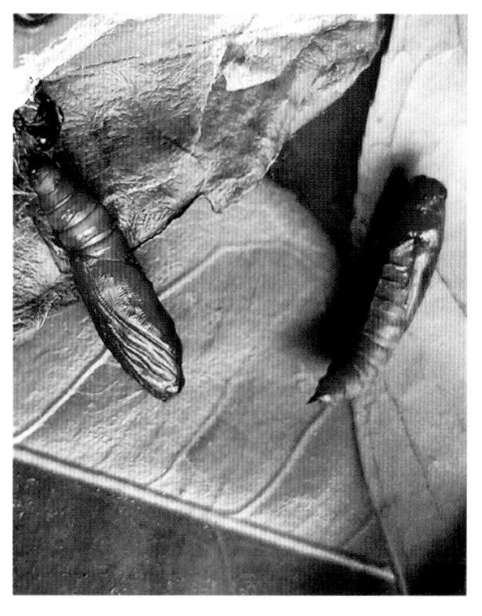

茶须野螟蛾蛹（放大）
（王香甩拍摄）

茶须野螟蛾雌成虫
（王香甩拍摄）

茶须野螟蛾雌成虫腹面
（王香甩拍摄）

茶须野螟蛾雄成虫
（王香甩拍摄）

茶须野螟蛾雄成虫腹面
（王香甩拍摄）

茶绿翅绢野螟

茶绿翅绢野螟（*Diaphania angustalis* Snellen）属鳞翅目（Lepidoptera）螟蛾科（Pyraloidea），是茶树上较为常见的一种食叶性害虫。

【分布与危害】国外已知分布于印度尼西亚，国内分布于云南、四川、广东等地。以幼虫吐丝纵卷叶片，取食叶肉，为害严重时可造成植株树冠枝条落叶光秃甚至死亡，目前是云南茶园内发生普遍的一类食叶性害虫。

【形态特征】

成虫：体长约20mm，翅展37 ~ 40mm，体、翅均为绿色，触角细长丝状，前翅狭长，中室端脉有一黑点，中室内另有较小的黑点，后翅中室有一黑斑。雄虫腹部末端臀鳞丛棕色，雌虫腹部末端只有少数棕色鳞毛。

幼虫：共6龄。成长幼虫体长约29mm，体淡绿色。头红棕色，腹部背面第1 ~ 7节每节有由4个斑点组成的四方斑，其余各节背面有由2个斑点组成的横斑，亚背线下方每节也有1个近椭圆形斑，斑点均为黑色。腹足4对，肛足1对，前胸足3对。

蛹：红褐色，尖梭形，长约23mm，腹末有8根毛钩。

【生物学特性】

（1）世代及生活史。该虫在云南1年发生6代，以幼虫和蛹在虫苞中越冬。完成1代需40 ~ 45d，不同世代的各虫态历期有一定差异。产卵前期一般4 ~ 7d，卵期3 ~ 4d，幼虫期15 ~ 18d，越冬幼虫期长达约120d，蛹期10 ~ 13d，越冬蛹期最长23d，成虫期12 ~ 16d。一代幼虫4月上中旬出现，二代幼虫5月下旬至6月上旬出现，三代幼虫7月上中旬出现，四代幼虫8月上中旬出现，五代幼虫9月上中旬出现，六代幼虫10月上中旬出现。幼虫为害严重期在5 ~ 8月，二至四代为主要为害时期。

（2）生活习性。

①成虫生活习性：成虫具有趋光性，白天静伏在叶片上，夜出活动，夜间交配产卵，成虫一般在20：00以后活动，活动高峰期在22：00以后。雌虫在嫩叶上产卵，卵散产或聚产成卵块。

②卵及卵的孵化特性：卵块呈覆瓦状排列。产卵期5 ~ 8d，每头雌虫产卵量平均达400粒以上；卵孵化率达95%以上，孵化时间多在8：00 ~ 10：00。

③幼虫及取食为害特性：初孵幼虫取食嫩叶成小刻点，一龄末期幼虫开始吐丝卷叶形成虫苞，隐匿于虫苞中取食叶肉为害。低龄幼虫食量小，随着虫龄增加食量逐渐增大，四龄幼虫食量大增，进入暴食期，可以食光整个叶片，形成秃枝；一个叶苞食完后又转移到新的叶片上卷叶成虫苞，五龄前期是幼虫化蛹前的暴食期，取食转移到下部老叶上，准备化蛹越冬，老熟幼虫吐丝与叶片做茧化蛹，少数老熟幼虫在树下化蛹，以幼虫和蛹在虫苞中越冬。

【防治措施】

（1）农业防治。每年3月后需经常进行田间调查，检查是否有虫苞，一旦发现，及时将虫苞采摘集中处理。

（2）物理防治。利用茶绿翅绢野螟成虫的趋光性，在成虫高峰期用LED太阳能杀虫灯诱杀，降低虫口基数。

（3）生物防治。

①保护和利用自然天敌：如跳小蜂科和茧蜂科是茶绿翅野螟幼虫的主要天敌，寄生率高，对茶绿翅绢野螟有一定的控制作用。

②生物药剂防治：初孵幼虫选择15%烟碱乳油1 000倍液，或0.36%苦参碱水剂1 000倍液，或0.3%印楝素乳油500 ~ 1 000倍液进行防治。

(4) 化学防治。该虫目前对茶叶产量和品质未造成较大影响，无须专门防治。

茶绿翅绢野螟为害状
(龙亚芹拍摄)

茶绿翅绢野螟幼虫及为害状
(龙亚芹拍摄)

茶绿翅绢野螟幼虫卷叶状
(龙亚芹拍摄)

茶绿翅绢野螟高龄幼虫卷叶状
(龙亚芹拍摄)

茶绿翅绢野螟高龄幼虫
(玉香甩拍摄)

茶绿翅绢野螟蛹壳
（王香甩拍摄）

茶绿翅绢野螟成虫
（龙亚芹拍摄）

其 他 螟 蛾

沉香黄野螟幼虫
（龙亚芹拍摄）

停歇在茶树上的沉香黄野螟成虫
（龙亚芹拍摄）

一种绢野螟成虫
（龙亚芹拍摄）

一种螟蛾成虫
（龙亚芹拍摄）

铃 木 窗 蛾

铃木窗蛾（*Striglina suzukii* Matsumura）属鳞翅目（Lepidoptera）网蛾科（Striglina），是茶园内一种偶发性食叶害虫。

【分布与危害】目前国内已知分布于云南、浙江和湖南。以幼虫将叶片边缘卷成一圆筒状，幼虫隐匿于筒内咬食叶片造成危害。

【形态特征】

成虫：雄蛾体长9 ~ 10mm，翅展18 ~ 20mm；雌蛾体长10 ~ 11mm，翅展25mm左右。头顶和翅面均为棕黄色，触角丝状；翅底淡黄色至棕黄色，前翅前缘和后翅后缘色稍深；前、后翅亚外缘线明显，由灰黑色不连续小黑点组成，其他线纹不明显；前翅有3个黑斑呈“品”字形排列，靠近外缘的一个斑点稍小；后翅有7 ~ 8个小黑斑呈不规则排列，靠近中横线外侧的黑斑较大，后足胫节具毛束。

卵：棱柱形，长约1mm，直径约0.3mm，淡黄色，两端较平，有棱柱9条。卵散产于嫩叶、芽梢上。

幼虫：初孵幼虫淡黄色，体长1.5mm左右；头光滑，宽约0.3mm，明显大于胸节，近卵圆形，单眼5 ~ 6个呈C形排列；胸足3对，腹足5对，腹足趾钩单序中带，气门不明显；老龄幼虫体长约22mm，体光滑，白色至乳黄色，头棕红褐色，头顶具有2枚大黑斑，前胸浅黄色，腹部臀节两侧具黑点各1枚，气门黑色圆形。

蛹：赭红色，椭圆形，长9 ~ 11mm；胸、腹部连接处凹陷缢缩，腹部两侧气门明显，翅芽伸达第6腹节中部；臀刺6根，末端卷曲成钩状。

【生活习性】该虫属零星发生，未见详细生活史记载。

【防治措施】该虫对茶叶产量和品质影响较小，无须专门防治。

铃木窗蛾低龄幼虫及为害状
（龙亚芹拍摄）

铃木窗蛾成长期幼虫及为害状
（龙亚芹拍摄）

铃木窗蛾高龄幼虫及为害状
（龙亚芹拍摄）

铃木窗蛾老熟幼虫吐丝准备化蛹
（玉香甩拍摄）

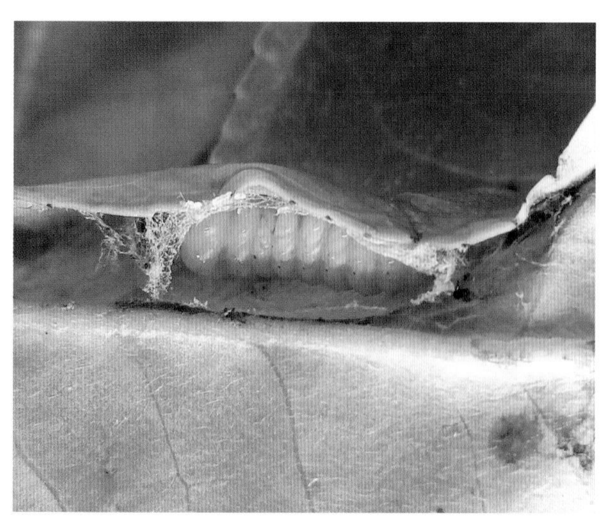

铃木窗蛾蛹初期
（玉香甩拍摄）

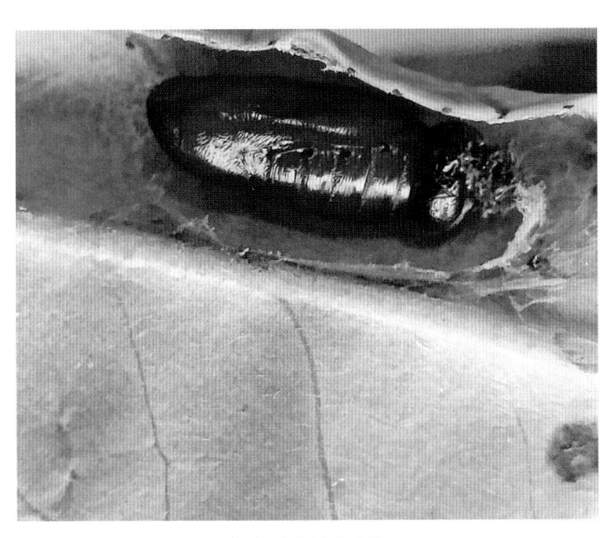
铃木窗蛾蛹后期
（玉香甩拍摄）

铃木窗蛾蛹正面
（玉香甩拍摄）

铃木窗蛾蛹腹面
（玉香甩拍摄）

铃木窗蛾成虫
（玉香甩拍摄）

铃木窗蛾成虫正面
（玉香甩拍摄）

铃木窗蛾成虫腹部
（玉香甩拍摄）

栎粉舟蛾

栎粉舟蛾（*Fentonia ocypete* Bremer），又名旋风舟蛾、细翅天社蛾，属鳞翅目（Lepidoptera）舟蛾科（Notodontidae）。寄主包括茶树、油茶、麻栎、栓皮栎、槲栎等，属茶园内偶发性害虫。

【分布及危害】国外分布于印度、朝鲜、日本、新加坡等国家；国内主要分布于云南、浙江、陕西、山西、山东、江西、湖南、湖北、福建、广西、四川、贵州等地。以幼虫蚕食茶树叶片为害，大暴发时，常将叶片全部食光，导致植株生长衰弱，枝条干枯，造成减产。

【形态特征】

成虫：体长18 ~ 23mm。雄蛾翅展44 ~ 47mm，触角双栉齿状，末端2/5外成线形。雌蛾翅展46 ~ 52mm，触角线状，呈黑色。头和胸部褐色与灰白色混杂；腹部灰褐色；前翅狭长暗灰褐色，内线模糊双道，黑色浅波浪形，内线以内的亚中褶上有1条黑色或暗红褐色纵纹，外线黑色双道平行，从前缘到2脉浅锯齿形向外弯曲，以后呈2 ~ 3个深锯齿形曲伸达后缘近臀角处，其中靠内面一条较模糊，外面一条外衬灰白边，横脉纹为1个褐色圆点，中央暗褐色，横脉纹与外线间有1个大的椭圆形斑，该斑呈模糊暗褐色至黑色。

卵：直径1mm，黄白色，半球形，孵化前变为黄褐色。

幼虫：共6龄。老熟幼虫体长约38mm，体色为黄绿色，头部肉红色，胸侧绿色，腹部背方及体侧有紫红色与黑色细线组成的多变花纹，背部与腹侧具少数黄圆斑。

蛹：体长20mm左右，红褐色，背面中胸和后胸相连处有一排凹陷，共14个；有似耳状的短臀棘。

【生物学特性】

（1）世代及生活史。1年发生1代，以蛹在树下表土层内越冬，翌年6月下旬至7月上旬开始羽化，7月中旬为羽化盛期，8月下旬为羽化末期。7月上旬开始产卵，7月中旬卵孵化，7月下旬至8月上旬为卵孵化盛期，9月上中旬老熟幼虫坠地入土化蛹。

（2）生活习性。

①成虫羽化、交尾习性：成虫多在夜间羽化，遇下雨天气羽化数量增多。成虫羽化后即交尾、产卵。雄虫寿命4d左右，雌虫寿命7d左右。成虫趋光性强，白天潜伏于树干和叶背面。

②产卵及卵的孵化特性：卵产于叶背面叶脉两侧，每片1 ~ 2粒，少数3 ~ 5粒，每头雌虫产卵量98 ~ 285粒，卵期5 ~ 8d，多在3：00 ~ 7：00孵化。

③幼虫取食为害特性：成虫产卵量大，且又分散，一至三龄幼虫取食量小，四龄后进入暴食期。初孵幼虫多在叶背面取食，虫体颜色与树叶十分相似，拟态性强，不易发现。一龄幼虫在叶背面取食叶肉，使叶片呈筛网状，二龄以后幼虫转移到叶缘咬食叶片，然后蚕食整个叶片几乎不留叶脉，只剩叶柄。低龄幼虫能吐丝下垂，5 ~ 6d可将树叶全部食光，然后全部转移到另一茶丛上进行为害，其为害期为40 ~ 50d。老熟幼虫在杂草或枯枝落叶层下3 ~ 5cm表土层化蛹。

【防治措施】

（1）农业防治。9月初栎粉舟蛾开始下树化蛹，11月中下旬，结合冬耕施肥，挖蛹灭蛹，减少虫口数量，降低翌年为害程度。

（2）物理防治。栎粉舟蛾成虫有很强的趋光性，可在成虫高峰期使用LED太阳能杀虫灯诱杀，降低虫口数量。

栎粉舟蛾低龄幼虫及为害状
（玉香甩拍摄）

栎粉舟蛾成长幼虫
（玉香甩拍摄）

栎粉舟蛾幼虫取食
（玉香甩拍摄）

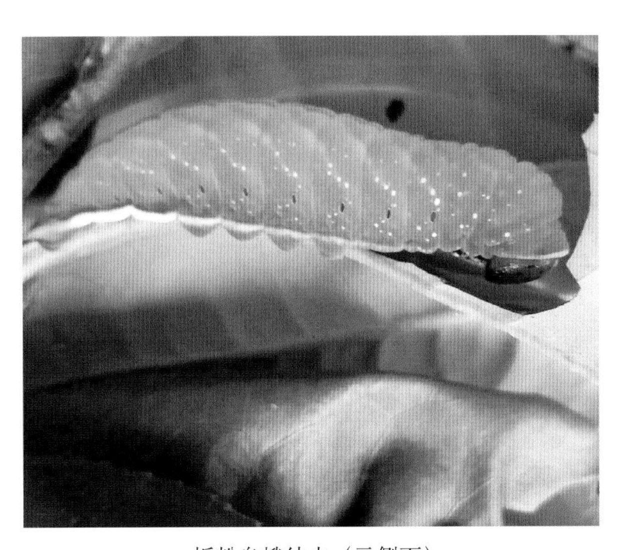

栎粉舟蛾幼虫（示侧面）
（玉香甩拍摄）

栎粉舟蛾高龄幼虫及为害状
（玉香甩拍摄）

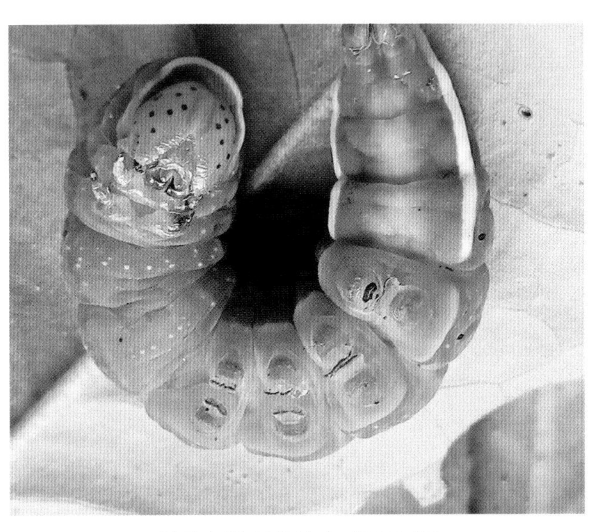

栎粉舟蛾高龄幼虫（示头部）
（玉香甩拍摄）

栎粉舟蛾老熟幼虫即将化蛹
（王香甩拍摄）

栎粉舟蛾蛹
（王香甩拍摄）

栎粉舟蛾新羽化成虫
（王香甩拍摄）

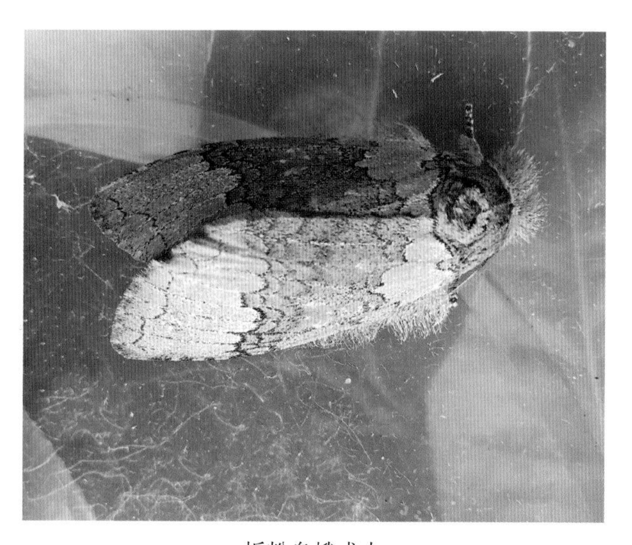
栎粉舟蛾成虫
（王香甩拍摄）

栎粉舟蛾雌成虫
（王香甩拍摄）

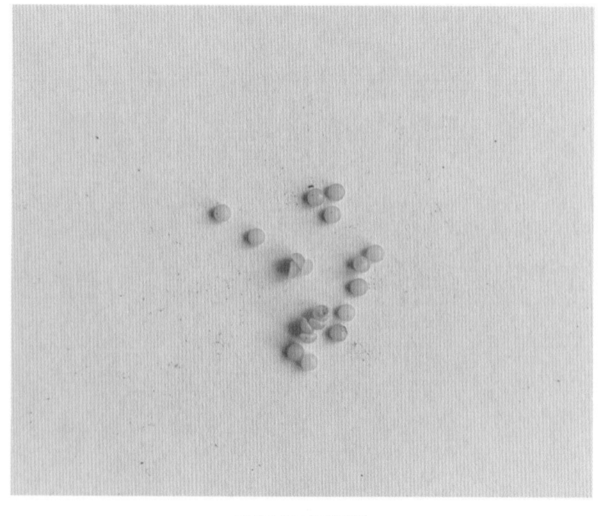
栎粉舟蛾卵粒
（王香甩拍摄）

其他舟蛾

间掌舟蛾幼虫
（龙亚芹拍摄）

一种舟蛾幼虫取食叶片
（龙亚芹拍摄）

斜带白斑舟蛾
（龙亚芹拍摄）

茶梢蛾

茶梢蛾（*Parametriotes theae* Kus），又名茶梢蛀蛾、茶梢尖蛾、茶蛾，属鳞翅目（Lepidoptera）尖翅蛾科（Cosmopterygidae），以幼虫蛀食茶树顶部新梢为害，造成新梢枯死。局部茶区发生较为严重，影响茶叶产量和品质。

【分布与危害】国外已知分布于格鲁吉亚；国内分布于云南、浙江、江苏、安徽、江西、福建、湖南、四川、重庆、贵州等地。以幼虫潜食叶肉，蛀食茶树顶部新梢，造成新梢枯死。目前，在云南西双版纳、普洱等茶区留养茶园及幼龄茶园发生较多，严重影响茶树生长，造成茶叶减产。

茶梢蛾蛀梢初期茶梢萎凋状
（龙亚芹拍摄）

茶梢蛾蛀梢后期茶树干枯状
（龙亚芹拍摄）

【形态特征】

成虫：体长5 ~ 7mm，深灰色，有金属光泽。触角丝状，比前翅稍长，基部膨大。前翅狭长，翅面散生许多小黑点，翅中部近后缘有2个黑色圆斑，缘毛长。后翅狭长呈尖叶形，色较淡，后缘缘毛长于翅宽。

卵：椭圆形，灰绿微红，孵化前黄褐色。

幼虫：成长后体长6 ~ 10mm，头部深褐色，体黄白色，被稀疏短毛，胸、腹部蜜黄色，腹足不发达，气门圆形，褐色。

蛹：长约5mm，细长，黄褐色。触角长达第8腹节，第10腹节腹面有1对小棒突前伸，突顶有细钩刺。

【生物学特性】

（1）世代及生活史。在云南1年发生2代，以幼虫在嫩梢内越冬。幼虫期为5月下旬至9月上旬、9月下旬至翌年5月上旬。

（2）生活习性。

①成虫：成虫一般在5月上中旬至6月上旬、9月中下旬至10月上中旬羽化，昼伏夜出，趋光性弱，飞翔能力不强，交尾多集中在18：00 ~ 21：00。卵散产于茶丛中下部叶柄或腋芽缝隙中，每头雌成虫平均产卵10余粒。

②幼虫：初孵幼虫先从成龄叶片或老叶片背面潜入叶内，在上下表皮间啃食叶肉，形成半圆形透明枯斑。三龄以后幼虫从叶片转移蛀入附近枝梢，多从鱼叶下1 ~ 2叶节间蛀入枝梢内为害，幼

虫进入枝梢后，顶端芽叶常枯死，但不立即脱落，在茶丛中极为明显。幼虫在枝梢内的蛀食虫道长约10cm，枝梢上有圆形孔洞，下方的叶片上常有散落的黄色颗粒虫粪。被害梢逐渐凋枯并且易折断，之后幼虫再转梢蛀害。一般1头幼虫能蛀害1 ～ 3个嫩梢，每个梢形成2 ～ 3个虫孔。老熟幼虫在嫩梢内做羽化孔化蛹，孔口有白色丝絮物。

【防治措施】

（1）农业防治。

①加强检疫：茶梢蛾主要随茶苗远距离运输传播，应进行严格检疫，预防传入新茶区。

②人工摘除带虫枝梢：在幼虫潜叶盛期，检查摘除虫斑叶及枝梢，集中处理；分批及时采摘茶梢，带走蛀梢幼虫和蛹的嫩梢。

③合理修剪：结合茶园管理进行轻修剪。一般宜在春茶结束后进行，剪下带虫枝梢集中处理。

④合理施肥：加强茶树培肥管理，提高茶树抗虫能力。

（2）生物防治。茶园内合理间作经济林木，可以保护茶园中的茶梢蛾天敌，如茧蜂、小蜂、寄生蝇、蜘蛛、步行虫、蜻蜓等天敌，抑制茶梢蛾的发生。

（3）化学防治。在幼虫潜叶盛期或蛀梢初期，选用24%虫螨腈悬浮剂1 500倍液或30%唑虫酰胺悬浮剂1 500倍液喷施，均匀喷施蓬面及中下部叶面。

茶梢蛾幼虫及蛀梢为害状

（龙亚芹拍摄）

茶 枝 镰 蛾

茶枝镰蛾（*Casmara patrona* Meyrick），又名茶蛀梗虫、茶枝蛀蛾、茶蛀心虫、茶钻心虫等，属鳞翅目（Lepidoptera）织叶蛾科（Ocophoridae），以幼虫钻蛀茶树枝干为害。茶枝镰蛾在云南西双版纳、普洱等地1年发生1代，目前在多数茶园内为偶发性害虫，但虫口的逐年累积也会导致其严重发生。

【分布与危害】国内已知分布于云南、江苏、安徽、浙江、福建、江西、河南、湖南、广东、四川、贵州、湖北、海南等地，以幼虫蛀食茶枝造成危害。幼虫从茶枝自上向下蛀食，为害状明显。蛀食4 ～ 6叶节时，芽叶开始凋萎；蛀食20 ～ 40cm时，枝条凋萎枯死，被害枝干上有许多近圆形排泄孔，朝向一侧，幼虫通过排泄孔向外排除粪便。低龄幼虫排泄的粪便呈粉末状，老熟幼虫排泄的粪便呈圆柱状，棕黄色。茶枝受害中空，日久干枯，导致茶树枝条整枝枯死，触之易折断，严重影响茶叶产量和品质。

茶枝镰蛾为害初期
（玉香甩拍摄）

茶枝镰蛾为害中期
（龙亚芹拍摄）

茶枝镰蛾为害后期
（玉香甩拍摄）

茶枝镰蛾为害枝干状
（玉香甩拍摄）

茶枝镰蛾在枝干内部为害状
（龙亚芹拍摄）

茶枝镰蛾幼虫及其在枝干内部为害状
（陈龙拍摄）

【形态特征】

成虫：体长15 ~ 18mm，翅展32 ~ 40mm。体、翅呈茶褐色。触角丝状，黄白色。下唇须长，上弯。前翅近方形，沿前翅前缘外端生一土红色带，外缘灰黑色，内侧具一土黄色大斑，斑中央具一狭长三角形黑带纹指向顶角处，其后具灰白色纹分割的2个黑褐色斑，近翅基中部具红色隆起斑块。后翅灰褐色较宽。腹部各节生有白色横带。

卵：长1mm，马齿形，米黄色。

幼虫：老熟幼虫体长30 ~ 40mm，头细小，头部黄褐色，中央生一个浅黄色“人”字形纹，胸部略膨大。前胸和中胸背板浅黄褐色，前胸、中胸间背面有1个隆起的乳白色肉瘤，后胸和腹部为白色，背部呈浅红色，腹末臀板黑褐色。

蛹：长圆筒形，长18 ~ 20mm，黄褐色。翅芽伸达第4腹节后缘，第4 ~ 7腹节各节间凹陷，腹末具突起1对，端部黑褐色。

【生物学特性】

（1）世代及生活史。在云南1年发生1代，以老熟幼虫在被害枝干内越冬。翌年4月上旬开始化蛹，5月上中旬为化蛹盛期，5月下旬至6月上旬为成虫盛发期，6月中下旬为幼虫孵化盛期，8月上中旬茶园开始出现枯梢。卵期10 ~ 23d，幼虫期290 ~ 310d，蛹期约30d，成虫期4 ~ 10d。

（2）生活习性。

①成虫：多数在夜晚羽化，昼伏夜出，有趋光性。卵散产于新梢嫩茎上，以第2 ~ 3叶节间最多，1梢产1卵，1株多达10粒卵。

②幼虫：幼虫孵化后即蛀入新梢向下蛀食，蛀孔小且留有木屑，4 ~ 5d后芽叶呈现凋萎，嫩茎红褐色，干枯易折断。一至二龄幼虫在小枝内蛀食，三龄以后幼虫蛀入主干，自上而下取食木质化部位和大侧枝，蛀入部位枝叶相继枯死，幼虫虫道大而光滑，每隔一定距离幼虫咬一圆形排泄孔，排成直线，在排泄孔下方可见棕黄色圆形颗粒状粪便，掉落的粪便堆积在茎基部下方的地上。幼虫在蛀道内上下转动进退自如，老熟后移至枝干中部咬一个比排泄孔稍大的椭圆形羽化孔，孔口用丝状物黏结封闭，然后在羽化孔下方虫道吐缀丝絮，在孔下方化蛹。

【防治措施】

（1）农业防治。茶枝镰蛾为零星分散发生，钻蛀为害，且被害枝梢目标明显。一般宜在8 ~ 9月仔细检查，发现细枝枯萎及虫粪时，立即摘除或及早剪除幼虫蛀食的茶丛上部；以后发现茶枝枯萎，及时在最后1个排泄孔的下方2 ~ 3cm处剪断，剪下的枝条带出茶园妥善处理。

（2）物理防治。利用成虫的趋光性，在虫口密度较大的茶园内，于成虫羽化高峰期使用LED杀虫灯诱杀成虫，可有效降低下一代虫口基数。

（3）生物防治。保护和利用自然天敌，如茧蜂和姬蜂等对茶枝镰蛾幼虫寄生率高，有较大的自然控制作用。

（4）化学防治。化学防治一般无须进行，可结合其他害虫防治进行兼治。

茶枝镰蛾低龄幼虫
（龙亚芹拍摄）

茶枝镰蛾低龄幼虫（放大）
（龙亚芹拍摄）

茶枝镰蛾幼虫（一）
（龙亚芹拍摄）

茶枝镰蛾幼虫（二）
（玉香甩拍摄）

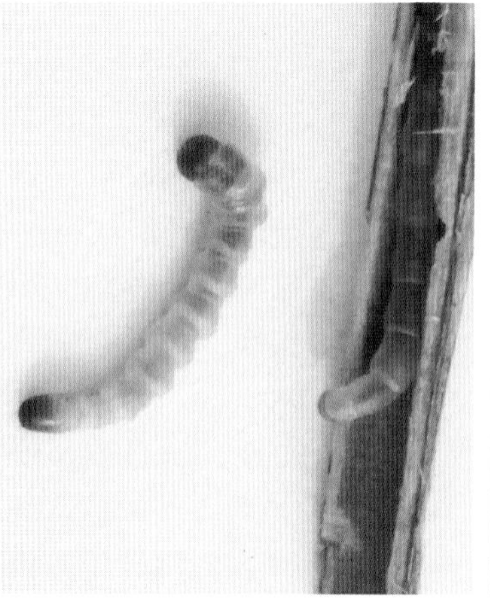

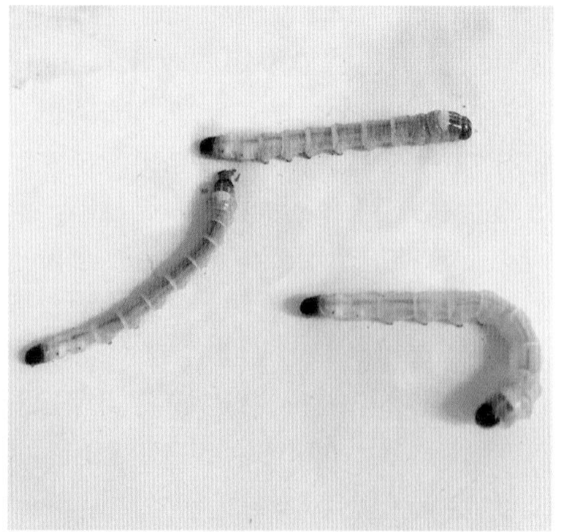

茶枝镰蛾高龄幼虫
（玉香甩拍摄）

茶枝镰蛾蛹
（王香甩拍摄）

茶枝镰蛾蛹和成虫
（王香甩拍摄）

茶枝镰蛾成虫
（王香甩拍摄）

茶枝木蠹蛾

茶枝木蠹蛾（*Zeuzera coffeae* Nietner），又名咖啡木蠹蛾、咖啡豹蠹蛾、豹纹木蠹蛾、茶红虫、钻心虫等，属鳞翅目（Lepidoptera）木蠹蛾科（Cossidae），食性杂，是茶树上的钻蛀性害虫之一。

【分布与危害】国外已知分布于日本、印度、印度尼西亚、斯里兰卡等；国内分布于云南、浙江、福建、湖南、广东、贵州等茶区。主要以幼虫蛀食茶枝为害，幼虫孵化后蛀入枝梢内并逐步向下蛀食，对茶树的木质部作环状取食，形成“蛀环”，大多不破坏树的外皮，在茶树上常蛀达枝干基部，枝干蛀有3 ~ 5个排泄孔。幼虫经常转枝蛀害，1头幼虫可蛀害3 ~ 5个大茶枝。被害茶枝蛀孔外留有黄褐色粪粒。枝干受害后，输导组织受阻，造成上部芽叶凋萎，枝条枯竭易折断。

茶枝木蠹蛾为害嫩梢呈凋萎状
（龙亚芹拍摄）

茶枝木蠹蛾为害枝干导致折断
（龙亚芹拍摄）

【形态特征】

成虫：体长20 ~ 25mm，翅展约45mm。体翅灰白色，具青蓝色斑点。触角丝状，上有白色短绒毛。胸部背面并列有3对青蓝色鳞斑，前翅翅脉间散生许多青蓝色或黑色短小斜斑点，外缘有8个青蓝色圆点，中室常有9个较大斑点。第3 ~ 4腹节背侧均横列有5个青蓝色斑点。后翅有1列青蓝色条纹，中部有1个蓝黑色斑点。

卵：椭圆形，长约1mm，淡黄白色，孵化前紫黑色。

幼虫：成长幼虫体长30 ~ 35mm，头橘黄色，体红色。前胸背板硬化，呈黑色，后缘具有1列锯齿状小刺突，其后各节均横列有黑褐色颗粒状突起，并有很多白色长毛，体腹末臀板黑色。

蛹：长22 ~ 28mm，红褐色，头尖突，色深。第2 ~ 7腹节背面有锯齿状横脊2列，第8腹节1列，腹末有臀棘5 ~ 6对。

茶枝木蠹蛾幼虫及蛀干状
（龙亚芹拍摄）

茶枝木蠹蛾在树干中化蛹
（龙亚芹拍摄）

茶枝木蠹蛾蛹（示腹面）
（龙亚芹拍摄）

茶枝木蠹蛾蛹
（龙亚芹拍摄）

茶枝木蠹蛾雌成虫
（龙亚芹拍摄）

茶枝木蠹蛾雌成虫（示腹面及产卵器）
（龙亚芹拍摄）

茶枝木蠹蛾雌成虫及卵
（龙亚芹拍摄）

【生物学特性】

（1）世代及生活史。茶枝木蠹蛾在云南1年发生1代，以幼虫在被害枝内越冬。在云南一般4月下旬至5月上中旬化蛹，5月中旬开始羽化，5～6月为成虫盛发期。

（2）生活习性。

①成虫：昼伏夜出，有趋光性。一般白天气温20℃以上时开始羽化，羽化成虫夜晚活动交尾，有2次交尾习惯，雌雄成虫交尾后，雌成虫产卵于枝条的分杈或嫩枝、树皮缝隙及枝干处，每头雌成虫可产卵300～800粒。

②幼虫：初孵幼虫吐丝分散，或向上爬行至嫩梢叶腋处蛀入茎内向下蛀食，最终直达茎基部，也可沿枝梢向上、向下蛀食。幼虫将一个枝梢食空后转害另一枝梢，一生可蛀害5～10个枝梢。蛀道内壁光滑且多凹穴，数个在不同方位向外蛀空，枝梢外形成无序的圆形排泄孔，粪粒木屑聚于根际地表，被害枝自上而下逐渐凋萎，易折断。幼虫老熟后，先在蛀道内壁咬1个羽化孔，并吐丝封孔，在蛀道内吐丝粘缀木屑做蛹室化蛹，成虫羽化前，蛹体外移用力顶开孔盖并半露出蛹体，成虫羽化出孔后留下蛹壳。

【防治措施】

（1）农业防治。

①对已蛀入枝梢木质部的幼虫，可用铁丝插入虫道把幼虫捅死。

②在秋冬季经常深入茶园中检查，发现茶园内枝梢呈萎蔫状，应及时剪除枝梢并集中处理；发现枝梢有粪便排出的孔洞，应及时剪除，并将剪除的被害枝梢带出茶园集中处理。

（2）物理防治。利用成虫趋光性及趋食性，于成虫盛发期在茶园安装LED太阳能杀虫灯，或悬挂盛有糖酒醋液或蜂蜜20倍稀释液的水盆诱捕器，诱杀成虫。

（3）生物防治。保护茶园内寄生性和捕食性天敌，如茧蜂等；茶园内合理种植荫蔽树，招引寄生蜂、鸟类等天敌，充分发挥自然天敌的控害作用。

（4）化学防治。参考茶枝镰蛾防治。6～7月结合其他害虫兼治。

为害茶树的一种木蠹蛾

新定植茶苗主干受害状
（龙亚芹拍摄）

幼虫啃食主干状
（和健森拍摄）

钻蛀孔
（龙亚芹拍摄）

幼虫及木质部受害状
（龙亚芹拍摄）

茶堆沙蛀蛾

茶堆沙蛀蛾（*Linoclostis gonatias* Meyrick），又名茶枝木掘蛾、茶食皮虫，属鳞翅目（Lepidoptera）木蛾科（Xyloryctidae），是茶树枝干钻蛀害虫之一。主要寄主包括茶树、油茶、相思树、八角等。

【分布与危害】国内已知分布于云南、贵州、四川、台湾、湖北、河南、海南等的老茶园内。主要以幼虫蛀食茶树上部枝干为害，枝干被害处黏结虫粪成堆，形似堆沙状。植株受该虫为害后，树体养分和水分输送受阻，导致枝叶枯萎，茶树生长衰弱。幼虫为害位置多在茶树枝梢或枝干分杈处，幼虫先侵食蛀入枝干树皮，而后在分杈处侵入，幼虫侵入不深，一般仅2～3cm，蛀孔圆而直，很少弯曲。幼虫侵入木质部后，蛀孔外粘满枝干皮屑和虫粪，这是发现该虫的最明显标志，被害枝及茶树树势加速衰退。茶堆沙蛀蛾在云南西双版纳、普洱、临沧等地的老茶园内发生较多，该类茶园内茶树管理粗放，多年没有修剪，树势弱，为害严重，被害枝一般不会枯死，蛀孔常为蚂蚁及其他昆虫隐匿的场所，常导致茶园提早衰老。

【形态特征】

成虫：体长8～10mm，翅展16～18mm，全身被覆白色鳞毛。头部鳞毛平状。雌虫触角丝状，雄虫触角栉齿状。触角背面白色鳞毛厚，腹面显露出黑色底色，下唇须镰刀状，伸出头前，第2节粗大，第3节细，末端尖锐。前翅短圆，具白缎光泽，前缘近基半部稍黄暗，外缘具短缘毛；后翅银白色，近三角形，顶角尖。腹部各节白色鳞毛厚，雄性腹部末端钩状突有明显的中脊，并向两侧倾斜成屋脊状，抱握器长形，末端圆，内缘生有刚毛甚多，外缘暗黄色，缘毛均银白色。

卵：球形，乳黄色。

幼虫：老熟幼虫体长约15mm，头部暗褐色，上颚红褐色，上唇小，黄色。前胸背板黑褐色，中胸红褐色，后胸及腹部白色，各节有红褐色和黄褐色斑纹，前后断续相连成纵线，各节有6个黑色小点，排成2行，前行4个，后行2个，且各有1枚淡色细毛，臀板淡黄色。

蛹：圆筒状，长6～8mm，黄褐色。头顶色泽稍浓，头、后胸及腹节背面有细网纹凸起；上唇与唇基分界不明显；触角基部粗大，向下逐渐变细，长度与翅芽相等；翅芽达腹部第4节末端，为触角中隔，不相接触；第5～7腹节后缘各有1列小齿，腹末端生有1对三角形突起。

茶堆沙蛀蛾为害枝干外部状
（龙亚芹拍摄）

茶堆沙蛀蛾为害枝干内部状
（龙亚芹拍摄）

茶堆沙蛀蛾幼虫
（龙亚芹拍摄）

【生物学特性】

（1）世代及生活史。在云南1年发生1代，以老熟幼虫在被害枝内越冬。翌年4月下旬至5月上旬开始化蛹，6月上中旬开始羽化，随后幼虫陆续孵化一直到7月中下旬。

（2）生活习性。成虫昼伏夜出，多在夜间活动，趋光性不强，飞翔能力弱，一次飞行距离不足10m。成虫产卵于嫩叶背面，幼虫孵化后吐丝缀叶，潜居其中咬食表皮和叶肉，三龄后爬至距梢顶30～60cm的枝干分杈处或疤痕处，先剥食皮层，后蛀入枝内形成短而直的虫道，并在虫道外枝干上吐丝将虫粪黏结成虫巢，状如堆沙。幼虫在虫巢掩护下剥食树皮，也可拖带虫巢到未被害处剥食皮层，咬食叶片，受惊时立即缩回虫道内。幼虫老熟后，在虫道内吐丝结茧化蛹。

【防治措施】

（1）农业防治。

①合理施肥：加强茶园培肥管理，促使茶树生长健壮，增强植株抗性。

②修剪、台刈：结合衰老茶园更新改造，进行修剪或台刈，及时剪除虫枝。

③寻找树枝上的蛀孔，用铁丝直接插入蛀孔，可消灭部分蛀孔中的老熟幼虫或蛹。

（2）化学防治。在幼虫盛孵期可选用2.5%溴氰菊酯乳油1 000倍液防治。

苎　麻　珍　蝶

苎麻珍蝶（*Acraea issoria* Hübner）属鳞翅目（Lepidoptera）珍蝶科（Nymphalidae），寄主包括荨麻、苎麻、茶树等。

【分布及危害】国外分布于印度、缅甸、泰国、越南、印度尼西亚、菲律宾等国家；国内分布于云南、浙江、福建、江西、湖北、湖南、四川、西藏、广东、广西、海南、台湾等地。苎麻珍蝶以低龄幼虫群集取食叶片正面叶肉，将叶片吃成火烧状。三龄后分散取食叶片成孔洞或缺刻，严重时仅留叶脉，形成败荑而干枯。

【形态特征】

成虫：体长16 ～ 26mm，翅展53 ～ 70mm。体翅棕黄色，前翅前缘、外缘灰褐色，外缘内有灰褐色锯齿状纹，外缘具黄色斑7 ～ 9个，后翅外缘生灰褐色锯齿状纹并具三角形棕黄色斑8个。

卵：椭圆形，长0.9 ～ 1.0mm，卵壳上有隆起线12 ～ 14条，鲜黄色至棕黄色。

幼虫：老熟幼虫体长30 ～ 35mm，头部黄色，具金黄色“八”字形蜕裂线，单眼、口器黑褐色。前胸盾板、臀板褐色，前胸背面生枝刺2根，中胸、后胸各4根，腹部第1 ～ 8节各6根，末端2节各2根。枝刺紫黑色，基部蜡黄色。背线、亚背线、气门下线暗紫色，各体节黄白色。

蛹：长20 ～ 25mm。口器、触角黄色，翅脉、气孔、尾端黑褐色，头部、胸部背面有黑褐色斑点，其余灰白色。

【防治措施】该虫在茶园内为零星发生，无须专门防治。

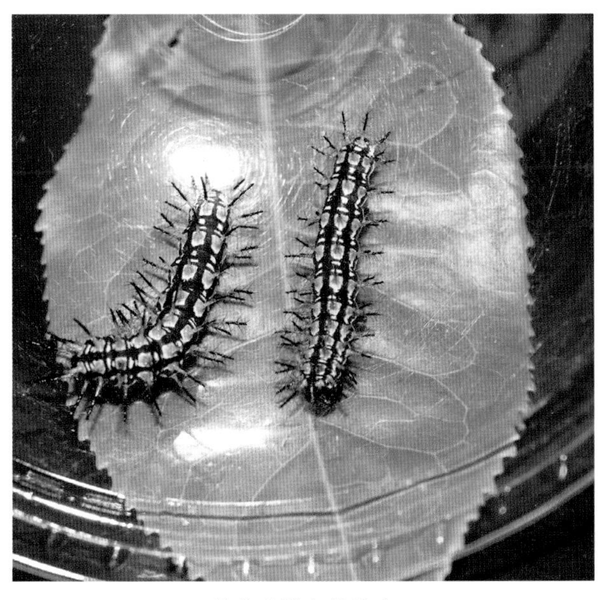

苎麻珍蝶老熟幼虫

（龙亚芹拍摄）

苎麻珍蝶幼虫取食茶园杂草

（龙亚芹拍摄）

苎麻珍蝶茧
（龙亚芹拍摄）

苎麻珍蝶成虫（示翅展）
（龙亚芹拍摄）

其他蝶类

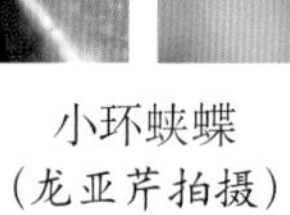

小环蛱蝶
（龙亚芹拍摄）

灰　蝶
（龙亚芹拍摄）

小灰蝶
（龙亚芹拍摄）

眼　蝶
（龙亚芹拍摄）

茶 小 绿 叶 蝉

茶小绿叶蝉（*Empoasca pirisuga* Matumura），俗称浮尘子、叶跳虫等，属半翅目（Hemiptera）叶蝉科（Cicadellidae）小叶蝉亚科（Typhlocybinae）小绿叶蝉属（*Empoasca*），是茶园内普遍发生的一类害虫。

【分布及危害】茶小绿叶蝉发生普遍，国外已知分布于日本；国内各产茶省份均有发生。在云南各产茶区均有分布，已成为西双版纳、临沧、普洱等茶区叶蝉优势种，以成虫、若虫刺吸茶树嫩梢汁液，消耗养分与水分。此外，雌成虫产卵于嫩梢组织内，使芽叶生长受阻。受害后茶树节间缩短，芽叶萎缩，芽尖、叶尖和叶缘变红褐焦枯，芽梢生长缓慢或停止，新芽减少，甚至不能发芽。严重时新叶全部焦枯脱落，以后各茶季抽出的芽头瘦小，新梢细短，叶小而肥厚，从而大大影响产量，同时还影响成茶品质，使得碎片多，有焦末和涩味。全年以夏茶受害最重，发生严重的茶园，可导致夏茶无收。幼龄茶园及重修剪或台刈后萌发的新梢更易受害，重则常致枯死。

茶小绿叶蝉为害红脉期叶片正面
（龙亚芹拍摄）

茶小绿叶蝉为害红脉期叶片背面
（龙亚芹拍摄）

茶小绿叶蝉为害叶片状
（龙亚芹拍摄）

茶小绿叶蝉后期为害状
（龙亚芹拍摄）

【形态特征】

成虫：体长3.1 ～ 3.8mm，体色为淡绿或黄绿色，触角3节，刚毛状。头部向前，钝角凸出，缘圆微尖，复眼灰褐色，无单眼，仅单眼处有2个绿色小圈（称为假单眼），中胸小盾片有淡白色斑点。前后翅膜质，前翅淡绿色，基部颜色较深，翅端透明或褐色，3端脉，二、三端脉起于一点或共柄，形成一个三角形的端室，后翅透明。足与体同色。其雌雄异型，雌成虫体大于雄成虫，体色相对较深。雌成虫产卵瓣相嵌合于尾节，端部锯齿状突起，包折至腹面，条缝明显可见；雄成虫腹部末端第9节退化为三角形的基瓣，基瓣后为基部三角形的下生殖板，弯向背面，端部具毛。

卵：新月形，表面光滑，上细下粗，中部微弯，初产时为白色透明状，逐渐变为黄绿色，孵化前可见赤灰色小眼点，卵变形扭曲。

若虫：一龄若虫体长0.8 ～ 0.9mm，虫体乳白色，头宽体细，体表被细毛，复眼红色；二龄若虫体长0.9 ～ 1.1mm，淡黄色，体节渐明显，无翅芽，复眼灰蓝色；三龄若虫体长1.3 ～ 1.6mm，黄绿色，翅芽初现，复眼灰白色；四龄若虫体长1.7 ～ 2.0mm，淡绿色，翅芽明显，达腹部第2、3节，生殖节板开始分化；五龄若虫体长2.0 ～ 2.5mm，浅绿色，翅芽伸达腹部第5节，形似成虫，复眼褐色。

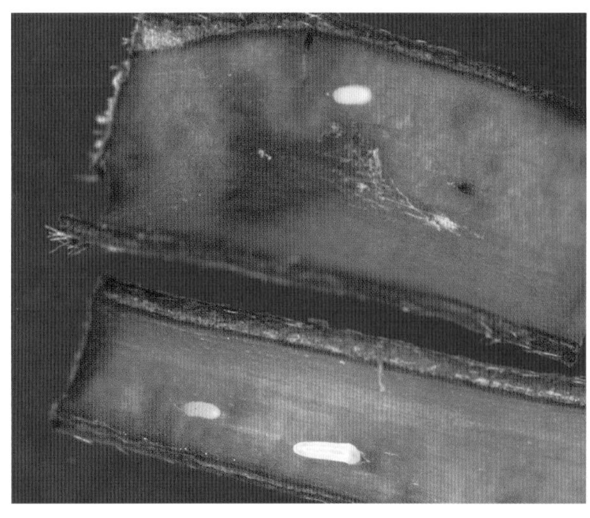

茶小绿叶蝉产卵场所
（龙亚芹拍摄）

茶小绿叶蝉初期卵
（龚雪娜拍摄）

茶小绿叶蝉后期卵
（龙亚芹拍摄）

茶小绿叶蝉低龄若虫
（龚雪娜拍摄）

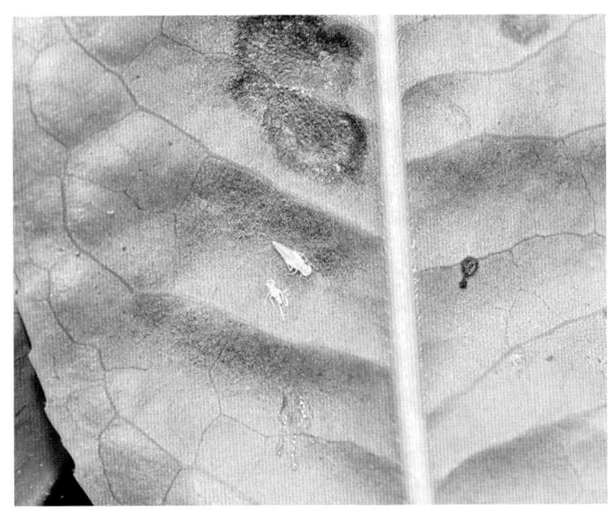

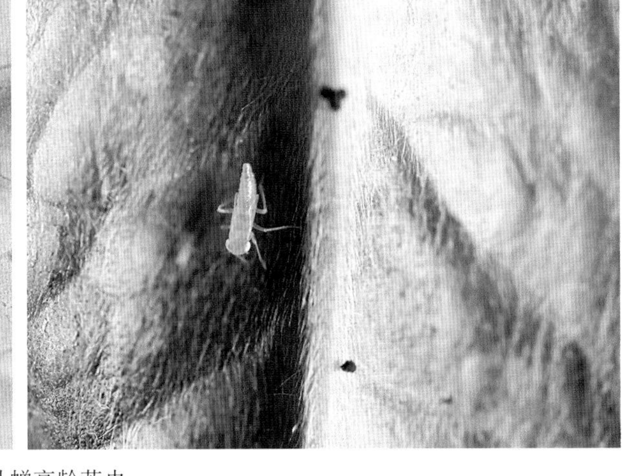

茶小绿叶蝉高龄若虫
（龙亚芹拍摄）

茶小绿叶蝉高龄若虫（放大）
（龚雪娜拍摄）

茶小绿叶蝉成虫
（龙亚芹拍摄）

【生物学特性】

(1) 世代及生活史。在云南茶区1年发生10～13代。茶小绿叶蝉具有周期短、繁殖速度快、世代重叠等特性，主要为害时间为4～11月，1年有两个发生高峰期，第1个高峰期在5月下旬至6月中下旬，第2个高峰期在8月至10月上旬。因气候条件、地理位置和栽培管理模式不同，其发生世代数及为害盛期有所不同。

(2) 生活习性。茶小绿叶蝉成虫、若虫均怕水湿畏强光，在雨天和晨露时不活动，若虫大多栖息在嫩叶背部及嫩茎上，善爬行。

①产卵及卵的孵化特性：茶小绿叶蝉雌成虫将卵散产于嫩茎组织内，以顶芽下第2、3叶之间的茎内最多。卵也可产在叶柄、主脉和花蕾的柄上。产卵约6d后，卵陆续孵化，孵化时头钻破嫩梢表皮，前半身躯随之慢慢孵出，虫体在嫩梢外部扭动，足屈在腹部不易被看出，直至虫体脱离嫩梢表皮时，足伸开跳到嫩梢上开始活动，孵化完成。卵孵化活动集中在黎明和早上，高峰期为5：00～8：00。

②羽化习性：茶小绿叶蝉大部分末龄若虫在黎明和早上羽化，五龄若虫体壁绿色加深，翅芽变长，开始进入羽化阶段。羽化前活动频繁，寻找到羽化场所后，数分钟静止不动，常在叶背面羽化；羽化时，腹部剧烈甩动，头、胸和腹部依次挤出，露在外部的体躯与蜕的角度增大，呈近90°后成虫完全离开残蜕，蜕皮完成。成虫在蜕皮附近整理柔软皱缩的翅膀，直到翅膀完全展平并合拢于背部，羽化完成。

③取食为害特性：茶小绿叶蝉成虫和若虫均能刺吸取食茶树幼嫩叶芽、嫩梢汁液，导致叶片发黄、主侧脉红变，严重时叶缘叶尖卷曲红褐枯萎，叶质变脆，芽叶生长停滞，对茶叶的产量和品质造成严重影响。

【防治措施】

(1) 农业防治。

①茶园间作林、果等加大茶园荫蔽度，减少光照强度，延长露湿时间，可抑制虫口发生，且利于圆孢虫疫霉等侵染。

②科学合理施肥，提高茶树耐害能力；及时清洁茶园，破坏茶小绿叶蝉越冬场所。

③及时分批采摘，可在采茶的同时带走一部分若虫和卵，减少田间虫口数量。

④春茶采摘结束后适时轻修剪，可有效抑制虫口发生。

⑤秋茶采摘结束后，即每年12月上中旬进行深修剪，剪除10～15cm茶梢，并集中清除，减少田间越冬虫口。

(2) 物理防治。

①灯光诱杀：利用茶小绿叶蝉成虫的趋光性，在成虫发生高峰期，使用LED太阳能杀虫灯诱杀成虫，20～50亩挂1盏，灯底高于茶蓬40～60cm。

②色板诱杀：利用茶小绿叶蝉成虫的趋黄特性，在成虫高峰期来临前，悬挂黄色板或黄红双色板进行诱杀，田间悬挂密度为20～25张/亩，悬挂高度为色板下边缘高于茶蓬10～15cm，东西朝向为宜。同时结合茶小绿叶蝉的趋光性，在杀虫灯下适量增加粘虫板数量，效果显著。

(3) 生物防治。

①保护和利用自然天敌：保护茶园内蜘蛛和寄生蜂、捕食螨等天敌，充分发挥天敌的自然控害作用，减少用药次数，降低农药用量。

②生物药剂防治：夏茶期当百叶虫口超过6头，秋茶期百叶虫口超过12头，且80%以上为若虫时，可选用0.6%苦参碱水剂600倍液，或7.5%鱼藤酮乳油300倍液，或30%茶皂素水剂300倍液轮换喷施。

(4) 化学防治。当田间茶小绿叶蝉的发生数量达到或超过防治指标时，即田间百叶虫口达12头，且80%以上为若虫时，可选用15%茚虫威乳油3 000倍液，或24%虫螨腈悬浮剂1 000倍液，或30%唑虫酰胺悬浮剂1 500倍液等轮换喷施防治，选择静电喷雾喷施为宜。

白 蛾 蜡 蝉

白蛾蜡蝉（*Lawana imitate* Melichar），又名白翅蛾蜡蝉、白鸡、紫络蛾蜡蝉，属半翅目（Hemiptera）蛾蜡蝉科（Flatidae），除为害茶树外，还为害油茶、柑橘、荔枝、龙眼、杧果、木菠萝、咖啡、石榴等。

【分布及危害】国内分布于云南、广西、福建、广东、浙江、湖南等茶区。云南茶区主要分布于凤庆、昌宁、南涧等，以茶树、核桃套种的茶园内为害最为严重。白蛾蜡蝉以成虫、若虫聚集于茶树枝梢上刺吸嫩梢、嫩叶汁液，被害茶树营养和水分运输受阻，导致植株生长缓慢、芽叶稀小，造成新梢枯萎。若虫期分泌白色蜡质，排泄蜜露，污染叶片及枝梢诱发煤烟病，导致茶树光合作用受阻，树势衰退。

白蛾蜡蝉为害茶树状
（陈林波拍摄）

白蛾蜡蝉为害枝干状
（陈林波拍摄）

白蛾蜡蝉为害叶片状
（王洪斌拍摄）

白蛾蜡蝉为害新定植茶苗主干状
（龙亚芹拍摄）

白蛾蜡蝉若虫群集为害茶树主干状
（龙亚芹拍摄）

整株茶树受害状
（龙亚芹拍摄）

【形态特征】

成虫：雌成虫体长19 ～ 21mm，雄成虫体长16 ～ 20mm，翅展42 ～ 45mm，初羽化的成虫体淡绿色，老熟成虫体色为黄白或碧绿色，被白色蜡粉。顶角近圆锥形，其尖端褐色。头部淡绿色，额宽，前额稍尖，向前突出。单眼淡红色，复眼圆形，褐色。前缘突出，后缘略呈波状，侧缘脊状；唇基色稍深，中域隆起，两侧有褐色细斜线；喙短粗，端节淡褐色，伸达中足基节处。触角刚毛状，基部膨大，着生于复眼下方，端节呈淡绿色或褐色。胸部淡绿色，外被蜡粉较多，前胸背板宽舌状，较小，前缘向前突出，中央有一小凹刻，后缘向前凹陷，呈弧状。中胸背板发达，上有3条纵隆脊。腹部黄褐色至褐色，侧扁。前翅外缘、翅平直，顶角和臀角尖突。径脉和臀脉中段棕黄色，近后缘中部有一白斑，臀脉中段分支处分泌蜡粉较多，集中于翅室前端成一小点。后翅白色或浅黄色，较前翅大，半透明。

卵：长椭圆形，淡黄白色，表面具细网纹，卵粒聚集排成纵列条状。

若虫：体长7 ～ 9mm，椭圆形，体白色，全体被白色棉絮状蜡质物。胸部宽大，翅芽发达，向后体侧平伸，末端平截；腹部末端呈截断状，有1束长白色蜡质附着其上，后足发达，善跳。

白蛾蜡蝉卵
（玉香甩拍摄）

白蛾蜡蝉低龄若虫
（龙亚芹拍摄）

白蛾蜡蝉高龄若虫
（穆升拍摄）

白蛾蜡蝉成虫（一）
（玉香甩拍摄）

白蛾蜡蝉成虫（二）
（龙亚芹拍摄）

白蛾蜡蝉成虫交尾
（龙亚芹拍摄）

【生物学特性】

（1）世代及生活史。在云南1年发生2代，主要以成虫在茶树枝叶茂密处越冬。翌年3月开始活动取食，交尾产卵。两代产卵盛期分别为3月下旬至4月中旬和7月中旬至8月中旬；若虫盛发期为4月下旬至5月初和8月上旬。温湿度高的地区，发生为害较重。

（2）生活习性。

①成虫羽化、交尾及产卵习性：成虫羽化基本在白天，以10:00 ~ 14:00最多；交尾多在16:00 ~ 19:00进行，交尾时间1h左右。卵集中产于嫩枝或叶柄组织中，产卵斑痕隆起带枯褐色，纵列成长方形条块。

②卵的孵化习性：卵期为40d左右，卵多在夜间孵化，虫体稍扁平，翅芽末端平截，全体被白色蜡粉。

③取食为害特性：若虫具有群集性，初孵若虫常聚集在附近茶叶枝条和叶背上取食。随着虫龄增大稍有分散，同时虫体上的白色蜡絮加厚。若虫善跳跃，受惊即迅速跳跃逃逸。成虫、若虫均刺吸茶树嫩梢、嫩叶汁液，致使茶梢生长不良，叶片萎缩弯扭。若虫取食时多静伏于嫩枝、新梢处，蜕皮前移至叶背，蜕皮后又返回嫩梢上取食，春茶和秋茶受害严重。

【防治措施】

(1) 农业防治。

①加强茶园管理：做好冬季清园及修剪工作，及时清除园内杂草、枯枝落叶，防止枝叶过密荫蔽，以利于通风透光，增强茶园光合作用。

②适时修剪：结合冬季修剪，剪除病虫枝、枯枝、弱枝、徒长枝，并集中处理。

③雨后或露水未干时，白蛾蜡蝉虫体沾湿，飞跳不敏捷，此时用竹帚扫落成虫、若虫，随即集中处理。

(2) 生物防治。

①保护和利用茶园内鸟、蜘蛛、瓢虫、草蛉、胡蜂等捕食性天敌，充分发挥天敌的自然控害作用。

②可选用0.6%苦参碱水剂600倍液，或7.5%鱼藤酮乳油500倍液，或30%茶皂素水剂300倍液，轮换喷施。

(3) 化学防治。成虫产卵前或若虫盛孵、初龄若虫期喷施30%噻虫嗪悬浮剂2 000倍液，或15%茚虫威乳油1 500倍液，或24%虫螨腈悬浮剂1 000倍液，或30%唑虫酰胺悬浮剂1 500倍液，轮换喷施，侧重喷施茶丛中下部嫩枝。

褐缘蛾蜡蝉

褐缘蛾蜡蝉（*Salurnis marginellus* Guerin），又名青蛾蜡蝉，属半翅目（Hemiptera）蛾蜡蝉科（Flatidae），主要为害茶、油茶、桑树、柑橘、桃、梨、苹果等经济作物。

【分布及危害】褐缘蛾蜡蝉分布较广泛，几乎所有产茶区均有分布。以成虫、若虫刺吸茶树嫩枝、嫩梢芽叶汁液，影响茶树生长，同时排泄蜜露招致煤烟病发生，此外，成虫还在枝梢内产卵造成损害，严重时可导致着卵小枝长势弱，变黄甚至枯死。

【形态特征】

成虫：体长7mm，翅展18mm。头部黄赭色，顶极短，略呈圆锥状突出，中突具一褐色纵带。触角深褐色，端节膨大，前胸背片较长，约为头长的2倍；前缘褐色，向前突出于复眼之间，后缘略凹陷呈弧形。中胸背片发达，左右各有2条弯曲的侧脊，有红褐色纵带4条，其余部分为绿色。腹部侧扁，灰黄绿色，被白色蜡粉。前翅绿色或黄绿色，边缘褐色；在爪片端部有一显著的马蹄形褐斑，斑的中央灰褐色。后翅缘白色，边缘完整。前、中足褐色，后足绿色。

卵：短香蕉形，一端略大，长约1.3mm，淡绿色。

若虫：体绿色，胸背无蜡絮，有4条红褐色纵纹，腹背有白色蜡絮，腹末有2束白绢状蜡丝。

【生物学特性】

(1) 世代及生活史。褐缘蛾蜡蝉1年发生1代，以卵或成虫越冬。

(2) 生活习性。成虫善飞，耐饥力差，无趋光性，具假死性，受到拍打会侧着体躯于茶树叶片或地面不动；静时呈屋脊状，能弹跳飞翔，趋嫩枝梢刺吸为害。喜潮湿，畏阳光，早晨和黄昏多在茶丛蓬面枝梢间活动取食，阳光下即向丛内嫩枝或徒长枝转移藏匿。

①成虫羽化、交配及产卵习性：羽化1个月后开始交尾产卵。卵散产于茶丛内新梢皮层下，或叶柄、叶背组织内，外面留有黑褐色伤痕。也有3 ~ 5粒聚产成行。

②取食为害特性：若虫常群集吸食茶树枝干汁液。若虫固定取食后，四周分泌少量白色蜡质絮状物，但胸背无絮状物覆盖。初孵若虫比较活泼，在茶蓬下荫处活动。一至二龄若虫喜群集在嫩枝或徒长枝取食，一处常达10余头至数十头。三至四龄若虫逐渐分散并向茶丛中、上部枝干转移，一枝上3 ~ 4头固定刺吸，而新芽梢上却很少。若虫善跳，受惊即弹跳逃匿，常留下白色蜡丝。

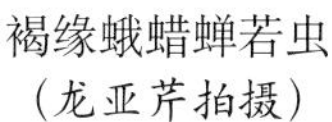

褐缘蛾蜡蝉若虫
（龙亚芹拍摄）

褐缘蛾蜡蝉成虫
（龙亚芹拍摄）

【防治措施】

（1）农业防治。

①加强茶园管理：做好冬季清园及修剪工作，及时清除园内杂草、枯枝落叶，并保持茶丛通风透光，降低阴湿度。

②适时修剪：结合冬季修剪，剪除带有卵块的枝条。

（2）物理防治。成虫盛发期，可在田间悬挂黄色粘板诱杀成虫。

（3）生物防治。

①保护和利用鸟、蜘蛛、瓢虫、草蛉、胡蜂等捕食性天敌，充分发挥天敌的自然控害作用。

②可选用0.6%苦参碱水剂600倍液，或7.5%鱼藤酮乳油500倍液，或30%茶皂素水剂300倍液，轮换喷施。

（4）化学防治。参照白蛾蜡蝉防治方法进行。

八点广翅蜡蝉

八点广翅蜡蝉（*Ricania speculum* Walker），又名八点蜡蝉、咖啡黑褐蛾蜡蝉、黑羽衣，属半翅目（Hemiptera）广翅蜡蝉科（Ricanidae），其寄主广，除为害茶树外，还为害油茶、柑橘、苹果、樟树、梨、桃、李、杏、梅、枣、栗、山楂等。

【分布及危害】国内已知分布于云南、福建、山西、河南、陕西、江苏、浙江、四川、湖北、湖南、广东、广西等产茶区。在云南茶区属零星发生，以成虫、若虫刺吸茶树嫩叶、嫩茎汁液进行为害。发生较重时，会造成茶叶枝条干枯，树势衰弱。

【形态特征】

成虫：体长11.5 ~ 13.5mm，翅展23.5 ~ 26.0mm，头胸部黑褐色至烟褐色，足和腹部褐色，疏被白蜡粉；触角刚毛状，短小；单眼2个，红色；翅革质，密布纵横脉呈网状，前翅褐色至烟褐色，宽大，略呈三角形，翅面被稀薄白色蜡粉，翅面有白色透明斑，后翅半透明。

卵：长卵形，卵顶具一圆形小突起，初产卵乳白色，渐变为浅黄色。

若虫：共5龄。成长若虫体长5 ~ 6mm，宽3 ~ 4mm，体略呈钝菱形，翅芽处最宽，暗黄褐色，布有深浅不同的斑纹。低龄若虫为乳白色，近羽化时部分个体背部出现褐色斑纹，体疏被白色蜡粉，外貌呈灰白色，腹部末端有4束白色棉毛状蜡丝，呈扇状伸出，平时腹端上弯，蜡丝覆于体背以保护身体，常呈孔雀开屏状，向上直立或伸向后方。

八点广翅蜡蝉成虫
（龙亚芹拍摄）

【生物学特性】

（1）世代及生活史。1年发生1～2代，一般以成虫在茶丛、枯枝落叶或土缝中越冬，部分以卵越冬；翌年4月上旬成虫开始取食、交尾、产卵，5月上旬开始陆续孵化。

（2）生活习性。

①取食为害特性：若虫白天取食为害，具有群集性，常群集于嫩枝、嫩叶上为害，且能为害茶树幼果；四龄开始分散吸取汁液，随着龄期增大，为害加重，分泌物增多，导致煤烟病发生。

②成虫羽化、交尾及产卵习性：羽化多在21:00至翌日2:00，刚羽化的成虫全身白色，眼灰色，12h后逐渐转为黑褐色；羽化后9～12d交尾，交尾时间在19:00～21:00，交尾后7～9d雌成虫开始产卵，每处成块产卵5～22粒，产卵孔排成一纵列，孔外带出部分木纤维并覆有白色棉毛状蜡丝，以后蜡丝脱落，近孵化时卵粒常外露，颜色由乳白色变为浅灰色，可见红色眼点。

【防治措施】

（1）农业防治。

①加强茶园管理：做好冬季清园及修剪工作，及时清除园内杂草、枯枝落叶，并保持茶丛通风透光。

②适时修剪：结合冬季修剪，剪除病虫枝、枯枝、弱枝、徒长枝，并集中处理。

③茶季分批勤采，抑制虫口密度。

（2）物理防治。

①灯光诱杀：在成虫盛发期用LED太阳能杀虫灯进行诱杀。

②黄板诱杀：成虫有一定的趋色性，可在成虫期悬挂黄板诱杀。

（3）生物防治。保护和利用鸟、蜘蛛、瓢虫、草蛉等捕食性天敌，充分发挥天敌的自然控害作用。

（4）化学防治。成虫产卵前或若虫盛孵、初龄若虫期喷施15%茚虫威乳油2 500倍液，或24%虫螨腈悬浮剂1 000倍液，或30%唑虫酰胺悬浮剂1 500倍液，轮换喷施。

可可广翅蜡蝉

可可广翅蜡蝉（*Ricania cacaonis* Chou et Lu）属半翅目（Hemiptera）蜡蝉总科（Fulgoroidea）广翅蜡蝉科（Ricaniidae），是一种茶园较常见的蜡蝉类害虫。除为害茶树外，还为害可可、桃、杨梅、柑橘、水杉、樟树等。

【分布及危害】国内分布于云南、湖南、浙江、海南及广东等产茶区。以成虫、若虫刺吸茶树嫩梢、枝条及分泌蜡丝、蜜露造成危害，致使茶树枝梢生长不良、叶片发黄、芽及花蕾枯萎，严重者可致茶叶卷曲，叶片色泽暗淡无光，甚至脱落。可可广翅蜡蝉还可通过雌成虫在嫩茎组织产卵，形成较深的刻痕，阻断养分和水分运输，导致枝条腐烂直至枯萎，影响茶树的生长。该虫喜阴湿，畏阳光，茶丛繁茂覆盖度大以及遮阴郁闭的茶园最利于发生，一般周围植被丰富、遮阴度高、茶树生长繁茂、树冠高大、营养条件较好的茶园发生较多，平地茶园、幼龄茶园、采摘频繁、常修剪的茶园发生较少。

【形态特征】

成虫：体长6～8mm，翅展18～23mm，体褐色至深褐色，背面颜色稍深，被黄褐色蜡粉。头、胸及足黄褐色，额角黄色。头宽小于胸部，头顶有5个并排的褐色圆斑。触角刚毛状，复眼褐色或黑褐色。前胸背板具中脊，两边刻点明显，中胸背板具3条纵脊，中脊长而直，侧脊从中间向前分叉，二内叉内斜端部相互靠近，外叉短，基部略断开。前翅烟褐色，被黄褐色蜡粉，外缘略呈波状，前缘外2/5处有一黄褐色横纹分成2～3个小室，沿前缘至翅基有10多条黄褐色斜纹，外缘略呈波状，亚外缘线为黄褐色细纹，与外缘平行，顶角处有一隆起圆斑，翅面散生黄褐色横纹。后翅淡褐色或褐色，半透明，颜色稍浅，前缘基部呈黄褐色。后足胫节外侧具刺1对。

可可广翅蜡蝉成虫
（龙亚芹拍摄）

卵：近圆锥形，一端较小，长径1.0～1.1mm，短径0.6～0.8mm。卵初产时为乳白色，孵化时变为乳黄色。

若虫：老熟若虫体长3.2～3.6mm，淡褐色。胸背外露，有4条褐色纵纹，前胸背板小，中胸背板发达，后缘色深。腹部被有白蜡，末端具蜡丝，蜡丝乳黄色或乳白色，成束的蜡丝连成一片向四周张开，其中向上张开的一束蜡丝较长，是体长的2.5倍左右，其余蜡丝与体长相等，呈羽状平展。胸足基节、腿节青绿色或乳黄色，跗节淡褐色，爪黑褐色。

【生物学特性】

（1）世代及生活史。可可广翅蜡蝉在云南1年发生1代。

（2）生活习性。

①成虫羽化、交配及产卵习性：可可广翅蜡蝉成虫羽化发生在晚上和凌晨，成虫交配主要发生在白天，晚上很少交配。成虫全天均可产卵，高峰期集中在凌晨与上午。雌虫将卵产在茎粗为1.5mm左右的嫩茎上，产卵深度约0.9mm，产卵刻痕主要集中在距顶梢3cm的范围。雌虫自交配至产卵所需时间浮动较大，短则需要2d，长则需要5d，其产卵经刻槽、产卵、掩埋3个阶段。产卵需10～13min/粒，待1粒卵产完之后虫体向前爬行约0.8mm再产卵，最终形成鱼鳍状的条形刻痕。

②卵的孵化特性：卵需要经20～30d孵化为若虫，一般在白天孵化。

③取食为害特性：初孵若虫善爬行，受惊吓时即迅速跳跃逃逸，初孵若虫尾部的蜡丝较短，经1d后尾部的蜡丝已分泌较长，随着龄次增加蜡丝也在增长；一至二龄若虫有群居习性，常群集在寄主叶片背面和嫩枝丛中；三龄以后若虫则分散爬至上部嫩梢为害。若虫蜕皮后于嫩茎上取食，并分泌白色絮状物覆盖虫体，体被蜡质丝状物，如同孔雀开屏，栖息处还常留下许多白色蜡丝。

【防治措施】

（1）农业防治。可结合春季修剪、冬季清园，剪除带有卵块的茶树枝条。

（2）物理防治。可可广翅蜡蝉成虫具有一定的趋黄性，可于成虫发生期，在田间放置黄色或者黄红双色板诱杀成虫，并注意色板粘满时及时更换。

（3）生物防治。增强生态保护意识，合理利用自然天敌资源是防控可可广翅蜡蝉的有效措施。如保护茶园内可可广翅蜡蝉自然天敌资源，包括天敌蜘蛛和寄生菌类等。

（4）化学防治。可可广翅蜡蝉若虫对杀虫剂的抗性强于成虫。选择24%虫螨腈悬浮剂1 000倍液，或30%唑虫酰胺悬浮剂1 500倍液进行防治。

其 他 蜡 蝉

斑蛾蜡蝉若虫
（龙亚芹拍摄）

斑蛾蜡蝉成虫
（龙亚芹拍摄）

伯瑞象蜡蝉
（龙亚芹拍摄）

日本广翅蜡蝉
（龙亚芹拍摄）

沫 蝉

沫蝉，又称吹沫虫，属半翅目（Hemiptera）沫蝉科（Cercopidae）。

【危害】沫蝉以若虫和成虫刺吸茶树嫩枝造成危害，严重时造成上部枝叶缺少养分供给而枯死。

【生物学特性】沫蝉1年发生1代，以卵在杂草根际或裂缝的3 ~ 10cm处越冬，翌年5月中下旬孵化为若虫。若虫用刺吸式口器刺扎在茶树枝条嫩皮上刺吸汁液。若虫取食时口针无规则地向枝条刺吸，同时肛门不断排除大量泡沫覆盖包住自身。若虫只在转移时爬行活动，其余时间都在泡沫内栖息。成虫多选择当年枝条或新梢为害，围绕枝条一针口接一针口刺吸，白天和夜间多静伏在枝梢和嫩枝上取食或休息，受惊吓即行弹跳或作短距离飞行。成虫将卵产于新梢或顶梢，造成新梢或顶梢枯死。沫蝉在为害过程中，吐出大量白色泡沫保持身体湿润，并形成泡沫保护层将虫体包裹其中，离开泡沫环境虫体易死亡。

【防治措施】若虫抵抗力较弱，若虫发生初期是该虫害的最佳防治时期。因虫体有泡沫层保护，常规防治方法如农药喷雾法，其药液难以到达茶丛基部。对于为害严重的茶园，一般通过冬春季节修剪，将有虫卵枝梢剪除，降低虫口基数。

斑带丽沫蝉成虫
（龙亚芹拍摄）

黄翅象沫蝉成虫
（龙亚芹拍摄）

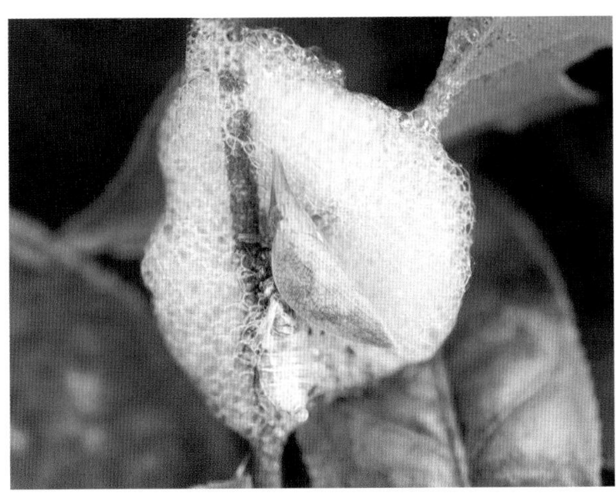

一种沫蝉若虫及沫巢
（龙亚芹拍摄）

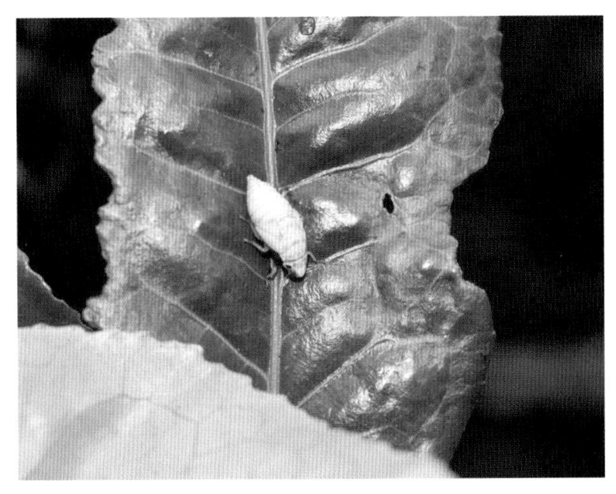

一种沫蝉若虫
（龙亚芹拍摄）

一种沫蝉的沫巢
（龙亚芹拍摄）

正在刺吸茶芽梢的沫蝉若虫
（龙亚芹拍摄）

茶　蚜

茶蚜（*Toxoptera aurantii* Boyer），又称橘二叉蚜、茶二叉蚜、可可蚜，俗称油虫、蜜虫、腻虫，属半翅目（Hemiptera）蚜科（Aphididae）。除为害茶树外，还为害油茶、咖啡、柑橘类、栀子、扶桑、可可和无花果等植物。

【分布及危害】国外主要分布于印度、日本、肯尼亚、斯里兰卡、东非等；国内各茶区均有发生。茶蚜常群集于茶树芽梢、叶背及嫩茎上刺吸汁液，导致新梢发育不良，叶片扭卷，严重时受害叶片萎缩。且茶蚜排泄的蜜露可招致霉菌寄生，常诱发茶煤烟病，使光合作用受阻，影响茶叶产量和品质。

茶蚜群集叶片为害
（龙亚芹拍摄）

茶蚜群集嫩梢为害
（龙亚芹拍摄）

茶蚜群集茶果为害
（龙亚芹拍摄）

【形态特征】

有翅成蚜：体长约2mm，黑褐色，有光泽，前翅中脉二叉，腹管长于尾片，小于触角第4节，触角第3节有5～6个感应圈排成一列，基部有网纹；若虫体长约1.8mm，棕褐色，翅芽乳白色，触角感应圈不明显。

无翅成蚜：体肥大，近卵圆形，呈棕褐色至黑褐色，体表多淡黄色横列网纹，触角黑色，各节基部乳白色，第3～5节几乎等长，感觉圈不明显。

有翅若蚜：体长约1. 8mm，棕褐色，翅芽乳白色。

无翅若蚜：体长1.2～1.3mm，体小，色较淡，浅棕或浅黄色。一龄若蚜触角4节，二龄若蚜触角5节，三龄若蚜触角6节。

卵：长椭圆形，长0.6mm，宽2.0mm，一端稍细，背隆起，黑色有光泽。

茶蚜若虫
（龙亚芹拍摄）

有翅蚜成虫
（龙亚芹拍摄）

【生物学特性】

（1）世代及生活史。茶蚜1年发生20代以上，世代重叠严重。通常以卵或无翅蚜在茶树叶背越冬，在云南无明显的越冬现象。

（2）生活习性。

①取食为害特性：茶蚜趋嫩性强，常聚集在新梢嫩叶背面或嫩茎上，尤其是芽下第一叶虫口最多，并随芽梢生长不断向上转移，当芽梢虫口密度很大或气候异常时，有翅蚜迁飞到新的芽梢上繁殖为害。

②成蚜交尾和产卵习性：在生长季节，茶蚜为孤雌生殖，每头无翅成蚜产若蚜35 ~ 45头，每头有翅成蚜产若蚜18 ~ 30头。随着气温下降，以卵越冬的种群开始出现两性蚜，交配后雌蚜多于茶丛上部芽梢叶背面产卵，中下部芽叶上产卵较少。雄蚜一生可多次交尾，而雌蚜一生只交尾1次。

【防治措施】

（1）农业防治。

①及时分批多次采摘，减少茶蚜食料，抑制其虫口数量。

②当个别时期发生数量多、虫口密度大时，可人工摘除，减少虫口基数。

（2）物理防治。蚜虫盛发期，在茶园悬挂黄板对其诱捕，阻碍茶蚜繁衍，抑制虫口数量。

（3）生物防治。

①保护和利用自然天敌：保护和利用蜘蛛、瓢虫、草蛉、食蚜蝇、蚜茧蜂等有益生物，减少人为因素对天敌的伤害，发挥天敌的自然控害作用。

②生物农药防治：春、秋两季每亩茶园使用每克含400亿孢子的球孢白僵菌可湿性粉剂25 ~ 30g进行防治；或每亩茶园使用0.6%苦参·藜芦碱水剂60 ~ 75mL或0.5%印楝素可溶液剂45 ~ 75mL或0.5%藜芦碱可溶液剂80 ~ 100mL等喷施防治。

（4）化学防治。茶蚜为害严重时，可使用10%虫螨腈悬浮剂2 000倍液或15%茚虫威乳油2 000 ~ 3 000倍液等，轮换用药，并严格遵守安全间隔期。

草　履　蚧

草履蚧（*Drosicha corpulenta* Kuwana）属半翅目（Hemiptera）蚧总科（Coccoidea）硕蚧科（Margarodidae）草履蚧属（*Drosicha*）。其寄主广泛，可为害茶树、核桃、柿、苹果、梨、栗、紫叶李、白蜡、泡桐等，是茶园常见的蚧类害虫。

【分布及危害】国内主要分布于云南、贵州、四川、浙江、江苏、安徽、上海、福建、湖北等地。其以若虫、雌成虫聚集在芽腋间、嫩梢上、叶片及枝干上面，刺吸汁液为害，造成植株生长不良，发芽迟缓，叶片细小、瘦弱，严重时叶片脱落、枝梢枯萎、树势衰弱，甚至整株枯死。其排泄物、分泌物量大，分泌的黏液浸湿整个树干及地面，易诱发煤烟病，影响茶叶的产量和品质。

【形态特征】

成虫：雌成虫体长7.8 ~ 10.0mm，宽4.0 ~ 5.5mm，椭圆形，似草鞋底状，背部稍突起，腹面较平，体背部暗褐色，边缘橘黄色，背中线浅褐色，触角和足亮黑色；沿身体边缘体分节较明显，胸背部3节，腹背部8节，多横皱褶和纵沟，体有细长白色蜡粉。雄成虫体紫红色，长5 ~ 6mm，翅1对，翅展约10mm，淡黑至紫蓝色；触角黑色，共10节，除基部2节外，其余各节环生细长毛，念珠状；前翅淡紫黑色半透明，翅脉2条；后翅为平衡棒；头和前胸部紫红色，足黑色；尾瘤长，2对。

卵：产于卵囊内，长约1mm，初产黄白渐呈黄赤色，外被粉白色丝状物卵囊。

若虫：体灰褐色，外形与雌虫相似，但虫体略小，初孵化时棕黑色，腹面较淡，触角棕灰色，仅第3节淡黄色，较明显。

雄蛹和茧：预蛹圆筒形，棕红色。茧长椭圆形，有白色的薄层蜡茧包裹，具有明显翅芽。

草履蚧聚集为害嫩梢
（龙亚芹拍摄）

草履蚧聚集为害成熟枝条
（龙亚芹拍摄）

草履蚧若虫
（龙亚芹拍摄）

草履蚧雌虫腹面
（龙亚芹拍摄）

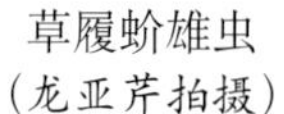
草履蚧雄虫
（龙亚芹拍摄）

草履蚧雌雄虫交配
（龙亚芹拍摄）

【生物学特性】

（1）世代及生活史。在云南1年发生1代，以卵囊中的卵在寄主植物树皮缝隙、树干基部周围土壤、枯枝落叶层内或泥土中越冬，少量以一龄若虫越冬。

（2）生活习性。

①若虫为害特性：初孵若虫行动缓慢，陆续上树后集中在嫩枝上的幼芽芽腋、枝杈阴面群集为害；高龄若虫喜欢在枝条上取食，待叶片初展时群集在顶芽上吸食为害，多居于阴面。

②成虫交配及产卵习性：雄成虫羽化后不取食，具趋光性，多在阴天或晴天傍晚飞至或爬至树上寻找雌成虫交尾，雄成虫交尾后死亡，寿命3～5d，受精雌成虫仍在枝叶上吸食为害，后爬至树干基部周围土壤、土缝、枯枝落叶层及砖瓦石块下面，分泌白色丝状物围成卵囊，产卵到上面，再分泌蜡质物覆盖卵粒，然后再分层重叠产卵其上，一般产卵约7层，每层产卵量18～32粒，每头雌成虫产卵90～160粒，较多者达200余粒。产卵期约5d。产卵完成后，雌成虫逐渐干瘪死亡。

【防治措施】

（1）农业防治。

①冬季对茶树树干基部周围土壤进行翻耕、施基肥，清除枯枝落叶层下、土缝中的卵块集中处理，破坏越冬场所，降低越冬基数。

②塑料带阻隔：若虫上树前，将塑料布裁成宽30～35cm的塑料带，绑扎于距树基30～50cm处，绑扎紧。在缠绕塑料带之前，用泥将树干裂缝抹平或先将树干的老皮刮去；若虫上树期除治不利的，可在雌成虫下树前绑塑料带阻止雌成虫下树。发生高峰期要每天消除阻隔在塑料带上下的害虫。

（2）生物防治。保护和利用天敌，对草履蚧虫口有一定的抑制作用。草履蚧的主要天敌有红环瓢虫、红点唇瓢虫、黑缘红瓢虫。

（3）化学防治。若虫上树前，用2.5%溴氰菊酯乳油1 500倍液或其他触杀剂喷杀阻隔于塑料带下的草履蚧初孵若虫；对已上树的若虫，由于草履蚧身上有一层蜡质，一般药液很难到达虫体表面，因此推荐喷施24%虫螨腈悬浮剂2 000倍液等，注意安全间隔期。

长　白　蚧

长白蚧（*Lopholeucaspis japonica* Cockerell），又称日本长白蚧、梨白片盾蚧、长白盾蚧、长白介壳虫、茶虱子等，属半翅目（Hemiptera）盾蚧科（Diaspididae）。除为害茶树外，还为害油茶、梨、柑橘、李、苹果、柿等植物，是茶园常见的蚧类害虫，目前是云南西双版纳、临沧等部分茶区主要害虫之一，连续为害2 ~ 3年后可导致枝枯叶落，甚至整株枯死，是茶树上的一种毁灭性枝干害虫。

【分布及危害】国外已知分布于印度、巴西、日本、朝鲜、美国等国家；国内分布于云南、贵州、四川、广东、广西、福建、安徽、浙江、湖南、海南、陕西、山东等地。以若虫和雌成虫刺吸枝干和叶片的汁液为害茶树，为害严重时，茶树发芽减少，对夹叶增多，并引发煤烟病，连续为害多年，导致树势衰弱，引发大量落叶、枝条枯萎死亡，甚至整个植株死亡，造成较大的经济损失。

长白蚧为害状
（龙亚芹拍摄）

长白蚧为害枝条
（玉香甩拍摄）

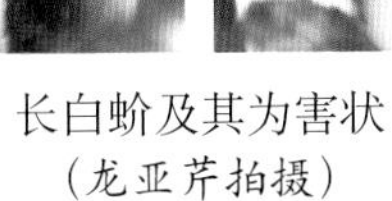

长白蚧及其为害状
（龙亚芹拍摄）

【形态特征】

介壳：雌虫介壳均为长茄状，后端稍宽，长1.5 ~ 1.7mm，暗棕色，其上覆有一层灰白色蜡质，介壳前端有一褐色壳点。雄虫介壳略小，直而较窄，白色，前端稍尖，也有前突褐点。

成虫：雌成虫梨形，淡黄色，长0.6 ~ 1.4mm，腹部分节明显，无翅，臀叶两对均略作三角形，端部尖，第1对较大。雄成虫体细长，淡紫色，长0.2 ~ 0.3mm，触角丝状，有灰白色半透明前翅1对，后翅退化，腹末有细长交尾器。

卵：一般呈椭圆形，或不规则，淡紫色，长0.2 ~ 0.3mm，产于介壳下，孵化后的卵壳为白色。

若虫：雄虫共2龄，雌虫共3龄。初孵若虫椭圆形，淡紫色，有足、触角，腹末有2根尾毛，可爬行，固定后在体背分泌蜡质形成介壳。雌若虫固定在枝干上，雄若虫喜欢固定在茶树叶片边缘锯齿上。二龄若虫由淡紫转淡黄至橙黄色，足消失，背面蜡质形成白色介壳，介壳前端附1个浅褐色的一龄若虫蜕皮壳；三龄若虫呈梨形，淡黄色，腹末3 ~ 4节前拱，介壳灰白色，较宽大。

雄蛹：长椭圆形，淡紫色，触角、翅芽及足明显，腹末交尾器针状。

【生物学特性】

（1）世代及生活史。长白蚧一般1年发生3代，以老熟雌若虫和预蛹（雄）在茶树枝干上越冬。翌年3月下旬羽化，4月中下旬开始产卵。一代若虫盛孵期在5月中下旬，二代若虫盛孵期在7月下旬至8月上旬，三代若虫盛孵期在9月中旬至10月上旬，以一至二代若虫孵化较整齐，三代孵化期持续时间较长。

（2）生活习性。

①若虫为害特性：初孵若虫较活泼，善爬，可随风或人畜携带传播，一般爬行2 ~ 5h后在茶树枝叶上选择合适位置固定，将口针插入茶树组织吸汁为害，1h内即可分泌白色蜡质覆盖于体背，雄若虫老熟后在介壳下化蛹。

②成虫羽化、交尾及产卵习性：雄虫多于下午羽化，飞行能力弱，仅在茶树枝干上爬行，就近交尾后死亡。雄成虫羽化后寻找雌成虫（介壳下）交尾，雌成虫交尾后将卵产在介壳内、虫体末端，产卵结束后，雌成虫干瘪死亡。

【防治措施】

（1）农业防治。

①修剪、台刈：对受害严重、树势衰弱的茶园，可采取深修剪或台刈措施恢复茶树树势，并及时将剪下的虫株、虫枝带出茶园集中处理。

②保持茶树通风透光：及时排水降低田间湿度，修整茶树中下部枝条，清理茶园杂草，提高茶园通风透光性。

③合理施肥：加强培肥管理，平衡施肥，增强树势，提高抗逆性，减轻为害。

（2）生物防治。瓢虫和姬小蜂是长白蚧的主要天敌，特别是红点唇瓢虫对长白蚧有强烈的抑制作用。因此，应减少茶园化学农药的使用，充分发挥天敌的自然控害作用，尽量给茶园天敌创造良好的生长环境。

（3）化学防治。在卵孵化盛末期，选用10%联苯菊酯水乳剂2 000倍液，或45%马拉硫磷乳油500倍液均匀喷施。

茶　梨　蚧

茶梨蚧（*Pinnaspis theae* Maskell），又称茶并盾蚧、茶细蚧，属半翅目（Hemiptera）盾蚧科（Diaspididae），是茶树上常见的蚧类害虫。

【分布及危害】主要分布于云南、江苏、广东、安徽、浙江、广西、福建、贵州、台湾等地区。在云南各茶区均有分布，其中凤庆、思茅、勐海等茶区为害较为严重。以若虫和雌成虫固着在茶树枝干和叶片上吸食叶片或枝干组织中的汁液。发生严重的茶园，枝条和树干均布满茶梨蚧，叶片被害处失绿变黄逐渐枯死，继而芽梢干枯，引起茶树树势衰弱，造成茶树发芽减少，对夹叶增多，甚至枝枯叶落，整株死亡，从而导致产量下降。成龄叶片和嫩梢均受害。一般先为害叶片再为害枝干。

茶梨蚧为害成龄叶片状
（龙亚芹拍摄）

茶梨蚧为害中下层叶片状
（龙亚芹拍摄）

茶梨蚧为害上层叶片状
（王香甩拍摄）

【形态特征】

成虫：茶梨蚧雌成虫介壳近长梨形，长约2mm，浅褐或黄褐色，前端具二壳点，且突出于介壳前端，介壳后半部扩大，上有细线纹。雌成虫长梨形，体长0.6～0.8mm，长度超过最大宽度的2倍，浅黄色或黄色，后胸、腹部前3节特宽大，体皱纹多，四周具短细毛。雄成虫介壳狭长，白色溶蜡状，两侧边近似平行，背面具2条纵沟，若虫蜕皮壳1个，黄色，突出于前端；雄成虫稍小，体褐色，翅半透明，触角丝状，共9节，各节有2根细毛。

卵：椭圆形，长0.15～0.18mm，宽0.08～0.11mm，初产时淡黄色，逐渐变成浅黄色至黄褐色，卵壳白色。

若虫：初孵若虫淡黄至橙黄色，体长0.20～0.32mm，宽0.13～0.19mm，背线两侧色深，呈褐色至黑褐色。有胸足3对，尾部有1对长细毛，二龄后足、触角消失。

蛹：长椭圆形，长约0.58mm，体、足和触角棕色，翅芽淡黄色，腹末有1枚针状交尾器。

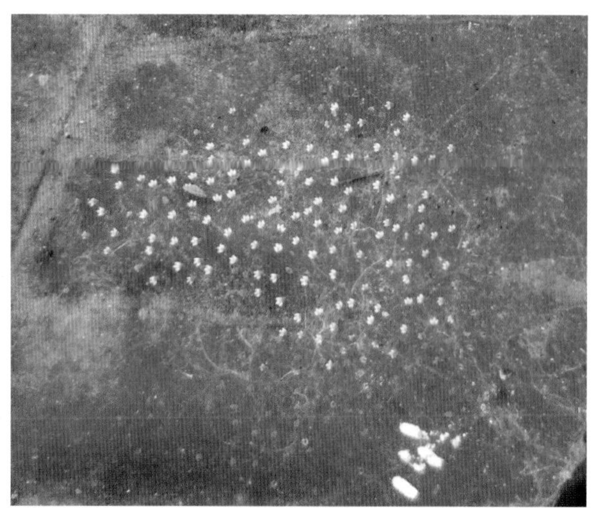

茶梨蚧卵和初孵若虫
（玉香甩拍摄）

茶梨蚧初孵若虫和雌虫
（玉香甩拍摄）

茶梨蚧雌虫
（龙亚芹拍摄）

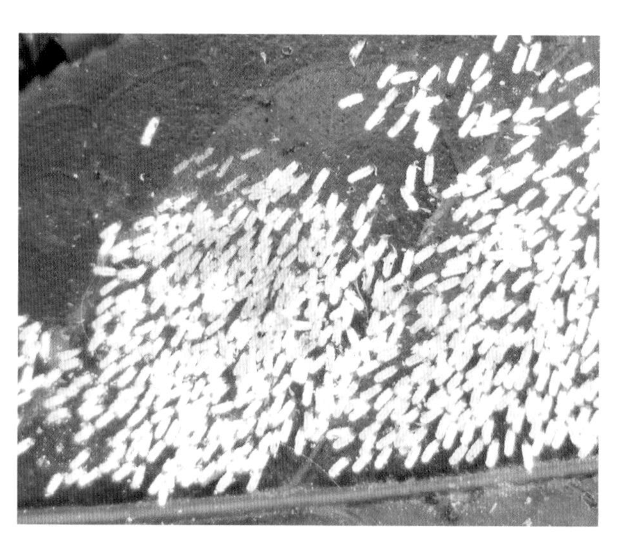

茶梨蚧雄虫
（龙亚芹拍摄）

茶梨蚧低龄若虫
（玉香甩拍摄）

茶梨蚧高龄若虫
（玉香甩拍摄）

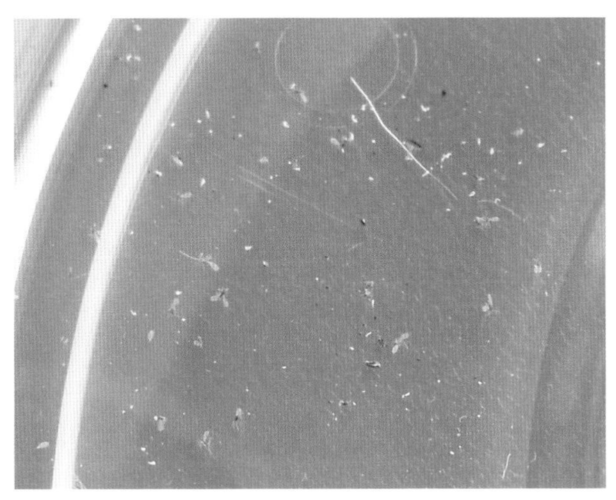

茶梨蚧成虫（放大）
（龙亚芹拍摄）

【生物学特性】

（1）世代及生活史。茶梨蚧在云南凤庆、思茅、勐海等茶区1年发生3代，一般在4月中下旬一代若虫孵化，6月下旬至7月上旬二代若虫孵化，三代若虫发生期可从8月中下旬持续至11月中下旬。

（2）生活习性。茶梨蚧雄成虫羽化后在叶片或枝干上爬行，交配后雄成虫即死亡。雌成虫受精后在枝干或叶片主脉两侧越冬。翌年3月初，越冬雌成虫开始产卵，把卵产在介壳里。初孵若虫从介壳爬出在枝干或叶片上爬行，经2～5h后，选择适当部位将口器插入叶片或枝干组织内刺吸汁液，并开始分泌蜡质形成新介壳覆在体背。雌虫大多分布在茶树中部枝干上；雄虫大多分布在叶片正面，沿叶脉朝同一方向整齐排列。密植荫蔽、通风透光不良的茶园有利于其发生。

【防治措施】

（1）农业防治。加强茶园管理，合理施肥，及时除草，适当修剪徒长枝和有虫枝叶，并集中处理，减少虫口基数。对发生较重的茶园，及时进行深修剪或台刈。对深修剪或台刈后的茶树枝干加强培肥管理。

（2）生物防治。保护和利用天敌，其主要天敌有捕食性瓢虫、寄生蜂、寄生蝇等。天敌对茶梨蚧种群增长有明显的抑制作用。因此在茶园管理中，尽量减少喷药次数，保护天敌，尤其在天敌高峰期尽量避免用药。

（3）化学防治。茶梨蚧防治适期掌握在卵孵化盛末期，此时蜡质层未形成或刚形成，对药物比较敏感，可选用25%噻虫嗪水分散粒剂1 000倍液或100 g/L吡丙醚乳油1 500倍液均匀喷施叶片正反面。

红　蜡　蚧

红蜡蚧（*Ceroplastes rubens* Maskell），又名脐状红蜡蚧、红蜡虫、胭脂虫、红蚰、红虱子，属半翅目（Hemiptera）蚧科（Coccidae）蜡蚧属（*Ceroplastes*）。除为害茶树外，还为害油茶、山茶花、橘、梨、龙眼、白玉兰等植物，是茶园内常见的蚧类害虫。

【分布及危害】国内已知分布于云南、西藏、海南、广东、广西、黑龙江、辽宁、河北、北京、上海、江西、江苏、四川、陕西、湖南、山东、台湾等地。以成虫和若虫刺吸茶树汁液为害。雌虫多在枝干和叶柄上为害，雄虫多在叶柄和叶片上为害，其排泄物可诱发煤烟病，致使茶树植株长势衰退，芽叶稀小，影响茶树生长及茶叶产量和品质。

红蜡蚧及为害状
（龙亚芹拍摄）

红蜡蚧为害枝条状
（龙亚芹拍摄）

【形态特征】

成虫：雌成虫蜡壳红褐色至紫褐色，背部略隆起，周缘翻卷，前期背中隆作小圆突，后期隆作半球形，中央凹陷呈脐状，两侧有4条弯曲的白色蜡带。雌成虫椭圆形，紫红色，触角6节，第3节最长；足细小，气门两对喇叭状；雄成虫体色暗红，口针和眼黑色，触角细长淡黄色，翅1对，前翅白色半透明，沿翅脉有淡紫色带纹，后翅退化成平衡棒；足及交尾器淡黄色。

卵：椭圆形，两端稍细，淡紫红色，长约0.3mm，宽约0.15mm。

若虫：初孵若虫为椭圆形，腹末有1对细长尾丝，扁平，表面膜质，体淡红褐色，爬行自如；触角6节，发达，第1节粗短，末节最长，第4、5、6节具肉质感觉毛，且第6节上最多。足3对，发达，腿节上生有细毛，胫节细而长，跗节顶端生有2根细长的跗冠毛，爪1个，稍弯曲，在爪的基部有2根长爪冠毛，其顶端膨大呈球形。二龄若虫卵圆形，稍拱起，紫红色，足退化，体表分泌蜡质形成淡紫红色介壳，背中略隆起，顶部白色，周缘具8个角突。三龄雌若虫介壳增大加厚。

雄蛹：长约1.2mm，紫红色，翅、足及触角紧贴体外，尾针较长。蛹外介壳同二龄若虫，长圆形，具角突。

【生物学特性】

（1）世代及生活史。1年发生1代，一般以受精雌成虫在茶树叶片、叶柄及嫩梢上越冬。翌年4月下旬开始产卵，产卵期长达1个月，每只平均产卵200 ~ 500粒。5月下旬至7月上旬为若虫孵化期。雌若虫蜕皮3次，9月上旬成熟，受精后越冬；雄若虫蜕皮2次，8月下旬至9月中旬羽化，寿命1 ~ 2d，交尾后不久死亡。

（2）生活习性。初孵若虫善于爬行，爬出母体后，沿枝干向树上爬动，找到合适位置后定居，在叶面和叶上虫口居多，固定2 ~ 3d后开始分泌蜡质，虫体不断增大，蜡壳也随之加厚变大。雌成虫以及若虫密集在茶树枝干和叶柄等部位上，而雄虫则密集在叶柄和叶片上，均通过刺吸茶树汁液进行为害。为害严重时该虫可密布在枝叶上，其产生的蜡质分泌物会诱发煤烟病，影响茶树的光合作用，进而延缓茶树的生长发育，导致植株生长势衰弱，树冠萎缩，甚至可导致植株枯死。

【防治措施】

（1）农业防治。

①修剪、台刈：对受害重、树势衰败的茶园，可采取深修剪或台刈措施恢复茶树树势，并及时将剪下的虫株、虫枝带出茶园集中处理。

②保持茶树通风透光：及时排水降低田间湿度，修整茶树中下部枝条，清理茶园杂草，提高茶园

通风透光性。

③加强肥培管理：平衡施肥，增强树势，提高抗逆性，降低为害。

（2）生物防治。保护和利用自然天敌，如瓢虫、姬小蜂、扁角跳小蜂、单带巨角跳小蜂、黑色软蚧蚜小蜂、草蛉等寄生性天敌和捕食性天敌。减少茶园化学农药的使用，充分发挥天敌的自然调控作用，尽量给茶园天敌创造良好的生长环境。

（3）化学防治。在卵孵化盛末期，选用45%马拉硫磷乳油500倍液或24%虫螨腈悬浮剂2 000倍液均匀喷施。

广白盾蚧

广白盾蚧（*Pseudaulacaspis cockerelli* Cooley），又称考氏白盾蚧、考氏白轮蚧、椰子拟轮蚧、广菲盾蚧、臀凹盾蚧等，属半翅目（Homoptera）同翅亚目（Homopera）盾蚧科（Diaspididae）拟轮蚧属（*Pseudaulacaspis*）。其寄主广泛，除为害茶树外，还为害山茶、杜鹃、苏铁、夹竹桃、广玉兰、含笑、棕榈、丁香、枸骨、洋紫荆、桂花、白鹃梅和散尾葵等多种植物。

【分布及危害】国外已知分布在朝鲜、泰国、柬埔寨、日本、印度尼西亚、缅甸、印度、马来西亚、澳大利亚、美国和南非等国家；国内分布广泛，几乎所有茶区均有分布。主要以成虫、若虫吸食茶树叶片正反面汁液造成危害，雌成虫和若虫常寄生在茶树叶片、绿色茎秆或枝干上，为害状常表现为布满白色介壳或絮状物，并出现黄白色斑点或斑块，使茶株营养不良，树势衰弱，叶片变黄脱落，茶树枝干干枯甚至死亡，在吸食茶树汁液的同时还会传播病毒，为害严重，致使茶叶产量下降，造成较大的经济损失。

【形态特征】

介壳：雌介壳长梨形或圆梨形，有的具轮纹，雪白色，长2.16 ～ 3.14mm，宽1.15 ～ 1.80mm，壳点2个，呈黄褐色，突出于介壳前端；雄介壳丝蜡质，白色，长形，背面略见1条纵脊，长1.10 ～ 1.54mm，宽0.46 ～ 0.53mm，壳点1个，黄褐色，位于介壳前端。

成虫：雌成虫虫体纺锤形，黄色，长1.20 ～ 1.85mm，宽0.60 ～ 0.91mm，前胸及中胸呈膨大形，后半部变狭，游离腹节侧突显著，臀板呈淡褐色，臀板凹较显著，近产卵时的雌成虫体转为橘黄色，臀板深褐色；雄成虫体呈橘黄色，体长0.74 ～ 0.89mm，翅展1.10 ～ 1.72mm，复眼棕黑色，触角具细刚毛，前翅灰白色，交尾器细长针状。

卵：呈长椭圆形，黄色，长0.22 ～ 0.24mm，宽0.11 ～ 0.13mm。近孵化时，具1对黑色眼点。

若虫：初孵若虫体呈椭圆形，黄色，体长0.25 ～ 0.29mm，体宽0.14 ～ 0.17mm，触角与足发达。固定取食后的一龄若虫身体明显增大，体长0.37 ～ 0.41mm，体宽0.23 ～ 0.29mm。

【生物学特性】

（1）世代及生活史。在云南1年发生2代，以受精的雌成虫在茶树叶片上越冬。

（2）生活习性。

①产卵及孵化习性：雌成虫寿命约45d，多固定在叶片正面，沿叶脉分布为害，叶背面较少，绿色茎上偶尔有虫体分布。雌成虫春季产卵量高，夏季高温产卵量少，其产卵于介壳末端的空位中，每只雌虫产卵45 ～ 122粒；卵期随温度高低而不同，产卵结束后干瘪死亡。同一介壳内的卵孵化先后不一，一般均能正常孵化，留下白色不透明的卵壳。

②若虫：初孵若虫较活泼，一龄若虫雌雄形态一致，但它们固定取食的部位以及分泌的蜡丝不同，据此可将它们区别开来。雌若虫多分散固定于叶片正面，沿主脉和侧脉分布，固定取食后，虫体逐渐增大，体背隆起，体色由黄色变为橘黄色，并分泌极细柔软丝覆盖于虫体背面形成一薄层，雄若虫多爬至叶片背面，十几至几十只群集一处，分泌白色絮状蜡丝，弯曲盘绕于群集的虫体背上。二龄

雌若虫固定于一龄蜕皮壳下，继续分泌蜡质于体背；二龄雄若虫分泌白色蜡质丝形成松软的长形介壳，预蛹和蛹均在介壳内度过。一龄若虫历期8 ～ 28d，二龄若虫历期9 ～ 17d。

【防治措施】

（1）农业防治。

①结合冬季封园进行修剪，剪除受害枝条，能有效降低越冬虫口基数，降低翌年为害程度。

②保持茶树通风透光：及时排水降低田间湿度，修整茶树中下部枝条，清理茶园杂草，提高茶园通风透光性。

③加强肥培管理：平衡施肥，增强树势，提高抗逆性，减轻为害。

（2）生物防治。保护和利用自然天敌，捕食性天敌如日本方头甲、捕食性蓟马、捕食螨等，寄生性天敌如寄生蜂等。减少茶园化学农药的使用，充分发挥天敌的自然控害作用。

（3）化学防治。初孵若虫盛发期，选用45%马拉硫磷乳油500倍液，或10%联苯菊酯水乳剂2 000倍液均匀喷施。

广白盾蚧及为害状
（龙亚芹拍摄）

角　蜡　蚧

角蜡蚧（*Ceroploste coriferus* Anderson），又称角蜡虫，属半翅目（Hemiptera）蜡蚧科（Coccidae），是茶园内常见的蚧类害虫。其寄主广泛，除为害茶树外，还为害油茶、山茶、橘、桃、李、漆树、月桂、木兰、樱花、木槿、玉兰等。

【分布及危害】国外已知分布于印度、日本、斯里兰卡、墨西哥、牙买加、美国、智利等国家；国内主要分布于云南、四川、广西、广东、福建、浙江、江苏、湖南、湖北、贵州、山东等茶区。以若虫和雌成虫吸取茶树汁液进行为害，受害茶树发芽密度降低，萌发减少，芽叶瘦小，且若虫分泌大量蜜露，诱发煤烟病，使茶树光合作用减弱，影响茶树生长势，降低茶叶产量和品质，严重被害后可导致茶树树势衰败。

【形态特征】

介壳：雌成虫介壳半球形，直径5～9mm，白色，蜡质厚软，背中隆凸呈向前弯钩的蜡突，周缘略卷并有8个蜡突，蜡突日久角状突起常消失，蜡壳转灰黄至暗黄色。雄成虫介壳较小，灰白色，边缘有星芒状突起。

成虫：雌成虫近半球形，红褐至紫褐色，背拱起，腹端有圆锥状突起；触角6节，第3节最长，足粗短。雄成虫赤褐色，有1对半透明翅和3对胸足。

卵：椭圆形，初产卵肉红色，后渐变为红褐色，两端色较深，略带紫色。

若虫：初孵若虫长椭圆形，红褐色，头部略宽，背部隆起，蜡壳放射状。腹面平，臀裂明显，眼黑色，触角7节，各节均生有感觉毛，末节毛最多，且有3根长毛，足3对，腹末有1对细长尾丝。一龄后期开始具星芒状蜡突，二龄蜡突明显呈现14枚，左右各6枚，头尾各1枚。二龄雌若虫蜡壳背中呈现角状隆突，虫体肉红色；三龄雌若虫蜡壳近圆形，背中角突渐成钩状前倾。二龄雄若虫椭圆形，蜡壳小，白色。

蛹：雄蛹蜡壳同二龄若虫蜡壳，背面隆起较低，周围有13个蜡突，蛹体长椭圆形，赤褐色。

【生物学特性】

（1）世代及生活史。角蜡蚧1年发生1代，以受精雌虫于枝上越冬。翌春继续为害，6月产卵于体下，卵期约1周。若虫期80～90d，雌若虫蜕3次皮羽化为成虫，雄若虫蜕2次皮为前蛹，进而化蛹。

（2）生活习性。初孵若虫从母体爬出后分散在嫩枝、嫩叶上吸食，雌若虫多于枝上固着为害，雄若虫多在叶上主脉两侧群集为害。雌、雄成虫羽化期一致，羽化即交尾，雄虫交尾后死亡，雌虫继续为害至越冬。

【防治措施】

（1）农业防治。

①修剪、台刈：受害重、树势衰败的茶园，可采取深修剪或台刈措施恢复茶树树势，并及时将剪下的虫株、虫枝带出茶园集中处理。

②保持茶树通风透光：及时排水降低田间湿度，修整茶树中下部枝条，清理茶园杂草，提高茶园通风透光性。

③合理施肥：加强肥培管理，平衡施肥，增强树势，提高抗逆性，降低为害。

（2）生物防治。保护和利用自然天敌，如黄盾食蚧蚜跳小蜂、蜡蚧扁角跳小蜂、蜡蚧花翅小蜂、草蛉、蠼螋、瓢虫、大山雀等寄生性天敌和捕食性天敌，充分发挥天敌的自然控害作用。

（3）化学防治。在卵孵化盛末期，选用10%联苯菊酯水乳剂1 500～2 000倍液，或10%氯氰菊酯乳油6 000～8 000倍液均匀喷施。

角蜡蚧低龄若虫为害茶苗主干
（玉香甩拍摄）

角蜡蚧为害叶片
（玉香甩拍摄）

角蜡蚧为害茶苗主干
（玉香甩拍摄）

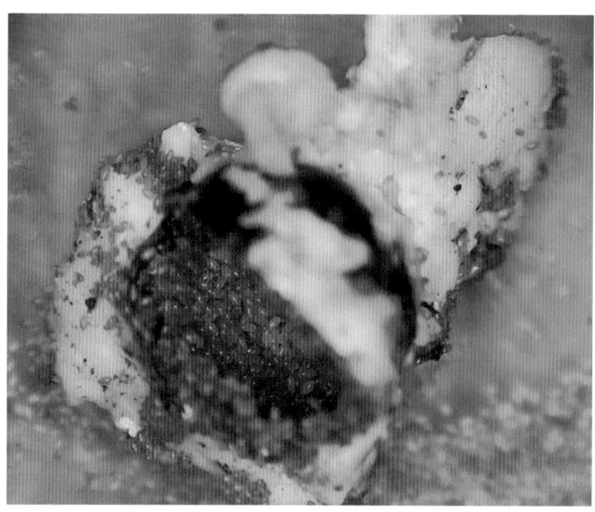

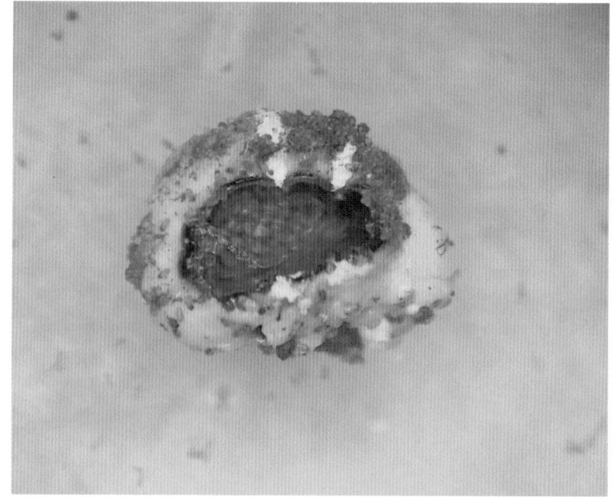

角蜡蚧卵囊
（龙亚芹拍摄）

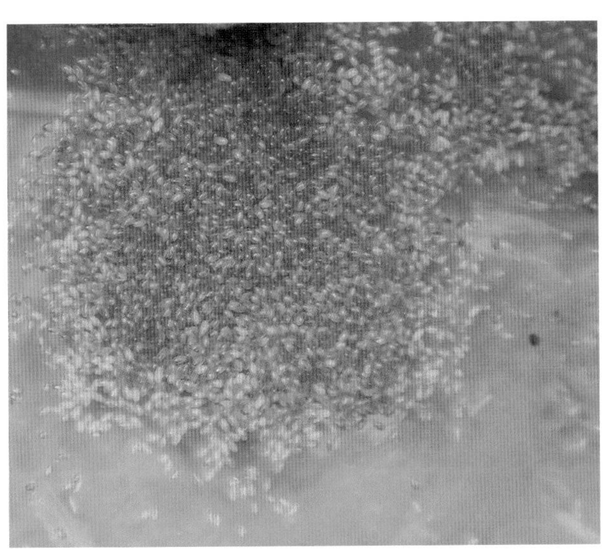
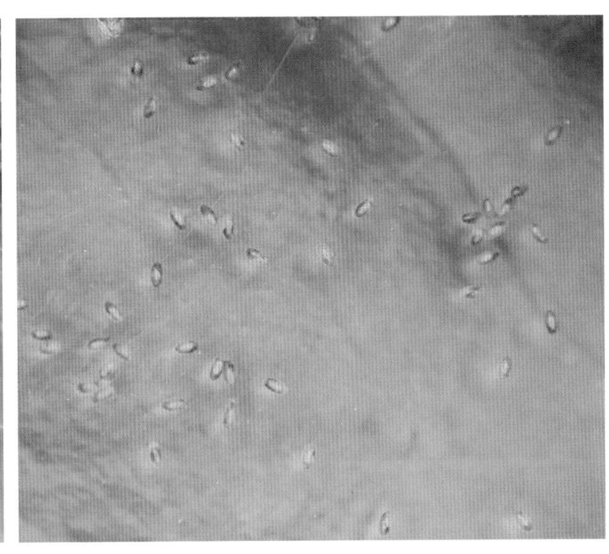

角蜡蚧卵粒
（龙亚芹拍摄）

龟 蜡 蚧

龟蜡蚧（*Ceroplastes japonicus* Green），又名日本龟蜡蚧、日本蜡蚧，属半翅目（Hemiptera）蜡蚧科（Coccidae），是茶园内的一种蚧类害虫，其寄主广泛，为害茶树、油茶等。

【分布及危害】 国外已知分布于荷兰、日本、韩国、格鲁吉亚、俄罗斯、亚美尼亚、土耳其、保加利亚、匈牙利、意大利、法国、英国等国家；国内分布于云南、贵州、四川、广西、江苏、浙江、安徽、福建、江西、山东、河南、湖北、湖南、广东等地。以若虫或雌成虫固着在叶片或新梢上吸食汁液，并分泌蜜露，诱发煤烟病，影响光合作用，使树势衰弱，芽叶稀小，引起大量落叶、部分枝条枯死，严重时可致全株枯死，降低茶叶产量和品质。

【形态特征】

介壳：雌成虫介壳近半球形，蜡质白色硬厚。前期拱现龟纹，中央有1个圆突，周缘有8个小圆突，其间夹有洁白蜡点，或被霉菌污染变黑。后期体大拱成半球形，灰白至灰黄色，背面龟甲状凹陷明显。

成虫：雌成虫体椭圆形，暗紫褐色，触角6节，第3节最长；足3对，较发达。雄成虫体淡红至紫红色，眼黑色，触角丝状，有1对白色透明翅，性刺色淡。

卵：长椭圆形，长约0.3mm，初为橙黄色，后渐变成紫红色。

若虫：初孵若虫体长0.4mm，体扁平，短椭圆形，红褐色，腹末臀裂两侧各有1根长刺毛，固定1d后开始分泌蜡丝，7 ~ 10d体背逐步被一层蜡质；二龄以后，蜡壳增厚，雌雄形态分化，雄若虫蜡壳仍为星芒状，边缘有13个星芒状角突，雌若虫蜡壳渐成龟甲状，周缘现8个蜡突。

雄蛹：体长约1.2mm，裸蛹，梭形，紫褐色，性刺呈笔尖形。

【生物学特性】

（1）世代及生活史。1年发生1代。以受精雌虫在茶树枝干上越冬。翌年3月下旬越冬雌虫开始发育，4月中旬迅速增大，5月底或6月初开始产卵，6月上中旬达产卵盛期，7月中旬结束，卵期10 ~ 20d。6月中旬至7月底孵化为若虫，6月底至7月初为孵化盛期，整个孵化期约40d。7月下旬至8月初，雌雄开始分化；8月上中旬至9月下旬雄虫化蛹，蛹期15 ~ 20d。雄成虫发生始期、盛期、末期分别在8月下旬、9月中旬及10月上旬。

(2) 生活习性。初孵若虫沿枝条爬至叶片，在侧脉两旁固定取食，1 ~ 2d后体背分泌出2列白色蜡点，3 ~ 4d胸、腹形成2块背蜡板，后逐渐延伸合为1块，同时体缘分泌出13个三角形蜡芒，经12 ~ 15d即形成1个完整的星芒状蜡壳。可行孤雌生殖，子代均为雄性。后期雄若虫蜡壳仅增大加厚，雌若虫则分泌新蜡，形成龟甲状蜡壳。8月下旬至9月上旬为雄虫集中发生期，雄虫与雌虫交尾后死亡，雌虫继续为害，并从叶上转移到枝条上固定取食至11月越冬。

【防治措施】

(1) 农业防治。

①修剪、台刈：对受害重、树势衰败的茶园，可采取深修剪或台刈措施恢复茶树树势，并及时将剪下的虫株、虫枝带出茶园集中处理。

②保持茶树通风透光：及时排水降低田间湿度，修整茶树中下部枝条，清理茶园杂草，提高茶园通风透光性。

③合理施肥：加强肥培管理，平衡施肥，增强树势，提高抗逆性，减轻为害。

(2) 生物防治。保护和利用自然天敌，如瓢虫、蜡蚧扁角跳小蜂、黑色软蚧蚜小蜂、草蛉等寄生性天敌和捕食性天敌。尽量避开天敌盛发期喷药，并选用高效低毒生物农药，减轻对天敌的伤害。

(3) 化学防治。在卵孵化盛末期，选用45%马拉硫磷乳油500倍液或24%虫螨腈悬浮剂2 000倍液均匀喷施。

龟蜡蚧及为害状
(玉香甩拍摄)

龟蜡蚧
(玉香甩拍摄)

垫囊绿绵蜡蚧

垫囊绿绵蜡蚧（*Chloropuicinaria psidii* Maskell）属半翅目（Hemiptera）蜡蚧科（Coccidae）绿绵蜡蚧属（*Chloropuicinaria*）。为害茶树、荔枝、龙眼等多种经济林木。

【分布及危害】分布于云南、四川、广东、广西、河南、山东、台湾等地。该虫在茶树叶背和新梢上刺吸汁液进行为害，并诱发煤烟病，影响光合作用，导致树势衰弱，叶片脱落，甚至树体枯竭，茶叶产量和品质下降。

【形态特征】

成虫：雌成虫体椭圆形，长3.5 ~ 4.0mm，宽2.5 ~ 3.0mm，蜡黄色，前端稍狭，后端略圆，体末凹缩；背扁平，中央略凸起，边缘较薄而微上翘；体背后端有一近方形的肉白色斑块，随虫期增大渐达体长的1/2；背线肉白色，略隆起；体腹面蜡黄，从触角至肛门附近大块为肉白色；触角与足细小，淡黄色，喙和口针短；产卵前期体缩短，近圆形，径约3.8mm，体变淡黄色，方形白斑边缘渐不明显，整个体背凸起部分均为浅肉白色；体末附有白色蜡质疏松卵囊，卵囊高6 ~ 9mm，有多条纵沟。雄成虫体长1.6 ~ 1.7mm，翅展3.4 ~ 4.0mm，浅棕红色，复眼酱黑色，其附近两侧各有一黑点；触角1对，13节，翅1对，灰白色；腹部末端有一较长的刺状交尾器和1对白色蜡丝。

垫囊绿绵蜡蚧及为害状
（龙亚芹拍摄）

卵：椭圆形，长约0.03mm，宽约0.02mm，乳白色，近孵化时为淡黄色至淡红色。

若虫：初孵若虫体椭圆形，肉黄色，体长约0.04mm，宽约0.03mm。臀部稍内缩。复眼暗红色，触角1对，足3对，体背边缘薄，中央有1个胡萝卜形乳白斑，后缘有横条纹。成长若虫体长约2mm，宽1.2 ~ 1.4mm，扁平，中央稍凸起。体淡黄色，体背前半部渐出现三角形红斑，两侧各有2条橙黄色横带伸向边缘，后半部亦出现一近方形红色斑。

蛹和茧：蛹长椭圆形，长约1.5mm，宽约0.7mm，浅红褐色，复眼黑色；翅芽伸达腹部第3节末端，腹末有3个短锥状突起，中间1个较大。蛹外覆盖无色半透明的蜡质薄茧，茧长椭圆形，中部略隆起，表面有龟背状条纹。

【生物学特性】

（1）世代及生活史。在云南1年发生1代，以若虫在茶树叶片背面越冬，翌年3月下旬迅速长大，4月初始化蛹，5月下旬雄成虫开始羽化，6月上中旬为羽化盛期。越冬雌若虫4月下旬开始变为成虫，5月中旬起陆续从下部叶片向中上部新梢叶背转移。6月上中旬开始分泌蜡质成卵囊并产卵于内。卵期约1个月，7月上旬若虫开始孵化，7月中旬为若虫盛孵期，7月下旬若虫全部孵化。

（2）生活习性。

①雌成虫产卵习性：雌成虫羽化后，开始在叶片上慢慢爬动，5月中旬后陆续转移到茶树新梢叶背产卵，产卵时先向体后端分泌白色蜡质丝状物，约经20d渐渐将虫体垫托起来形成卵囊并产卵于内，每只雌虫产卵300 ~ 500粒，卵粒均匀分布在疏松的卵囊中。产完卵后虫体逐渐干涸死亡，雌成虫寿命2个多月。

②雄成虫羽化习性：雄成虫多在14:00至夜间羽化，羽化后先在茧壳内静伏，再从茧壳后端慢慢退出，出壳后迅速爬行，很活跃，可作短距离飞行，寻找雌虫交配，寿命1 ~ 2d，且数量较少，雌雄比100 ：（1 ~ 1.5）。

③若虫生长习性：同一个卵囊内卵孵化可延续10多d，刚孵化的若虫在卵囊内迅速蠕动，慢慢爬出卵囊，并向周围叶片分散，孵化后约1d即寻找合适部位固定不动。爬行至叶片的若虫主要固定于叶柄、叶片的主脉及侧脉两侧；爬至枝梢的若虫，主要固定于枝梢幼嫩部分；爬至茶果的若虫固定于果柄及果皮的凹陷处，以后足与触角逐渐卷曲，体背渐分泌一层薄而透明的蜡质，成长若虫通常固定在叶背取食汁液为害，越冬前上部叶片的若虫向下部转移。

【防治措施】

（1）农业防治。

①修剪、台刈：受害重、树势衰败的茶园，在卵孵化盛期可采取深修剪或台刈措施恢复茶树树势，并及时将剪下的虫株、虫枝带出茶园集中处理。

②保持茶树通风透光：修整茶树中下部枝条，清理茶园杂草，提高茶园通风透光性。

③加强培肥管理：平衡施肥，增强树势，提高茶树抗逆性，减轻为害。

（2）生物防治。保护和利用自然天敌，其寄生性天敌有闽粤软蚧蚜小蜂、蜡蚧扁角跳小蜂等，捕食性天敌有捕食螨等。减少茶园化学农药的使用，充分发挥天敌的自然控害作用。

（3）化学防治。在若虫孵化至体表尚未泌蜡前，选用92.5%溴氰菊酯乳油4 000 ～ 6 000倍液或24%虫螨腈悬浮剂2 000倍液均匀喷雾，注意安全间隔期并轮换用药。

白 囊 蚧

白囊蚧（*Phenacaspis kentiae* Kuwana），又名茶白点蚧，属半翅目（Hemiptera）盾蚧科（Diaspididae），是茶园常见蚧类害虫。为害茶、棕榈、白兰等植物。

【分布及危害】国内分布于云南、贵州、湖北、湖南等地。以若虫和雌成虫吸取茶树叶片的汁液造成危害。

【形态特征】

介壳：雌虫介壳白色且具银色光泽，略凸起，不规则，前端小，末端黄色，微带少许淡灰色分泌物，前端有2个橙黄色壳点；中、后部宽圆，质地粗糙，表面似脉状纹。雄虫介壳长筒形，白色，较小，前端有1个橙黄色壳点。

雌成虫：体纺锤形，长1.2 ～ 1.8mm，橙黄色，从前胸开始至腹部第2、3节变宽，不分节。

卵：长椭圆形，淡橙黄色，长约0.2mm。

若虫：初孵若虫长椭圆形，淡橙黄色。

白囊蚧及为害状

（玉香甩拍摄）

【生物学特性】在云南、湖南、贵州等地1年发生1代，以受精雌成虫在叶片上越冬，翌年5月中旬开始产卵，产卵期较长，6月下旬出现若虫，大多数分布在叶背吸汁为害。

【防治措施】

（1）农业防治。

①修剪、台刈：受害重、树势衰败的茶园，可采取深修剪或台刈措施恢复茶树树势，并及时将剪下的虫株、虫枝带出茶园集中处理。

②保持茶树通风透光：及时排水降低田间湿度，修整茶树中下部枝条，清理茶园杂草，提高茶园通风透光性。

③合理施肥：加强培肥管理，平衡施肥，增强树势，提高茶树抗逆性，减轻为害。

（2）生物防治。保护和利用自然天敌，如红点唇瓢虫和蚧小蜂是白囊蚧的主要天敌。减少茶园化学农药的使用，充分发挥天敌的自然控害作用，尽量给茶园天敌创造良好的生长环境。

（3）化学防治。在若虫盛孵末期，选用45%马拉硫磷乳油500倍液，或10%联苯菊酯水乳剂2 000倍液均匀喷施。

蛇　眼　蚧

蛇眼蚧（*Pseudaonidia duplex* Cockerell），又名樟盾蚧、山茶圆蚧、茶圆蚧、蛇眼臀网盾蚧、樟圆蚧等，属同翅目（Hemiptera）盾蚧科（Diaspididae）。该虫除为害茶树外，还为害山茶、油茶、樟树、柑橘、苹果等多种植物。

【分布及危害】国外已知分布于斯里兰卡、印度、日本等国家；国内分布于云南、海南、广东、广西、陕西、山东、台湾、西藏等地。以若虫和雌成虫刺吸枝叶的汁液，受害严重的枝干稀疏，茶丛矮小，树势衰弱，或叶片大量脱落，枝干枯死，茶叶的产量及品质降低。

【形态特征】

介壳：雌虫介壳圆形，背部隆起，长2 ～ 3mm，暗褐色，边缘浅褐色，二黄褐壳点偏于一侧；雄虫介壳长椭圆形，长约1mm，褐色，仅1个蜕皮壳，位于介壳一端中部。

成虫：雌成虫卵形，长约1.1mm，淡紫色，前胸及中胸之间有一明显的深缢。腹部向后变狭，臀板背中有网纹。雄成虫体长1mm，紫褐色，复眼黑色，有1对白色半透明翅，腹末有1枚淡黄褐色交尾器。

卵：椭圆形，长约0.2mm，淡紫色，卵壳光滑，上覆薄层蜡粉，孵化后卵壳白色。

若虫：初孵化时为淡红色，渐变为粉红色，老熟若虫淡紫色，触角、口器及足发达，腹末有两根尾毛。二龄若虫的触角、足消失。

蛹：雄蛹长椭圆形，长0.7 ～ 0.8mm，初为淡黄色，后渐变紫褐色，腹末交尾器粗短。

【生物学特性】

（1）世代及生活史。云南1年发生2代，以老熟若虫、雄蛹及雌成虫多虫态越冬。翌年4月上中旬产卵，5月中下旬为产卵盛期；二代7月中下旬产卵，8月中下旬为产卵盛期。

（2）生活习性。成虫交配及产卵习性：雄成虫飞翔力弱，寿命短，交尾后1 ～ 2d即死亡。产卵前夕，腹部末端膨胀呈粉白色。产卵时，雌虫在壳内不断转动，使卵布满全壳。产卵期长18 ～ 29d。初孵若虫有向上爬和趋嫩的习性，孵化后成批迅速爬出介壳，沿枝干向上爬行，找到合适部位后，即将口针插入枝叶组织内固着不动，吸取汁液为害，主要为害当年生新梢、叶片，亦为害徒长枝、茶丛下部荫蔽枝；雄蚧大多在叶面主脉两侧，雌蚧大多在叶背主脉两侧和叶柄上，且分泌淡黄色蜡质覆盖体背，足渐退化，体色由淡紫转黄褐色；老熟若虫在介壳内化蛹。

【防治措施】

（1）农业防治。

①修剪、台刈：受害重、树势衰弱的茶园，在卵孵化盛期可采取深修剪或台刈措施恢复茶树树势，并及时将剪下的虫株、虫枝带出茶园集中处理。

②保持茶树通风透光：修整茶树中下部枝条，清理茶园杂草，提高茶园通风透光性。

③加强培肥管理：平衡施肥，增强树势，提高茶树抗逆性，减轻为害。

（2）生物防治。保护和利用自然天敌，其寄生性天敌有黄金蚜小蜂，捕食性天敌有红蜘蛛、红点唇瓢虫等。减少茶园化学农药的使用，充分发挥天敌的自然控害作用。

(3) 化学防治。在卵孵化泌蜡初期，可用10%联苯菊酯水乳剂2 000倍液或10%氯氰菊酯乳油6 000 ~ 8 000倍液均匀喷雾，注意安全间隔期并轮换用药。

蛇眼蚧及为害状
（李晓霞拍摄）

其 他 蚧 类

埃及吹绵蚧
（龙亚芹拍摄）

棉蚧
（龙亚芹拍摄）

茶 黑 刺 粉 虱

茶黑刺粉虱（*Aleurocanthus spiniferus* Quaintance），又名柑橘刺粉虱、橘刺粉虱，属半翅目（Hemiptera）粉虱科（Aleyrodidae），是茶园内发生普遍且为害严重的粉虱种类之一。寄主范围广，除为害茶树外，还为害荔枝、杧果、枇杷、柑橘、樟树等多种经济作物，该虫曾在一些茶园内造成非常惨重的经济损失。

【分布及危害】茶黑刺粉虱分布较广，国外已知分布于印度、印度尼西亚、日本、菲律宾、墨西哥等国家；国内主要分布于云南、贵州、江苏、安徽、湖北、浙江、湖南、江西、广东、四川、海南、贵州、台湾等地。以若虫群集固定在茶树叶片背面吸食汁液，造成树体营养不良、叶片发黄脱落。此外，其排泄物可诱发煤烟病，使枝、叶、果受到污染，局部茶区发生严重时，茶园呈一片黑色，新抽出的芽叶瘦小，甚至茶芽不发，且残留在叶背的蛹壳还可成为一些螨类害虫的越冬场所。近年来，该虫在云南西双版纳、普洱、保山、临沧、文山等多个产区茶园内暴发为害，导致茶树树势衰弱，造成产量损失20%～30%，严重影响产量、品质。

黑刺粉虱为害引起煤烟病
（罗梓文拍摄）

黑刺粉虱严重为害茶园状
（龙亚芹拍摄）

【形态特征】

成虫：体长1.1～1.8mm，宽0.5～0.7mm，头胸部暗褐色，覆白色蜡粉，复眼红色，腹部橙黄色。前翅由淡棕色变成紫褐色，覆白色蜡粉，前翅上有7个或9个不规则白色斑纹；后翅淡紫褐色，无白色斑纹；足黄色，腿节和基节微黄色，后变为淡棕色、深棕色，前足颜色较中足、后足浅，覆有白色蜡粉；触角4～7节，黄色。

卵：香蕉形，顶部较尖，基部钝圆，有一短柄固着在叶背上，初产时乳白色，后渐变为淡黄色、橙红色至黄褐色，近孵化时变为紫褐色。

若虫：共4龄。扁平、椭圆形，初孵时无色透明，有足，能爬行，固定后很快变为黑色，有光泽，各龄若虫均在体躯周围分泌一圈白色蜡质物。一龄若虫体背有刺状物6对，背部有2对白色蜡毛，粗看似白线。二龄若虫头胸部有6对长刺，腹部有4对长刺，长度不等。胸部分节不明显，腹部分节明显；触角和胸足开始退化，丧失爬行能力。三龄若虫背盘上头胸部和腹部各分布有7对刺，胸部和腹部分节明显，腹部中央区稍隆起；四龄若虫近似于三龄，背部附有2个重叠的三角形若虫蜕皮壳。

蛹（伪蛹）：伪蛹为四龄若虫后期的一个虫态，近椭圆形，蛹体黑色有光泽，边缘呈锯齿状，周缘白色蜡圈明显，背部显著隆起。

【生物学特性】

（1）*世代及生活史*。茶黑刺粉虱在云南1年发生4代，以高龄若虫和蛹在茶树叶背越冬，各代若虫发生期分别为4月下旬至6月下旬、6月下旬至7月中旬、7月中旬至8月上旬、10月上旬至12月。

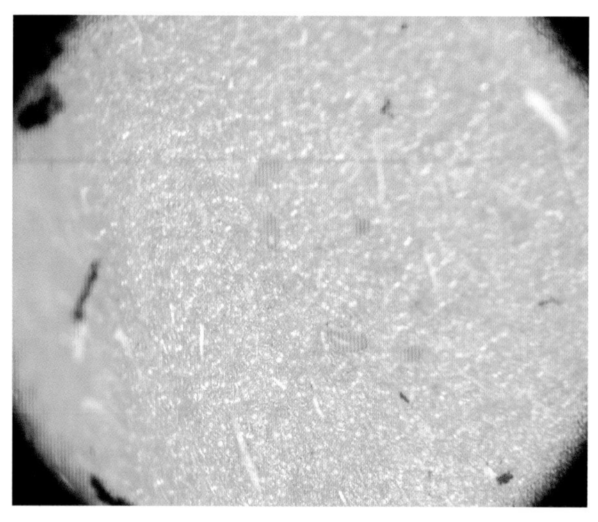

黑刺粉虱卵
（龙亚芹拍摄）

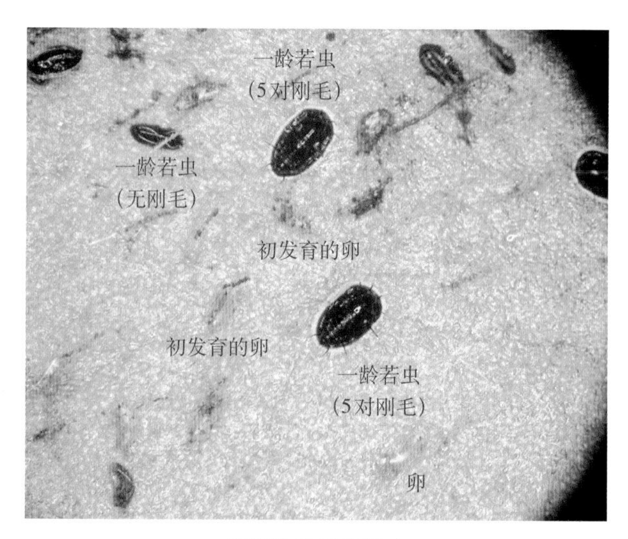

黑刺粉虱卵和若虫
（穆升拍摄）

黑刺粉虱若虫和蛹
（龙亚芹拍摄）

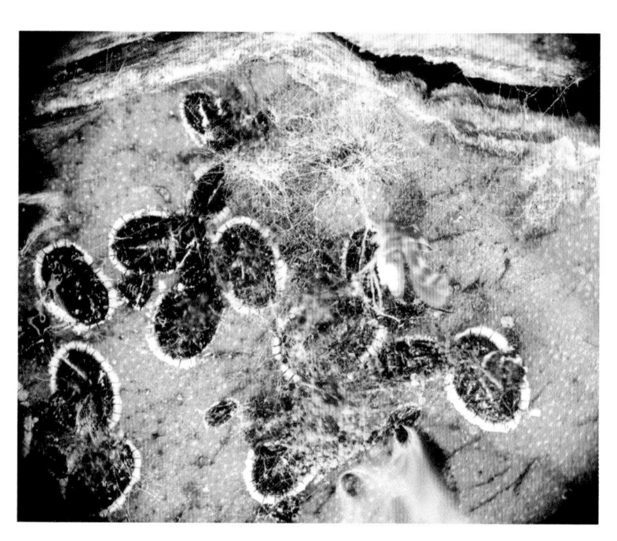

黑刺粉虱若虫和蛹（放大）
（龙亚芹拍摄）

黑刺粉虱正在羽化
（穆升拍摄）

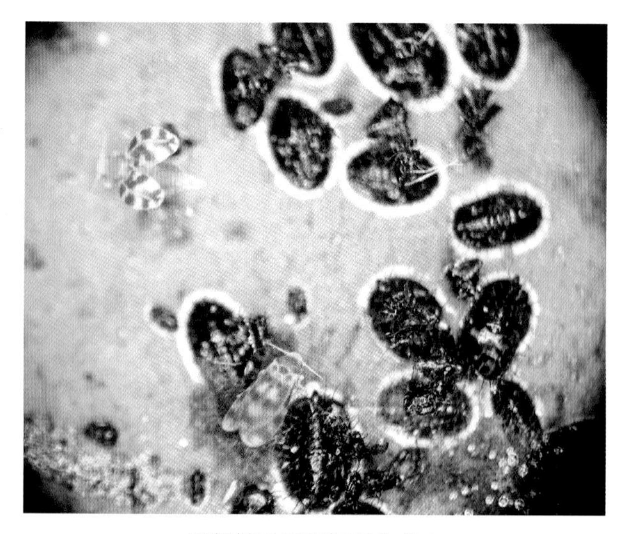

黑刺粉虱蛹和初羽化成虫
（穆升拍摄）

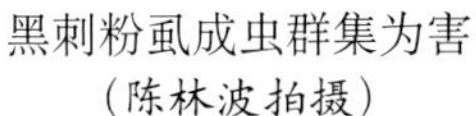

黑刺粉虱成虫群集为害
（陈林波拍摄）

黑刺粉虱成虫
（龙亚芹拍摄）

近年来，在保山昌宁、临沧凤庆、文山广南、大理南涧、普洱思茅等茶园内大面积暴发为害，各茶区受害面积上百余亩，一年有3个明显的成虫发生高峰期，即4月中旬、7月中下旬和9月中下旬。该虫喜荫蔽的生态环境，虫口多分布于茶丛中下部，上部较少。

（2）生活习性。

①羽化习性：成虫羽化时间在5：00 ～ 7：00。羽化时，具有2个黑色翅芽的橘黄色虫体，从蛹的小头背部慢慢爬出，羽化过程约需0.5h，爬出的成虫停留在蛹壳上，羽化后其蛹壳仍留于叶背，蛹壳背部有T形裂缝。

②成虫交配及产卵习性：雄虫个体较小，羽化后2 ～ 3h即可与雌虫交尾，一生可交尾多次。雌虫个体也较小，不善移动，每只雌虫产卵十粒到百余粒，卵多产在成叶或嫩叶背面，散产或密集成弧形，一般数粒至数十粒在一起，多时一叶上有近千粒卵，产卵后即飞到新叶嫩梢上栖息。雄虫善跳跃飞翔，飞无定所。

③卵的孵化特性：成虫产卵期不一致，卵陆续孵化，卵的孵化期也较长，一般要1 ～ 2个月。茶树不同部位的卵孵化进度不同，一代以茶丛中部成叶上的卵孵化较快，其次为下部老叶、上部成叶，上部嫩叶的卵孵化最慢。

④若虫取食为害特性：初孵若虫常在卵壳上停留2 ～ 6min，然后开始慢慢爬行，但仅在同一叶背上爬行，且大多在卵壳周围活动吸食；固定后经3d左右，体周围开始形成白色蜡边，并日渐加宽。该虫一生蜕皮3次，除第3次蜕皮壳成为蛹壳外，其余两次的蜕皮壳都依次叠积在背盘区中央。除正在蜕皮的二龄若虫有稍微移动外，若虫期均固定密集寄生。

【防治措施】

（1）农业防治。

①增加茶园通风透光性：对种植密度大、荫蔽、通风透光差的茶园，进行重修剪或台刈，复壮树势，提高茶树抗虫能力。

②冬季修剪及封园：每年秋茶结束后，进行疏枝、清园、控高、蓬面修剪，剪除粗老枝、病虫枝、稠密枝、枯枝和瘦弱枝，清出茶园集中及时处理，破坏越冬场所，杀灭越冬虫卵。

③加强茶园培肥管理：增施有机肥，培育健壮树势，提高树体自身抗病虫能力。

（2）物理防治。茶黑刺粉虱趋黄性强，可在成虫羽化高峰期使用黄板或黄红双色板诱杀成虫，每亩悬挂25 ～ 40张，具体用量根据茶园内的虫口发生量确定。

（3）生物防治。

①保护和利用寄生性天敌和捕食性天敌：茶园内寄生蝇、寄生蜂、蜘蛛、瓢虫、草蛉等应加以保护和利用。

②性信息素诱杀：成虫羽化高峰期前使用黑刺粉虱性信息素，每亩悬挂25 ～ 40张，具体用量根据茶园内的虫口发生量确定。

③喷施矿物源农药：初孵若虫期，喷施99%矿物油乳油100 ～ 150倍液。

（4）化学防治。茶园内虫口基数大时，在卵孵化盛期喷施15%唑虫酰胺乳油1 000倍液，或25%噻虫嗪水分散粒剂1 000倍液，或100 g/L吡丙醚乳油1 500倍液等，重点喷树冠的内膛、叶背和茶园杂草。

茶角盲蝽

茶角盲蝽（*Helopeltis theivora* Waterh），又名茶刺盲蝽、腰果角盲蝽，俗称茶蚊子，属半翅目（Hemiptrea）盲蝽科（Miridae）角盲蝽属（*Helopeltis*），是茶区较为常见的为害嫩梢的害虫之一。该虫除为害茶树外，寄主种类多样，如黄连翘、波罗蜜、咖啡、杧果、胡椒、番石榴等60多种植物。

【分布及危害】茶角盲蝽在国外已知分布于越南、老挝、印度、印度尼西亚、乌干达、孟加拉国、斯里兰卡、肯尼亚等国家；国内主要分布于云南、广东、广西、海南、台湾等地，是为害茶树嫩梢的重要害虫之一。在云南西双版纳、普洱、临沧等茶区均有不同程度的发生。该虫在云南有2个明显的发生高峰期，分别为4 ～ 6月和9 ～ 11月。茶角盲蝽以成虫和若虫昼夜不停地刺吸茶树嫩梢和嫩叶汁液造成危害，取食类型为“搓碎后吸入”，因此受害茶树嫩叶上会呈现许多褐色小斑，后渐变为黑褐色坏死斑。低龄若虫为害茶叶斑点小而密集，高龄若虫和成虫为害茶叶斑点大而稀疏，每个成虫或若虫一昼夜取食可形成百余个斑点，常导致茶树嫩梢畸形卷曲或枯梢，这是茶角盲蝽典型的为害状。此外，茶角盲蝽可以通过产卵器在嫩茎组织中产卵而造成茎发育缓慢甚至枯死。与其他寄主相比，茶角盲蝽在茶树上的繁殖力、生长速率和存活率较高，对茶叶的产量及品质影响较大。

茶角盲蝽为害状
（龙亚芹拍摄）

茶角盲蝽成虫初期为害状
（龙亚芹拍摄）

茶角盲蝽为害嫩叶状
（龙亚芹拍摄）

【形态特征】

成虫：体长4.5 ~ 7.5mm，雄虫个体明显小于雌虫，雄虫腹末橙黄色，雌虫腹末3节腹面为生殖器，色黑。成虫体呈黄褐色至褐色，头小，后缘黑褐色，复眼球状向两侧突出，黑褐色；前翅革质部分透明，膜质部分灰黑色；足细长，黄褐色至褐色，多小黑斑点；腹部浅绿色至绿色；触角呈丝状，约为虫体长的2倍，由柄节、梗节和鞭节3部分组成并分为4小节；喙细长，浅黄色，末端浅灰色。前胸背板领的前1/3 ~ 1/2淡色，后部暗褐色或淡色；中胸小盾片具一灰褐色、竖立、略向后弯曲、末端较膨大的杆状突起。

卵：近香蕉形，长约1.5mm，宽约0.4mm。顶端卵盖的两侧着生2条平行不等长的白色丝状物。初产时卵为白色，后渐转为淡黄色，孵化前呈橘红色。

若虫：共5龄。体形与成虫相似，但无翅，初孵时若虫橘红色，小盾片无突起，二至四龄若虫橘黄色，随龄期增加，小盾片逐渐突起，四龄前若虫体为橘黄色，五龄若虫体为黄褐色，复眼赤色，触角、小盾片突起和足黄褐色，并且具黑色斑点。

茶角盲蝽卵
（龙亚芹拍摄）

茶角盲蝽若虫
（龙亚芹拍摄）

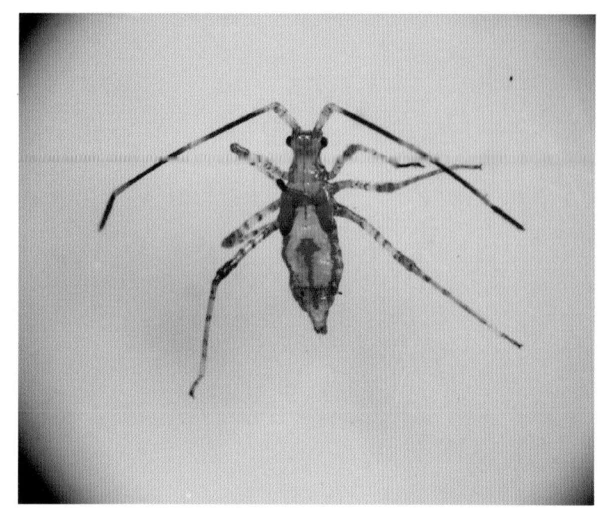

茶角盲蝽若虫（放大）
（龙亚芹拍摄）

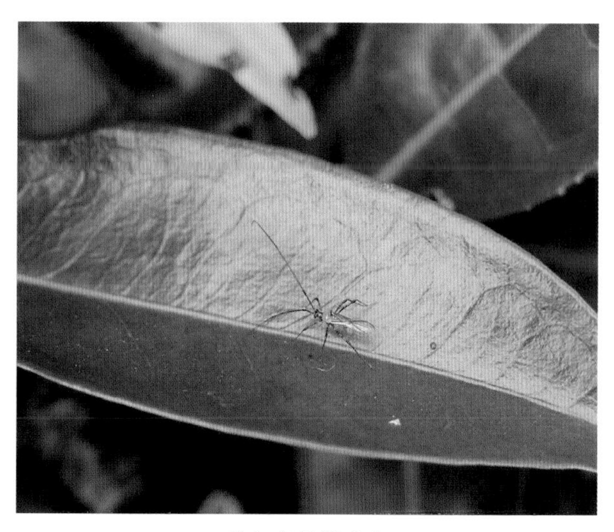

茶角盲蝽雌成虫
（龙亚芹拍摄）

茶角盲蝽雌成虫即将产卵
（龙亚芹拍摄）

茶角盲蝽雄成虫
（龙亚芹拍摄）

【生物学特性】

（1）世代及生活史。茶角盲蝽在云南1年发生10 ~ 12代，世代重叠，不同世代历期长短不一，平均1代26 ~ 52d。常年可见卵、若虫和成虫，无明显越冬现象，全年都可为害茶树。

（2）生活习性。茶角盲蝽喜温湿环境，在温度20 ~ 30 ℃、湿度80%以上时生长繁殖快。该虫发生轻重与所处地理环境密切相关，其喜欢低洼潮湿、较荫蔽的茶园和有遮阴的茶园，受到阳光照射时立即转移为害，高温干旱季节发生相对较少。

①成虫取食习性：成虫羽化2h后可取食，全天均能取食，取食时，为害部位形成斑点，随后被害部出现由浅灰色水渍状到黑褐色坏死的斑纹。

②成虫交尾及产卵习性：成虫羽化后3 ~ 5d可于傍晚或清晨进行交尾，一生可交尾2次以上，交尾一次雌成虫的有效产卵期可保持14 ~ 18d，交尾时同样进行取食。雌成虫交尾后多数于第2天，少数于第3天晚上产卵。卵散产，每头雌成虫产卵平均约94粒，在茶叶的嫩梢组织、嫩叶的叶柄或主脉组织内均可产卵，产卵平均约28d。产卵前，先用喙刺孔吸食茶叶嫩梢组织、嫩叶叶柄或主脉组织汁液，再将产卵管插入孔内产卵1 ~ 2粒，产卵一粒需2min，每天产卵1 ~ 17粒，平均3.7粒。产卵期平均约28d。

③卵的孵化习性：卵期长短与气候条件密切相关，气温高、湿度大，历期短，反之则历期长。卵孵化时呈橘红色，若虫从卵顶端突破卵壳，不断伸出直立，整个虫体出壳后，足和触角抱在一起呈一圆柱形直立，当其丝状触角由紧贴腹面到从腹面伸出时即能爬行。从破壳至爬行约需50min。

④若虫取食特性：初孵若虫约经2h即可取食。取食后显现的斑点依虫龄不同表现不同，低龄若虫为害茶叶斑点小而密集；高龄若虫为害茶叶斑点大而稀疏，往往取食至叶片干枯后才转移到另一片叶上取食。

【防治措施】

（1）农业防治。

①及时分批勤采，必要时适当强采，可带走嫩梢中卵和若虫，控制种群密度。

②11月下旬至12月中旬，秋茶采摘结束后及时修剪，压低越冬虫口基数；荫蔽度较大的茶园注重荫蔽树的整形修枝，增强通风透光度，控制茶角盲蝽的种群密度。

③茶园内不间作豆类作物，及时铲除杂草。

（2）物理防治。成虫具一定的趋黄性，可在成虫高峰期前用黄板诱杀。

（3）生物防治。若虫盛期选用7.5%鱼藤酮乳油300倍液，或每毫升含800万孢子的白僵菌500倍液喷施防治。

（4）化学防治。每平方米茶蓬若虫虫口达10头时，可选用15%茚虫威乳油2 500倍液，或24%虫螨腈悬浮剂1 500倍液，或24%溴虫腈悬浮剂1 500倍液喷施，注意轮换使用药剂，以助于延缓茶角盲蝽抗药性的产生。

绿　盲　蝽

绿盲蝽（*Apolygus lucorum* Meyer-Dür），又称花叶虫、小臭虫、破叶疯、棉青盲蝽、青色盲蝽等，属半翅目（Hemiptera）盲蝽科（Miridae），是一种刺吸性多食性害虫。

【分布及危害】绿盲蝽广泛分布于全国各产茶区。云南各茶区均有分布，以若虫和成虫刺吸幼嫩芽叶的汁液造成危害。一般春茶期发生较重，受害茶树嫩芽、嫩叶呈现许多红点，后变为褐色枯死斑点。随着芽叶生长，叶面大多呈现不规则孔洞，叶片卷曲畸形，叶缘残缺破裂，严重影响茶树的树势、产量和品质。

绿盲蝽为害芽梢状
（龙亚芹拍摄）

【形态特征】

成虫：体长5.0 ~ 5.5mm，宽约2.5mm，雌虫稍大，体绿色，较扁平。头部三角形，黄绿色，复眼黑色突出，触角淡褐色向外端逐渐加深，线状，4节，约为体长的2/3，第2节最长，稍短于第3和第4节长度之和。前胸背板深绿色多刻点，前缘宽，小盾片三角形微突出，黄绿色，中央具 浅纵纹。前翅绿色，膜质部灰暗半透明。足黄绿色，末端色较深，后足腿节末端具褐色环斑，长度不超过腹部末端，雌虫后足腿节较雄虫短，后足跗节3节，末节和2爪黑色。

卵：长约1mm，宽约0.3mm，淡黄绿色，长口袋形，端部钝圆。卵中央略凹陷，两端突起，初产时卵为白色，后渐变为淡黄绿色，卵盖黄白色，越冬卵乳黄色。

若虫：洋梨形，共5龄。一龄若虫复眼鲜红色，体淡绿色；二龄若虫复眼灰色，体绿色；三龄若虫出现翅芽；四龄若虫翅芽伸达腹部第4节；五龄若虫翅芽伸达腹部第5节，体长3mm，头胸腹绿色，密生黑色绒毛，翅芽顶部黑绿色。

【生物学特性】

（1）世代及生活史。在云南1年发生5 ~ 6代，以卵在鸡爪枝或冬芽鳞片缝隙处越冬。一般在3月中下旬开始发育，4月中下旬开始孵化。温度高、湿度大，孵化提前；温度低、湿度小，孵化延后。秋季，因受寄主生育条件变化和成虫取食茶花的需求，末代绿盲蝽迁回茶园产卵越冬，大多数年份绿盲蝽四代成虫9月开始迁回茶园，少数年份五代成虫于10月上中旬开始回迁，9月中旬至10月上旬或11月上旬至12月上旬形成全年成虫数量最高峰。

（2）生活习性。成虫飞行能力强，爬行敏捷，白天多静伏，稍受惊动迅速爬迁。但其虫体较小，且体色与叶色相近，不易被发现。

①取食为害特性：绿盲蝽主要以越冬代为害春茶，多在清晨、夜晚或阴雨天爬行至芽叶刺吸芽内的汁液，春茶芽叶生长缓慢，被害芽叶开始呈褐色红点，后渐变为黑褐色枯死斑点，茶芽被取食后，呈对夹不发状态。夏茶期，茶树生长快，被害芽叶伸展后呈现不规则孔洞，叶边缘破烂，为“破叶疯”状，是绿盲蝽为害的显著特征。因绿盲蝽具有迅速迁移的特性，为害一个点片后可迅速转移下一个点片，开始呈点片状发生，后逐渐连片。绿盲蝽为害茶树新梢后，于24h内出现明显的深褐色斑点。其取食活动范围：清晨露水退去后，以出现其为害斑点的新梢为圆心，在茶丛直径70cm圆内的茶树新梢上。

②产卵及卵的孵化习性：绿盲蝽成虫5月上旬开始产卵，产卵期长19 ~ 30d，卵孵化期6 ~ 8d。相对湿度大于70%时，卵开始孵化，相对湿度80% ~ 90%、气温20 ~ 30 ℃时，卵的孵化率高，易造成大发生。

【防治措施】

（1）农业防治。

①11月下旬至12月中旬，茶叶采摘结束后及时修剪，清洁茶园，降低越冬虫口基数。

②采茶期应及时分批勤采茶，可带走大量卵和若虫，降低虫口数量。

（2）物理防治。成虫具趋黄性，在成虫高峰期用黄板或黄红双色板诱杀成虫，可有效降低下一代虫口基数。悬挂密度为20 ~ 25张/亩，悬挂高度为色板下边缘高于茶蓬10 ~ 15cm，视粘虫情况及时更换色板。

（3）生物防治。

①性信息素防治：成虫高峰期前利用绿盲蝽性诱捕器诱杀成虫，放置密度为3 ~ 5个/亩，2月左右更换诱芯1次，可有效降低下一代虫口基数。

②生物药剂防治：若虫期选用7.5%鱼藤酮乳油300 ~ 500倍液或每毫升含800万孢子的白僵菌稀释液喷施。

（4）化学防治。每平方米茶蓬若虫虫口达10头时，选用15%茚虫威乳油2 500 ~ 3 000倍液或24%溴虫腈悬浮剂1 500 ~ 1 800倍液喷施，注意轮换使用药剂，以助于延缓绿盲蝽抗药性的产生。

绿盲蝽若虫
（龙亚芹拍摄）

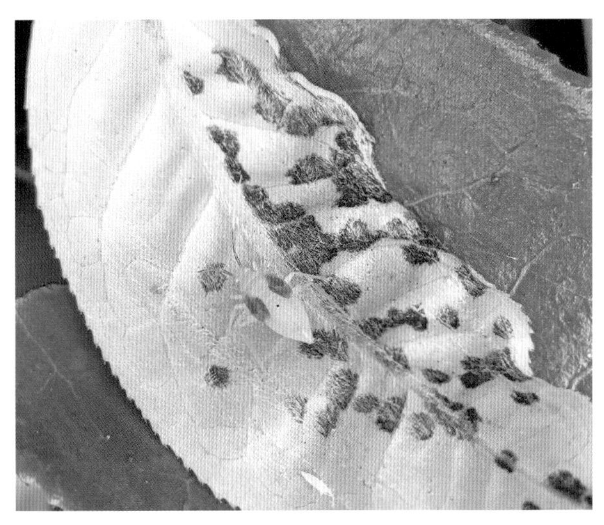

绿盲蝽高龄若虫及为害状
（王香甩拍摄）

绿盲蝽成虫（一）
（龙亚芹拍摄）

绿盲蝽成虫（二）
（王香甩拍摄）

茶　网　蝽

茶网蝽（*Stephanitis chinensis* Drake），又名茶脊冠网蝽、茶军配虫、白纱娘，属半翅目（Hemiptera）网蝽科（Tingidae）。主要为害茶树和油茶作物，还可为害桂花、映山红、铁树、香樟等。

【分布及危害】国内分布于云南、贵州、四川、湖南、江西、福建、广东等茶区，是茶园重要害虫之一。以成虫、若虫刺吸叶背汁液为害，受害叶正面呈现白色细小斑点，为害重时斑点连接成片，受害叶背面有大量黑色胶质排泄物、蜕壳及滋生的霉菌等物质，影响茶树的光合作用。该虫发生严重时可造成茶叶叶片脱落，树势衰弱，且茶芽萌发慢而细小或致使发芽停滞，严重降低茶叶产量和品质。

【形态特征】

成虫：体长3 ~ 4mm，宽2.0 ~ 2.5mm。复眼红色。触角4节，具短毛。头部膨大、球状，覆盖头顶，前部渐窄。前胸宽阔透明，并有网状花纹；中胸呈脊状突起。翅膜质透明，有网状纹分割的小室。

卵：乳白色，香蕉形，端部略弯曲。卵盖覆有黑色胶状物，多呈梨形，少数为椭圆形。

若虫：4 ~ 5龄。初孵若虫呈乳白色半透明状，腹部渐变浅绿色；二龄若虫腹部深绿色；三龄若虫转黑褐色，翅芽初露，头及腹部多笋状刺突；末龄若虫头、前胸、翅芽中部及腹末乳白色。

茶网蝽为害叶片正面状
（龙亚芹拍摄）

茶网蝽为害叶片背面状
（龙亚芹拍摄）

茶网蝽成虫
（龙亚芹拍摄）

【生物学特性】

（1）世代及生活史。1年发生2 ~ 3代，大多以卵在茶丛下部秋梢成叶背面中脉及其两侧组织内越冬，低海拔茶园内偶见成虫越冬。越冬卵在4月上中旬陆续孵化，发生较为整齐，形成全年第1个虫口高峰。第2个若虫高峰期在8 ~ 10月，多数地区较第1个高峰期虫口少，主要为害秋茶。

（2）生活习性。成虫不活跃，具有趋黄性，多栖于成叶背面，受到惊吓后会陆续飞到附近茶枝上。

①成虫羽化、交尾及产卵习性：成虫初羽化时，呈白色，2h后翅上显现花纹，腹部颜色变深，初羽化的成虫不活跃，多静伏于叶背或爬行于枝叶间。成虫羽化后于第4天开始活跃并进行交尾产卵，多于上午多次交尾，历时30 ~ 90min。卵多产于远离叶脉的叶肉组织中，以叶片中部居多，主脉两侧和侧脉两侧卵分布较少。每只雌虫平均产卵100粒以上，产卵期16 ~ 39d。

②成虫、若虫取食为害特性：初孵若虫从卵壳爬出，群集在茶丛中下部叶背刺吸汁液，后向上部扩散。若虫具有群集性，常群集于叶背主侧脉附近，排列整齐，随虫龄增大，开始分散。成虫、若虫刺吸为害后，叶片表面出现许多细小白点，放大后似花朵样散开；其分泌的黑色胶状排泄物，前期在叶背呈点状分布，后期连成一片，致叶片似霉病发生。受害前期茶树叶片表面分布白色点状花斑，远看呈灰白色，为害严重时，造成大量落叶，树势衰退。

【防治措施】

（1）农业防治。

①11月下旬至12月中旬，茶叶采摘结束后及时修剪，清洁茶园，降低越冬虫口基数。

②采茶期，及时分批勤采茶，必要时可适当强采，抑制种群密度。

（2）物理防治。

①黄板诱杀：成虫具有趋黄性，在成虫高峰期用黄板或黄红双色板诱杀成虫，可有效降低下一代虫口基数。悬挂密度为20 ~ 25张/亩，悬挂高度为色板下边缘高于茶蓬10 ~ 15cm，视粘虫情况及时更换粘虫板。

②灯光诱杀：成虫具有趋光性，在成虫高峰期用LED太阳能杀虫灯诱杀成虫，可降低虫口基数。

（3）生物防治。

①高湿度茶区或季节，若虫期可选用7.5%鱼藤酮乳油300 ~ 500倍液或每毫升含800万孢子的白僵菌稀释液喷施。

②保护和利用自然天敌：军配盲蝽为茶网蝽天敌，平均每日捕食茶网蝽数量为2 ~ 3头，对茶网蝽具有一定的防治效果，应注意保护和利用。

（4）化学防治。若虫期可选用15%茚虫威乳油2 500 ~ 3 000倍液或24%溴虫腈悬浮剂1 500 ~ 1 800倍液喷施，注意轮换使用药剂。

黄胫侎缘蝽

黄胫侎缘蝽（*Mictis serina* Dallas）属半翅目（Hemiptera）缘蝽科（Coreidae）巨缘蝽亚科（Mictinae）侎缘蝽属（*Mictis*）。食性广，主要为害茶树、豆科植物、瓜类、樟科植物等。

【分布及危害】分布于云南、四川、浙江、湖南、江西、福建、广东、广西等茶区。云南各茶区均有零星分布，以成虫、若虫刺吸茶树嫩茎和嫩叶的汁液，致使茶树嫩梢和嫩叶枯焦或落叶，影响茶叶的产量和品质。当无嫩梢、嫩叶时，则转移至其他作物上为害。

【形态特征】

成虫：体长22 ~ 30mm，宽9 ~ 12mm，体黑褐色至棕色，触角4节，褐色，末节黄褐色或橙色。前胸中央有1条纵向黑褐色细刻纹，侧角略向外扩张，微翘。小盾片呈三角状，两侧角处具小凹陷，末端有一浅黄色长形小斑。前翅膜质深褐色，长及腹末。足细长，腿节黑褐色，棒状。胫节短于后足腿节，呈黄色，末端内侧有1个三角形刺突。雌虫后半部略膨大，腹部腹面平坦，后足腿节正常。雄虫腹部腹面纵向隆起，第2、3节腹板相交处横向成斧状突起，后足腿节粗大，基部较弯曲，胫节端部有一个大刺。

卵：椭圆形，褐色，覆有灰色粉状物。

若虫：共5龄。长椭圆形，浅黄褐色，触角长于体长，基部3节有毛，第4节端部色淡。

黄胫侎缘蝽初期为害状
（玉香甩拍摄）

黄胫侎缘蝽中期为害状
（玉香甩拍摄）

黄胫侎缘蝽后期为害状
（玉香甩拍摄）

黄胫侎缘蝽雌虫
（玉香甩拍摄）

黄胫侎缘蝽雄虫
（龙亚芹拍摄）

【生物学特性】

(1) 世代及生活史。1年发生2代，以成虫在枯枝落叶下或草丛中越冬，翌年4月下旬开始交尾、产卵。一、二代若虫分别发生在5 ~ 7月、7 ~ 9月。二代成虫于8 ~ 9月羽化，成虫寿命较长，世代重叠现象明显。

(2) 生活习性。若虫为害嫩梢和嫩叶，成虫主要为害一芽二三叶的嫩梢，口针刺入嫩茎吸取汁液，1 ~ 2h后，被刺吸处以上的嫩梢开始枯萎下垂，1 ~ 2d后嫩梢枯焦，数天后呈枯焦状。

【防治措施】

(1) 农业防治。

①阴雨天或早上露水未干前，成虫、若虫不活跃，多栖息在树冠的茎叶上，可人工捕捉。

②11月下旬至12月中旬，采摘结束后及时修剪，清洁茶园枯枝落叶，降低越冬虫口基数。

(2) 物理防治。黄胫侎缘蝽具趋化性，可配制糖醋液进行诱杀。

(3) 化学防治。该虫为零星分布，无须专门防治。

茶 籽 盾 蝽

茶籽盾蝽（*Poecilocoris latus* Dallas），又名油宽盾蝽，属半翅目（Hemiptera）蝽科（Pentatomidae）。主要为害茶和油茶。

【分布及危害】国外已知分布于缅甸、越南、印度；国内主要分布于云南、贵州、湖南、广东、福建、广西、浙江、陕西等茶区。云南各茶区均有分布，主要为害茶树幼果，呈现许多褐色凹点与淡棕色小斑，引起落果，无果期为害幼嫩枝叶。

【形态特征】

成虫：宽椭圆形，体长16 ~ 20mm，宽10 ~ 14mm，黄色、橙黄色、黄褐色，有蓝色或蓝黑色斑。头蓝黑色，前胸背板有4块蓝黑斑，后端1对斑块较大。小盾片有7 ~ 8块蓝黑斑。基部中央有1块大型横列斑，有时分成2块，其外侧各1小块，中央稍后横列4块，中间2块较大。

卵：近椭圆形，初产时淡黄色，孵化前呈深黄色，10余粒于叶背平铺成卵块，上端有卵盖，卵盖有2个对称小红斑。

若虫：共5龄。体长15 ~ 17mm，橙黄色，颜色鲜艳。复眼及触角2 ~ 5节蓝黑色，头和中、后胸背面倒“山”字形斑蓝色，有光泽。腹部中央渐现2块横列蓝斑。

【生物学特性】

(1) 世代及生活史。大多1年发生1代，以老熟若虫在茶丛中下部叶背或根际枯草落叶、土块下越冬，翌年3 ~ 4月初开始活动取食。

(2) 生活习性。

①成虫羽化习性：越冬代若虫4月下旬开始羽化，5月中旬为羽化高峰期，羽化多在6月底结束，少量可延至7月。羽化时间在9:00 ~ 16:00，大多数在10:00 ~ 12:00。一只若虫从羽化开始到蜕皮结束需30 ~ 40min，成虫羽化后蛰伏10 ~ 15d才逐步活动，20 ~ 25d逐渐活跃。

②成虫交尾习性：雌雄成虫交尾多在11:00 ~ 14:00，可多次交尾，交尾时长可持续2 ~ 5d。

③产卵及卵的孵化习性：雌虫约12d后开始于下午及黄昏在枝叶茂盛的叶背面产卵，每只雌虫平均产卵28 ~ 99粒，分批成块呈斜行排列，较整齐。卵从产出到孵化经历7 ~ 15d，孵化多在7:00 ~ 10:00，同一卵块多在1 ~ 2h内完成孵化。

④成虫、若虫取食为害特性：初孵若虫聚集叶背刺吸嫩叶及嫩芽汁液，三龄若虫取食量增大，较活跃，且逐渐分散转移为害幼果或花蕾。

【防治措施】茶籽盾蝽对茶树树势、茶叶产量及品质影响不大，无须专门防治。

茶籽盾蝽为害叶片
（龙亚芹拍摄）

茶籽盾蝽为害茶果
（龙亚芹拍摄）

茶籽盾蝽低龄若虫
（龙亚芹拍摄）

茶籽盾蝽二龄若虫
（龙亚芹拍摄）

茶籽盾蝽三至四龄若虫
（龙亚芹拍摄）

茶籽盾蝽五龄若虫
（龙亚芹拍摄）

茶籽盾蝽雌成虫
（龙亚芹拍摄）

茶籽盾蝽雄成虫
（龙亚芹拍摄）

茶籽盾蝽雌雄虫交配（左雌右雄）
（龙亚芹拍摄）

长肩棘缘蝽

长肩棘缘蝽（*Cletus trigonus* Thunberg），属半翅目（Hemiptera）缘蝽科（Coreidae）棘缘蝽属（*Cletus*），是一种刺吸茶树的害虫。

【分布及危害】长肩棘缘蝽主要分布于云南、四川、贵州、广东、福建、浙江等地。以成虫、若虫刺吸茶树嫩芽、嫩茎或嫩叶汁液，为害后期可导致芽梢枯焦，成叶脱落。在云南茶园内零星发生，对茶叶产量和品质影响不大。

【形态特征】

成虫：体长7 ~ 9mm，宽4 ~ 5mm。触角第1 ~ 3节深褐色，等长，第4节黑褐色，末端红褐色。前胸背板前半部色浅，侧角呈细刺状向两侧伸出，不向上翘，黑色，革片内角翅室的白斑清晰。小盾片刻点粗，前足、中足基节各具2个小黑点，后足基节1个，体下色浅，腹部有4个黑点，中间2个小或不明显。

卵：卵近菱形，初产卵乳白色，后渐变为黄色，半透明。

若虫：末龄若虫黄褐色，腹部背面有小黑纹，前胸背板侧角向后偏外延伸成针状，翅芽达第3腹节后缘。

长肩棘缘蝽成虫
（龙亚芹拍摄）

【生物学特性】1年发生2 ~ 3代，以成虫在枯枝落叶或枯草丛中越冬，翌年3 ~ 4月开始产卵，卵多产在叶或嫩茎上。

【防治措施】长肩棘缘蝽在茶园属零星发生，对茶叶产量、品质影响较小，无须专门防治。

宽肩达缘蝽

宽肩达缘蝽（*Dalader planiventris*）属半翅目（Hemiptera）缘蝽科（Coreidae）。为害茶树、蚕豆、豌豆、菜豆、绿豆、大豆、豇豆、昆明鸡血藤、毛蔓豆等作物。在云南茶园内零星发生。

【分布及危害】主要分布于云南、贵州、广东等地。成虫和若虫均喜欢刺吸嫩茎、嫩叶汁液，被害嫩茎、嫩叶变黄，干枯。

【形态特征】体长23 ~ 26mm，赭色。触角第3节扩展，前胸背板侧叶向前侧方伸展较短，腹部两侧扩展呈菱形。

【生物学特性】以成虫在枯草丛中、树洞和屋檐下等处越冬。越冬成虫3月下旬开始活动，4月下旬至6月上旬产卵，5月下旬至6月下旬陆续死亡。一代若虫5月上旬至6月中旬孵化，6月上旬至7月上旬羽化为成虫，6月中旬至8月中旬产卵。二代若虫6月中旬末至8月下旬孵化，7月中旬至9月中旬羽化为成虫，8月上旬至10月下旬产卵。三代若虫8月上旬末至11月初孵出，9月上旬至11月中旬羽化，成虫于10月下旬至11月下旬陆续越冬。成虫和若虫白天极为活泼，早晨和傍晚稍迟钝，阳光强烈时多栖息于寄主叶背。初孵若虫在卵壳上停息半天后，即开始取食。

【防治措施】该虫为零星发生，无须专门进行防治。

宽肩达缘蝽
（龙亚芹拍摄）

麻 皮 蝽

麻皮蝽（*Erthesina fullo* Thunberg），又名黄斑蝽，属半翅目（Hemiptera）蝽科（Pentatomidae）麻皮蝽属（*Erthesina*）。为害茶、桃、苹果、梨、白蜡、榆、柿、合欢、悬铃木、国槐、刺槐、泡桐、樱花、海棠等多种植物。

【分布及危害】国外已知分布于日本、印度、缅甸、斯里兰卡等国家；国内分布于云南、四川、贵州、内蒙古、辽宁、陕西、广东、广西、湖南、湖北、福建、海南及台湾等地。以成虫和若虫刺吸花、嫩叶、嫩茎和果实的汁液为害，严重时导致叶片枯黄脱落，树势衰弱，造成茶叶产量和品质下降。

【形态特征】

成虫：体长18 ～ 23mm，宽10mm左右。体黑褐色，密布黑色刻点和细碎的不规则黄斑。触角黑色，末节基部、腹部各节侧接缘中央、胫节中段为黄色。从头端至小盾片基部有1条黄色细中纵线。头长侧叶与中叶末端平齐，侧叶的末端狭尖，使侧缘成一角度。喙细长伸达第3腹节中部。前胸背板前侧缘略呈锯齿状。腹部腹面中央有1条凹下的纵沟。前足胫节加宽，略扩大成叶状。

卵：长圆形，光亮。卵块通常12粒，排成4行，初产时淡绿色，中期米黄色，孵化时变为淡黄色。卵壳网状，假卵盖半球形，顶端有一圈锯齿状刺。

若虫：共5龄。各龄若虫体扁，洋梨形，前端较窄，后端宽圆，全身侧缘具淡黄色狭边。触角4节，黑褐色，节间黄赤色。前足胫节端半部加宽，侧扁变成叶状。腹背第3 ～ 6节中央各具1块黑褐色隆起斑，斑块周缘浅黄色区域各具1对臭线孔。腹侧缘各节有1个黑褐色斑块，喙黑褐色，伸达第3腹节后缘。一龄若虫体长3.4 ～ 5.1mm，头中叶长于侧叶，复眼浅褐色，头顶至第2腹节有一隐现浅黄白色细中纵线。前胸背板侧缘稍向上卷起。五龄若虫体长16 ～ 18.4mm，头、胸、翅芽黑色，腹部灰褐色，全身被有白色粉末。头中叶与侧叶几乎等长。头前端至小盾片端部有一浅黄色中纵线。各腿节基部2/3为浅黄色，胫节中端黄白色，其余褐色。

【生物学特性】

（1）世代及生活史。云南1年发生3代。以成虫在屋檐下、墙脚、树干翘皮中、裂缝中、树洞中、碎石块堆中、落叶层中或杂草丛中越冬，越冬态不明显。

（2）生活习性。成虫飞翔力较强，具群集习性；喜栖息，活动在向阳的树冠中、上部。活动比较隐蔽。日落后成虫、若虫开始进入枝叶浓密、干燥的叶片背面隐蔽。

麻皮蝽成虫
（龙亚芹拍摄）

①取食为害特性：初孵若虫先群集静伏在卵块附近，经5～10h后开始就近取食活动，一至二龄若虫群集活动、取食；三龄若虫开始离群，分散取食。成虫白天多在茶树枝干、枝叶、花（蕾）或果上停歇或取食为害，10:00～16:00为其活动、取食盛期。

②成虫羽化、交尾及产卵特性：成虫羽化多在夜间发生，若虫经5次蜕皮即完成羽化。羽化后成虫原地静伏或向枝干作短距离爬行，待翅完全展开后即可飞行或取食为害。成虫交尾高峰在12:00～14:00，交配为重叠式，雌成虫在下，雄成虫在上；交配时间数分钟、数十分钟至数小时不等。取食、交尾、产卵交错进行。交尾后的雌成虫1～2d开始产卵，卵多产在茶树叶片背面或嫩枝的芽腋处，卵排列整齐，聚集成卵块。

③卵孵化特性：卵多在清晨孵化，孵化时若虫用头顶开卵盖，初孵若虫在卵壳围成圆圈静伏不动，受惊分散，后又重新聚集。

【防治措施】

（1）农业防治。

①结合冬季封园修剪，剪除受害枝条，能有效降低越冬虫口基数，减轻翌年为害。

②及时排水降低田间湿度，修整茶树中下部枝条，清理茶园杂草，提高茶园通风透光性。

③平衡施肥，增强树势，提高茶树抗逆性，减轻为害。

④人工摘除卵块。成虫出现盛期，利用成虫的假死性，摇动茶树，捕杀落地的成虫。

（2）生物防治。保护和利用自然天敌，如鸟类、寄生蜂等。沟卵蜂、平腹小蜂、黑卵蜂、啮小蜂等是麻皮蝽卵的主要天敌，对麻皮蝽卵的寄生率较高，可起到明显的自然控害作用。

其他蝽类

粗腿缘蝽
（龙亚芹拍摄）

二点盾蝽
（龙亚芹拍摄）

稻缘蝽
（龙亚芹拍摄）

稻缘蝽交配
（龙亚芹拍摄）

红　蝽
（龙亚芹拍摄）

颈红蝽
（龙亚芹拍摄）

离斑棉红蝽
（龙亚芹拍摄）

瘤缘蝽
（龙亚芹拍摄）

拟棘缘蝽
（龙亚芹拍摄）

盲　蝽
（龙亚芹拍摄）

荔枝蝽成虫
（龙亚芹拍摄）

荔枝蝽若虫
（龙亚芹拍摄）

桑宽盾蝽（体黄色）
（龙亚芹拍摄）

桑宽盾蝽（体黄褐色）
（龙亚芹拍摄）

桑宽盾蝽（体红褐色）
（龙亚芹拍摄）

紫蓝绿盾蝽
（龙亚芹拍摄）

透翅网蝽
（龙亚芹拍摄）

一种蝽
（龙亚芹拍摄）

茶 棍 蓟 马

茶棍蓟马（*Dendrothrips minowai* Priesner），又名茶蓟马、茶棘皮蓟马，属缨翅目（Thysanoptera）蓟马科（Thripidae），是云南大叶种茶树上的重要害虫之一。

【分布及危害】 茶棍蓟马分布于云南、贵州、四川、重庆、广东、广西、海南、福建、湖南、浙江、江苏、江西、山东等茶区。在云南以勐海、澜沧、江城等茶园内为害较为严重。以成虫、若虫锉吸茶树新梢嫩叶液汁，受害叶片背面常呈条形疤痕状，叶片正面略似凹凸状，叶色渐淡失去光泽，严重时叶片变形，叶质僵硬变脆，影响茶叶产量和品质。

【形态特征】

成虫：雌成虫体长0.8 ～ 1.1mm，黑褐色，触角8节，节Ⅰ、节Ⅲ至节Ⅴ黄棕色，节Ⅴ端半部及其他节暗棕色。前胸与头等长，前胸背板鬃毛不明显。翅狭长略弯，后缘平直，前翅淡黑色，翅脉1条，翅中央靠近基部有1条黄白色透明带，合翅时可见有1个黄白点。腹部共10节，第9腹节后缘环生短鬃8根，第10腹节末端有短鬃4根。

卵：长椭圆形，乳白色，半透明。

若虫：共4龄。一龄若虫半透明乳白色；二龄若虫体扁肥，体色由浅黄至橙红，复眼黑红色；三龄若虫（预蛹）体偏短，橙红色，复眼大，前缘具半月形红色晕，单眼开始出现，触角紧贴在头背面，向头部弯曲，前后翅芽达第2、3腹节前端；四龄若虫（蛹）体橙红色，翅芽渐长，腹部节间明显，第3 ～ 8腹节两侧呈锯齿状，腹部末端有明显粗短鬃4根。

茶棍蓟马为害叶片正面状
（龙亚芹拍摄）

茶棍蓟马为害叶片背面状
（龙亚芹拍摄）

茶棍蓟马群集为害
（龙亚芹拍摄）

茶棍蓟马成虫
（龙亚芹拍摄）

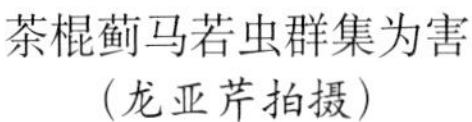

茶棍蓟马若虫群集为害
（龙亚芹拍摄）

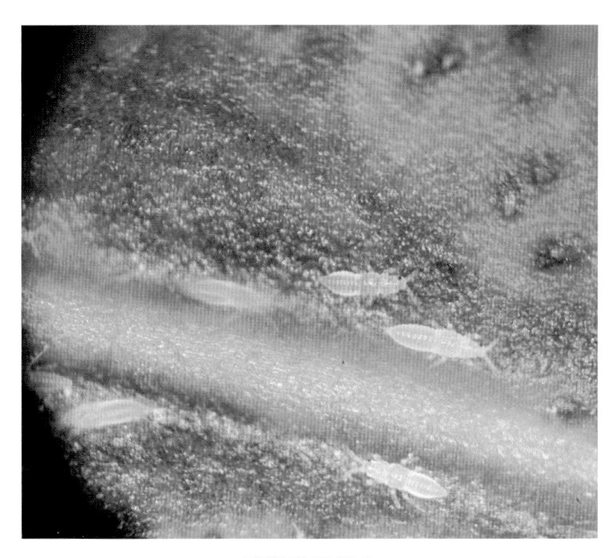

茶棍蓟马若虫
（龙亚芹拍摄）

【生物学特性】 茶棍蓟马1年发生多代，世代重叠严重，以成虫在茶蓬下部叶片背面或杂草上越冬，或无明显的越冬现象。成虫、若虫趋嫩性强，喜在嫩叶叶面活动和取食，成虫活动性较弱，受惊后会弹跳飞翔，白天阳光强烈时多栖息于叶背和树丛下荫蔽处或芽缝内。卵多产于嫩叶叶脉两侧叶肉内，以芽下第1叶上主脉两侧居多。初孵若虫有群集性，常数十头聚集栖息在嫩叶叶背或叶面。若虫进入三龄后停止取食，并沿枝干下移至土表枯叶内化蛹。

【防治措施】

（1）农业防治。

①加强田间管理，及时分批采摘或修剪，可随芽叶带走一定的虫卵及虫体，一定程度上降低虫口基数。

②冬季修剪，清理茶园，减少越冬虫口基数，可有效控制来年茶棍蓟马发生为害。

（2）物理防治。茶棍蓟马趋黄性较强，可于春茶采摘结束后在茶蓬正中央悬挂黄板诱杀成虫，悬挂色板下边缘距离茶蓬面应低于20cm，以东西方向悬挂为宜，每亩悬挂20 ～ 25张。

（3）生物防治。

①以虫治虫：利用捕食性天敌昆虫螳螂、草蛉、蜘蛛等防治茶棍蓟马。

②性诱剂诱杀：将信息素引诱剂诱芯悬挂在黄板上诱杀茶棍蓟马成虫。

③生物药剂防治：当百梢虫量达100头，虫梢率达40%以上，且若虫占80%以上时，可选用7.5%鱼藤酮乳油500倍液防治。

（4）化学防治。茶棍蓟马的防治时间一般掌握在春茶结束后、各季修剪或强采结束后且新芽刚萌发时。可喷施24%溴虫腈悬浮剂1 000 ～ 1 500倍液，或15%茚虫威乳油1 000倍液，或24%虫螨腈1 000 ～ 1 500倍液。注意不同季节轮换使用上述药剂，严格遵守安全间隔期，以静电喷雾方式喷施蓬面为宜。

茶 黄 蓟 马

茶黄蓟马（*Scirtothrips dorsatis* Hood），又称茶叶蓟马、茶黄硬蓟马，属缨翅目（Thysanoptera）蓟马科（Thripidae），是茶树上的重要害虫之一。

【分布及危害】国外已知主要分布于日本、印度、马来西亚、巴基斯坦等国家；国内主要分布于云南、贵州、海南、广东、广西、江西、浙江、福建、台湾等茶区。以成虫、若虫锉吸茶树嫩叶或嫩梢汁液，受害叶在叶背主脉两侧呈现2条或多条纵向内凹的红褐色条痕，严重时叶背呈一片褐纹，条纹相应的叶正面失去光泽，略凸起，后期芽梢逐渐萎缩，叶片反卷或向内纵卷，叶质僵硬变脆。也可为害叶柄、嫩茎和老叶，影响茶树生长势。全年中以春茶期为害较为严重，干旱年份易暴发为害，严重影响茶叶产量和品质，给茶产业造成重大损失。该虫在云南各茶区均有发生，2019—2020年曾在西双版纳等多个茶园内暴发为害，平均单个茶梢虫口达百头以上，导致无茶可采，造成严重的经济损失。

茶黄蓟马严重为害茶园状
（龙亚芹拍摄）

茶黄蓟马为害茶梢状
（龙亚芹拍摄）

茶黄蓟马为害叶片正面状
（龙亚芹拍摄）

茶黄蓟马为害叶片背面状
（龙亚芹拍摄）

【形态特征】

成虫：体长约0.9mm，头宽约为头长的一倍，体橙黄色。触角8节，第1～2节淡黄色，第3～8节淡褐色，第3～4节有U形感觉器。复眼红褐色，复眼后有鬃2根，单眼橙红色，单眼间有鬃2根。前胸背后侧角有粗鬃1根，前翅狭长淡黄褐色，有纵脉2根，上脉鬃10根，其中基鬃7根，端鬃3根，下脉鬃2根。第2～7腹节各有一囊状暗褐色斑纹，第8腹节后缘栉毛明显，腹部鬃毛较长。

卵：肾形，长约0.2mm，初期半透明乳白色，后变淡黄色。

若虫：初孵若虫白色透明，复眼红色，触角粗短，以第3节最大。头、胸约占体长的一半，胸宽于腹部。二龄若虫体长0.5 ~ 0.8mm，淡黄色，触角第1节淡黄色，其余暗灰色，中、后胸与腹部等宽，头、胸长度略短于腹部长度。三龄若虫（前蛹）黄色，复眼灰黑色，触角第1、2节大，第3节小，第4 ~ 8节渐尖，翅芽白色透明，伸达第3腹节，各腹节两侧的齿状缘有1根白鬃。

蛹：黄色，复眼前半部红色，后半部黑褐色，触角倒贴于头及前胸背面，翅芽伸达第4腹节（前期）至第8腹节。

茶黄蓟马若虫群集为害
（龙亚芹拍摄）

茶黄蓟马若虫
（龙亚芹拍摄）

茶黄蓟马成虫
（龙亚芹拍摄）

【生物学特性】

（1）世代及生活史。茶黄蓟马1年发生多代，云南1年发生10 ~ 12代，世代重叠，在云南、贵州、广东、广西等南方茶区无明显越冬现象，冬季仍可在嫩梢上找到成虫或若虫，但在浙江、江西等茶区，以成虫在茶花中越冬。在云南，茶黄蓟马每年有两个发生高峰期，第一个高峰期为4月中下旬至6月上中旬，为全年盛发期，虫口基数大，严重年份导致无茶可采；7 ~ 8月雨水多，蓟马虫口迅速下降；9月后虫口数量逐渐上升，10 ~ 11月为第二个高峰期，12月下旬后虫口下降。

(2) 生活习性。茶黄蓟马趋嫩性强，多在芽及芽下1～3叶吸食，其中在芽下吸食的占7.4%，芽下1叶占29.4%，芽下2叶占39.1%，芽下3叶占20.1%，芽下4叶占3.9%，成叶、老叶无虫。田间雌雄比例差别大，绝大部分是雌虫，雄虫很少发现，以两性生殖为主，也可见孤雌生殖，卵产于芽或嫩叶叶背表皮下，每只雌虫平均产卵35～62粒。成虫活跃，受惊后常飞起，午间多栖息于叶背和芽内，阴天可全天活动，雨天或低温下活动性差，雨后天晴则特别活跃。成虫无趋光性，但对绿、蓝色趋性明显。

【防治措施】根据茶黄蓟马全年发生发展规律，结合预警监测，因地制宜采取农业防治、物理防治、生物防治、化学防治等综合防治措施控制害虫为害。

(1) 农业防治。

①科学合理施肥，提高茶树耐害能力；及时清洁茶园，减少茶黄蓟马越冬场所。

②及时分批采摘，可同时带走一部分若虫和卵，减少田间虫口数量。

③春茶采摘结束，适时轻修剪，抑制虫口发生。

④冬季修剪、封园：在冬季采茶结束后，即每年12月上中旬进行深修剪（剪除10～15cm茶梢），修剪可将嫩梢连同在嫩梢上的蓟马成虫、卵和若虫剪除，减少田间越冬虫口。此时期茶园害虫处于休眠阶段易于清除，不会影响天敌生存及污染环境。

(2) 物理防治。在茶黄蓟马成虫发生高峰期前，使用蓝板诱杀成虫，田间密度为20～25张/亩，悬挂高度为蓝板下边缘高于茶蓬15～20cm，以南北朝向为宜。

(3) 生物防治。

①保护和利用自然天敌：保护和利用茶黄蓟马的天敌昆虫，如草间小黑蛛、草蛉、瓢虫、大赤螨、捕食螨等。改善茶园生态环境，以利于天敌昆虫繁殖，发挥自然天敌资源对茶黄蓟马的控制作用。

②生物药剂防治：根据预警监测结果，结合防控指标（即田间百梢虫口数≥100头、有虫梢率达20%，且若虫占总虫量的80%左右），于入峰后高峰前期，采用30%茶皂素水剂（150mL/亩）或0.3%印楝素乳油（150mL/亩）或7.5%鱼藤酮乳油（150mL/亩）等生物制剂预防若虫，同时分批勤采摘，充分保护和利用捕食螨等天敌，因地制宜采取结构调整等生态调控措施，减轻虫害发生程度，减少化学农药使用，促进可持续治理。

(4) 化学防治。对虫口密度高、集中连片发生区域，抓住若虫低龄期实施统防统治和联防联控；对分散发生区实施重点挑治和点杀点治。在幼龄茶园百梢虫量为60头、虫梢率30%以上时，或成龄茶园百梢虫量100头、虫梢率40%以上时，应全面喷药防治，可选用24%虫螨腈悬浮剂（30mL/亩）或15%唑虫酰胺悬浮剂（20mL/亩）或30%茚虫威悬浮剂（20mL/亩）或6%乙基多杀菌素悬浮剂（20mL/亩）等低水溶性高效低风险农药，注意交替、安全使用农药，延缓抗药性产生，提高防治效果。

贡山喙蓟马

贡山喙蓟马（*Mycterothrips gongshanensis*）属缨翅目（Thysanoptera）蓟马科（Thripidae）喙蓟马属（*Mycterothrips*），是茶树嫩梢上的一种重要吸汁性害虫。

【分布及危害】国内已知分布于云南、贵州茶园内。在云南临沧、保山、普洱、西双版纳等多个茶园内暴发成灾，严重影响当地夏秋茶产量和品质。贡山喙蓟马以成虫、若虫藏匿于芽叶贴合处或芽下第一叶的叶尖和叶缘卷曲处，锉吸茶树新梢和嫩芽，当种群数量较大或芽叶焦枯时，成虫、若虫有转移为害的习性。受害芽叶的叶尖及叶缘最先出现黄色斑点，后逐渐形成连片的褐色斑块，芽叶畸形卷曲，节间缩短，伸展缓慢，严重时轻触即落，导致芽梢光秃，无茶可采，严重影响茶叶的产量和品

质，造成巨大的经济损失。

【形态特征】

成虫：雌虫体长1.1～1.3mm。体棕褐色至黑褐色；前翅暗褐色，基部和端部色淡。头部眼后有横纹，单眼前鬃略短于单眼侧鬃，单眼间鬃位于后单眼前内缘，长度超过前单眼侧鬃的2倍；触角8节，节Ⅰ具有1对背顶鬃，节Ⅲ和节Ⅳ具有叉状感觉锥；前胸背板宽大于长，具有2对长的后角鬃，后缘鬃2对且内鬃Ⅰ稍长于内鬃Ⅱ；中胸背板具横纹，前缘感觉孔存在；后胸背板前中部具横纹，两侧具纵纹，中对鬃位于前缘上，无感觉孔；中、后胸内叉骨均具有明显的刺；前翅前脉鬃具有长的间断，端鬃2根，后脉鬃完整，翅瓣鬃5+1根；腹部背板节Ⅱ～Ⅷ两侧具横纹，横纹上有大量微毛，节Ⅷ具有完整的后缘梳，腹部腹板无附属鬃，节Ⅱ具有2对后缘鬃，节Ⅲ～Ⅶ具有3对后缘鬃，节Ⅶ后缘鬃位于后缘之前。雄虫体长0.9～1.1mm，体色较雌虫淡；触角第6节几乎与雌虫等长；腹部背板节Ⅷ具有完整的后缘梳，节Ⅸ具有1对感觉孔和2对深色的刺状鬃；腹板节Ⅱ无附属鬃，节Ⅲ～Ⅷ有8根附属鬃。

卵：乳白色，半透明，肾形，长201～282μm，宽99～118μm，近孵化时出现2个红色眼点。

若虫：共4龄。初孵时乳白色，后转为淡黄绿色，长354～607μm，宽119～140μm，头部长37～65μm，触角向前平伸，无翅芽。二龄若虫黄绿色，长708～1 016μm，宽171～199μm，头部长65～92μm，触角向前平伸，无翅芽。三龄若虫（伪蛹）头胸部黄白色，腹部黄色，足和触角白色透明，体长731～911μm，宽165～265μm，头部长62～92μm，翅芽开始显露，筒状，无毛，后翅长于前翅，触角直立或向后贴于头部背面。四龄若虫（蛹）最初通体黄白色，足、触角、翅白色透明，体长787～1 120μm，宽224～287μm，头部长79～102μm，翅芽逐渐伸长并显露毛序，前翅和后翅几近等长，触角向后贴于头部背面，随着生长发育的进程，翅与触角颜色先变暗，逐渐全体变棕褐色。

【生物学特性】贡山喙蓟马1年发生多代，世代重叠，在云南茶区无明显越冬现象，在冬季仍可在嫩梢上发现成虫或若虫。在云南4～11月均可见成虫和若虫为害，6～10月为害尤为严重。雌虫将卵产于中脉叶肉组织内，若虫喜欢为害茶树未展开或部分展开的芽头，受害幼嫩芽叶正面褐化甚至芽头脱落。成虫活跃，受惊后常飞起，多栖息于腋芽处。

【防治措施】

（1）农业防治。

①科学合理施肥，提高茶树耐害能力；及时清洁茶园，减少贡山喙蓟马越冬场所。

②及时分批采摘，可同时带走一部分若虫和卵，减少田间虫口数量。

③结合采摘，适时轻修剪，抑制虫口发生。

④冬季修剪、封园：在冬季采茶结束后，即每年12月上中旬进行深修剪（剪除10～15cm茶梢）。修剪可将嫩梢连同在嫩梢上的蓟马成虫、卵和若虫剪除，减少田间越冬虫口。此时期茶园害虫处于休眠阶段易于清除，不会影响天敌生存及污染环境。

（2）生物防治。

①保护和利用自然天敌：保护和利用天敌昆虫，如草间小黑蛛、草蛉、瓢虫、大赤螨、捕食螨等。改善茶园生态环境，以利于天敌昆虫繁殖。

②生物药剂防治：根据预警监测结果，结合防治指标（即田间百梢虫口数≥100头、有虫梢率达20%，且若虫占总虫量的80%左右），于入峰后高峰前期，采用0.6%苦参·藜芦碱水剂500倍液防控。

（3）化学防治。科学合理使用低水溶性化学农药进行应急防治。在幼龄茶园百梢虫量60头、虫梢率30%以上时，或成龄茶园百梢虫量100头、虫梢率40%以上时，应全面喷药防治，可选用24%虫螨腈悬浮剂（30mL/亩）或6%乙基多杀菌素悬浮剂（30mL/亩）或10%多杀霉素可分散油悬浮剂（30mL/亩）或5%甲氨基阿维菌素苯甲酸盐水分散粒剂（6g/亩）进行防控，注意交替、安全使用农药，延缓抗药性产生，提高防控效果。

贡山喙蓟马为害造成芽叶卷曲
（龙亚芹拍摄）

贡山喙蓟马为害造成芽叶干枯
（龙亚芹拍摄）

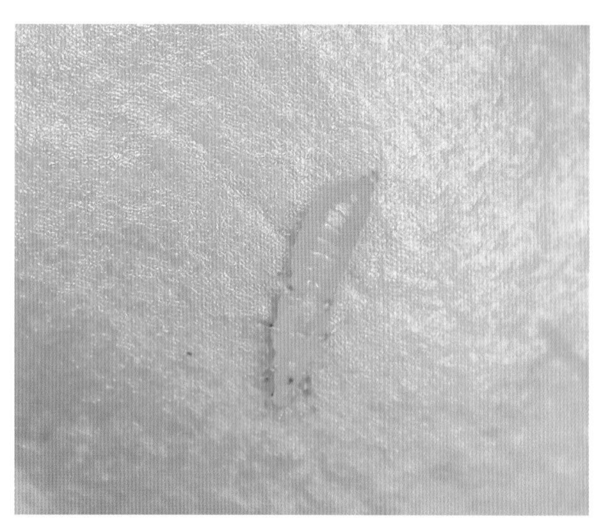

贡山喙蓟马若虫
（龙亚芹拍摄）

贡山喙蓟马若虫群集为害
（龙亚芹拍摄）

贡山喙蓟马成虫
（龙亚芹拍摄）

茶 天 牛

茶天牛（*Aeolesthes induta* Newman），又名楝树天牛、钻心虫等，属鞘翅目（Coleoptera）天牛科（Cerambycidae），是衰老茶园内一类重要的蛀干害虫。

【分布与危害】茶天牛主要分布于云南、贵州、四川、安徽、河南、海南、浙江等地。目前在云南西双版纳、普洱、临沧等管理粗放的老龄茶园及树势衰弱的茶园内为害重，尤其以根颈外露的老茶树受害较为严重。以幼虫蛀入茶树基部枝干及根蔸为害，轻者茶树发芽减少，芽叶瘦小，重者为害后的茶树整个枝干、根蔸蛀空，叶片枯黄而脱落，更严重时整个枝干枯死，枯枝连基部折断并出现孔洞。茶天牛就在孔洞下根蔸部为害，并在为害后留下明显标记，在贴近茶树基部处出现大堆黄色锯木屑和虫粪，更有甚者整株枯死。

【形态特征】

成虫：体长约30mm，暗褐色，有光泽，生有褐色密短毛。头顶中央具一条纵脊。复眼黑色，两复眼在头顶几乎相接。复眼后方具一短且浅的沟。触角中、上部各节端部向外突并生一小刺。雌虫触角长度与体长近似，雄虫触角长度为体长的近2倍，前胸宽大于长，前端略狭，中部膨大，两侧近弧形，背面具皱纹，小盾片末端钝圆，鞘翅上具浅褐色密集的绢丝状绒毛，绒毛具光泽，排列成不规则方形，似花纹。

卵：长约4mm，宽约2mm，长椭圆形，乳白色。

幼虫：老熟幼虫体长37 ~ 52mm，圆筒形，头浅黄色，胸部、腹部乳白色，前胸宽大，硬皮板前端生黄褐色斑块4个，后缘生有“一”字形纹1条，中胸、后胸、第1 ~ 7腹节背面中央生有肉瘤状凸起。

蛹：长25 ~ 30mm，乳白色至浅赭色。

【生物学特性】

（1）世代及生活史。一般1 ~ 2年发生1代，以幼虫或成虫在枝干或根内越冬。云南越冬成虫于翌年4月下旬至6月上旬出现，5月中下旬产卵，进入6月上中旬幼虫开始孵化，10月下旬越冬，翌年8月下旬至9月底化蛹。

（2）生活习性。

①成虫羽化及产卵习性：羽化后成虫不出土而是在蛹室内越冬，到翌年4月下旬左右才开始外

茶天牛为害茶树主干及枝干状
（龙亚芹拍摄）

茶天牛幼虫
（龙亚芹拍摄）

受害茶树根部的木屑和虫粪
（龙亚芹拍摄）

茶天牛钻蛀孔
（龙亚芹拍摄）

出，上移至茎基部或自原来的排泄孔爬上茶蓬隐蔽处蛰伏，夜晚或凌晨活动。成虫具趋光性，飞行能力不强，爬出后2 ～ 3d交尾，可交尾1 ～ 4次。将卵产于根颈或主干基部，且多选择地上5 ～ 10cm、径粗2 ～ 3.5cm的主干，最高可产于距地面40cm左右的枝干上。成虫先咬破基部主干皮层，再插入产卵管产卵，也有将卵散产于树皮裂缝、枝杈或枝干上寄生的苔藓、地衣内。

②幼虫孵化及取食习性：初孵幼虫咬食枝干皮层，1 ～ 2d后进入木质部，向上蛀食一段，再向下蛀至根部形成蛀道，食空一枝再转蛀另外一枝，甚至将茶树根蔸蛀空，同时在地上主干基部3 ～ 5cm处留有细小排泄孔，孔外的地面上堆有虫粪木屑。老熟幼虫上升至地表枝干3 ～ 10cm的蛀道，在枝干壁上咬出羽化孔，而后做成长圆形茧，蜕皮后在茧中化蛹。

【防治措施】

(1) 农业防治。

①中耕深翻：秋冬季茶园进行一次中耕，将土壤翻起打碎，使深土层越冬害虫暴露于地表，受不良气候条件影响及阳光暴晒或各种天敌侵袭致死，此外，中耕可有效防止根茎部害虫入侵。

②根际培土：茶园中耕减少，缺乏正常管理而易发生茶天牛，因此可将茶天牛发生地块的茶丛基部培土踏实，防止根颈部外露而被幼虫入侵或成虫产卵。

(2) 物理防治。

①灯光诱杀：茶天牛成虫具有趋光性，可于成虫发生期前使用LED太阳能杀虫灯诱杀成虫。

②食诱剂：将蜂蜜稀释15 ～ 20倍后诱集成虫，可有效减少下一代幼虫发生。

(3) 生物防治。

①幼虫为害期释放管氏肿腿蜂，能有效减少虫口数量。

②茶园内种植景观树等，为天敌提供栖息环境，充分发挥自然天敌的控害作用。

③幼虫为害期用棉花团蘸绿僵菌复配剂塞入虫孔，或从排泄孔注入绿僵菌复配剂，并用泥巴封口，可毒杀幼虫。

(4) 化学防治。成虫出土前用生石灰5kg、硫黄粉0.5kg、牛胶250g，对水20L调和成白色涂剂，涂在距地面50cm的茶树枝干上或根颈部，破坏茶天牛产卵场所，可减少天牛产卵。

其　他　天　牛

白星天牛
(龙亚芹拍摄)

白星天牛（示头部）
(龙亚芹拍摄)

短触角天牛
（龙亚芹拍摄）

虎天牛
（龙亚芹拍摄）

停歇在茶树上的一种天牛（一）
（龙亚芹拍摄）

停歇在茶树上的一种天牛（二）
（龙亚芹拍摄）

大 灰 象 甲

大灰象甲（*Sympiezomias citri* Chao），又称茶叶象甲、柑橘灰象甲，属鞘翅目（Coleoptera）象甲科（Curculionidae）。除为害茶树外，还为害山茶、柑橘等，是茶园内常见的一种食叶害虫。

【分布及危害】分布于云南、贵州、四川、浙江、福建、江西、安徽、湖南等地。主要以成虫咬食叶片进行为害。其咬食茶树嫩叶边缘，形成不规则缺刻，大发生时，整个茶园被咬食得残缺不齐，叶片破碎，严重影响茶叶的产量和品质，并且导致树势衰弱。

【形态特征】

成虫：成虫体长9 ~ 13mm，体暗黑色，全身密被灰白色鳞毛。头部粗宽，表面有3条纵沟，中央1条纵沟为黑色，头部前端呈三角形凹入，边缘生有长刚毛。前胸背板卵形，末端尖锐，中央黑褐色。鞘翅上各有1个近环状褐色斑纹和10条刻点列，后翅退化。

卵：长椭圆形，初产时为乳白色，近孵化时为灰黑色。

幼虫：体长11 ~ 14mm，乳白色。

蛹：乳白色带微黄色，腹末具黑褐色臀棘1对。

大灰象甲及为害状
（龙亚芹拍摄）

大灰象甲成虫
（龙亚芹拍摄）

【生物学特性】

（1）世代及生活史。该虫在当地1年发生1代，以幼虫在根际表土内越冬。4月中旬开始化蛹，5月中旬开始羽化，并在土中蛰伏5d后出土上树为害。成虫寿命约5个月，4～9月均可见成虫。

（2）生活习性。成虫日间活动，但晨露未干或阴雨天，以及晴天午间，多隐匿茶丛间。晴天上午和17:00后活动取食最活跃，自叶缘蚕食成缺刻，甚至仅留主脉。10多d后开始交尾，多次交尾，陆续产卵。卵产于两叶重叠间或嫩叶卷折间。叶上卵孵化后，幼虫随即坠落嵌入土中，取食须根和有机质，老熟后做土室化蛹。成虫具有假死性，耐饥饿能力强，长达10d左右。

【防治措施】

（1）农业防治。

①清园灭蛹：在秋茶结束后，结合施肥翻耕表土，清除并深埋枯枝落叶。

②人工捕杀：利用成虫的假死性，进行人工捕捉，集中消灭成虫。

（2）化学防治。用药时期掌握在成虫出土盛末期，可选用15%唑虫酰胺乳油1 000倍液喷施防治，安全间隔期7～8d。

茶 籽 象 甲

茶籽象甲（*Curculio chinensis* Chevrolat），又名茶籽象鼻虫、油茶象甲等，属鞘翅目（Coleoptera）象甲科（Curculionidae），是专性蛀果害虫，为害茶树新梢、嫩茎、茶籽及油茶、刺锥栗等。

【分布及危害】分布于云南、贵州、四川、湖北、江西、海南、台湾等地。主要以成虫和幼虫取食茶果进行为害，成虫还能取食嫩梢木质部，导致嫩梢萎凋，倒挂死亡。

【形态特征】

成虫：体椭圆形，长7 ~ 11mm，体、翅黑色，体疏被白色鳞毛，头、前胸均呈半球形，头前端延伸为细长光滑的管状喙，触角膝状，端3节膨大，着生于1/2（雄）处，前胸具浅褐色鳞毛与刻点。每鞘翅上有10条纵沟，翅面有由白色鳞毛组成的斑纹。

卵：长椭圆锥形，长约1.0mm，宽约0.3mm，黄白色。

幼虫：初孵幼虫黄白色，老熟前乳白色，头深褐色，体弯曲呈半月形，无足，各节多横皱纹，背部及两侧疏生黑色短刚毛；成长幼虫体长10 ~ 12mm，淡黄色，体肥多皱，背拱腹凹，略弯曲成C形，无足。

蛹：长椭圆形，体长7 ~ 14mm，乳白色或黄白色；羽化前复眼、头管及翅等变为黑色；头、胸、足及腹部背面均具毛突，腹末有1对短刺。

【生物学特性】

（1）世代及生活史。除云南西双版纳1年发生1代外，一般2年发生1代。以幼虫或上一代新羽化成虫在土中越冬。如以幼虫越冬，第2年仍留土中，在土中12个月左右；如以成虫越冬，则4 ~ 5月陆续出土，6月中下旬为成虫出现盛期，7月下旬为成虫末期，5 ~ 8月在茶果内产卵，7月下旬以后成虫死亡。幼虫孵化后在茶果内生长发育，约2个月后（8 ~ 11月）陆续入土越冬，至第2年8月化蛹，9月陆续羽化为成虫。卵期7 ~ 20d，幼虫期1年以上，蛹期25 ~ 30d，成虫期36 ~ 70d。

（2）生活习性。

①取食为害特性：成虫取食幼果，头喙插入幼果内吸食流汁种仁，引起落果，果面留有黑点伤痕，1d食害3 ~ 4个幼果。蛀食新梢嫩茎，茎外留有褐点，茎内可被蛀空，导致嫩茎枯萎易折；幼虫孵化后即在幼果内蛀食种仁，食空1粒再在果内蛀食另1粒，一生蛀食2 ~ 3粒，种壳内留下大量虫粪。

②成虫羽化、交配及产卵习性：成虫多在白天活动，飞翔力弱，喜荫蔽，具假死性，常集中在茶树四周有遮阴部位或向阴坡的茶树上。成虫出土后6 ~ 8d开始交尾，雌成虫一生可交尾数次，交尾时雌成虫的喙插入茶果内，并不断地转圈；交尾后约10d产卵，产卵前先以口器咬穿果皮，用管状喙插入并钻成小孔后，再将产卵管插入茶果种仁内产卵，每只雌虫平均产卵约100粒。4 ~ 5月成虫无交尾时多栖息在嫩枝、嫩芽或茶果基部的枯萎花絮上，6 ~ 7月为成虫交尾盛期，成虫多在茶果上发现。

【防治措施】

（1）农业防治。

①中耕灭虫：结合茶园管理，进行茶园耕锄、浅翻、深翻，消灭幼虫及蛹。

②人工捕杀：成虫出现盛期，利用成虫的假死性，摇动茶树，捕杀落地成虫。

（2）生物防治。可选用白僵菌871菌粉每亩1 ~ 2 kg拌细土撒施于土表。

茶籽象甲为害茶果状
（王香甩拍摄）

茶籽象甲幼虫
（王香甩拍摄）

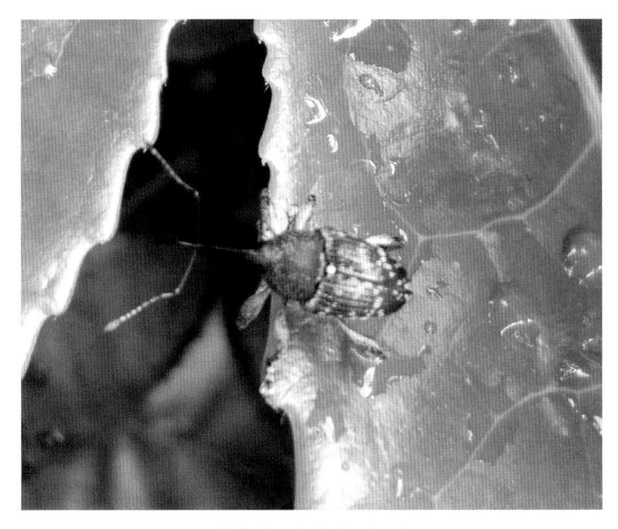

茶籽象甲成虫（一）
（王香甩拍摄）

茶籽象甲成虫（二）
（龙亚芹拍摄）

小 绿 象 甲

小绿象甲（*Platymycteropsis mandarinus* Fairmaire），又称小粉绿象甲、柑橘斜脊象甲，属鞘翅目（Coleoptera）象甲科（Curculionidae），为害茶树、龙眼、荔枝、杧果、绿豆、花生等作物。

【分布及危害】主要分布于云南、广东、广西、福建、海南等地区。成虫取食为害茶树嫩梢和嫩叶，导致叶片残缺、梢秃，影响茶树叶片的光合作用并导致茶树树势衰弱，造成茶叶产量降低、品质下降。

【形态特征】

成虫：体长椭圆形，体长5 ~ 9mm，宽1.8 ~ 3.1mm，均密被淡蓝绿色闪光鳞片，触角和足红褐色。头喙刻点小，喙短，中间和两侧具细隆线。前胸梯形，略窄于鞘翅基部；中叶三角形，端部较钝，小盾片较小。鞘翅卵形，肩倾斜，顶端分别缩成角，背面密布细而短的白毛。行纹细而深，行间平，刻点稀、小。足腿节稍粗，具小齿。

卵：椭圆形，长约0.6mm，乳白色。

幼虫：长6 ~ 7mm，浅黄色；腹末节呈管状突出，背面具4根细长刚毛；腹面肛门背面有3个骨化瓣，中央瓣较大，肛门腹面及两侧亦有骨化部分。

蛹：长5 ~ 6mm，浅黄色，前胸背板具10对钩状毛突，中后胸背板各有4对钩状毛突，腹部背面各有4 ~ 5对钩状毛突，腹末有1对黑褐色臀棘，臀棘末端分叉。

【生物学特性】

(1) 世代及生活史。1年发生1 ~ 2代，以成虫和幼虫在土壤中越冬。

(2) 生活习性。成虫常群集为害，具假死性，受惊后即坠落地面，耐饥力强，达10d左右。成虫出土后9 ~ 12d开始交尾，一生可交尾数次。雌成虫交尾后3 ~ 4d大多在叶片茂密处用足夹抱重叠的叶片，将产卵器伸入两叶的叠合间产卵，并分泌黏液使两叶与卵块相互黏合，少数产于嫩叶卷折间或产于土表并以叶片粘盖。

【防治措施】

(1) 农业防治。

①冬季修剪：冬季进行轻修剪、重修剪和台刈等，优化树冠，复壮树势。

小绿象甲成虫
（龙亚芹拍摄）

小绿象甲成虫群集为害
（龙亚芹拍摄）

小绿象甲取食花朵
（龙亚芹拍摄）

小绿象甲取食叶片
（龙亚芹拍摄）

中华弧丽金龟

中华弧丽金龟（*Popillia quadriguttata*），别名四纹丽金龟、四纹弧丽金龟，属鞘翅目（Coleoptera）丽金龟科（Rutelidae）。成虫食性极杂，可取食茶、油茶、玉米等多种经济作物。

【分布及危害】广泛分布于国内各产茶区，云南全省茶园内均有分布，幼虫为害茶树根部，成虫取食叶片造成危害。

【形态特征】

成虫：体长椭圆形，长7 ~ 12mm，宽4.5 ~ 6.5mm。体色多变，体墨绿带金属光泽，鞘翅黄褐色带漆光，或鞘翅、鞘缝和侧缘暗褐色；或全体黑色、黑褐色、蓝黑色、墨绿色或紫红色；有时全体红褐色；头后半部、前胸背板和小盾片黑褐色。臀板基部有2个白色毛斑，腹部每节侧端有一簇毛斑。鞘翅有6条近于平行的刻点沟。前足胫节外缘2齿。爪成对但不对称，前足、中足的内爪大而端部分裂，后足外爪较大。

卵：椭圆形至球形，长径1.5 ~ 1.7mm，短径0.9 ~ 1.0mm，初产卵为乳白色，孵化前为乳黄色。

幼虫：三龄幼虫体长8 ~ 10mm，头宽2.9 ~ 3.1mm，头赤褐色，体乳白色。头部前顶刚毛每侧5 ~ 6根成一纵列；后顶刚毛每侧6根，其中5根成一斜列。

蛹：长9 ~ 13mm，宽5 ~ 6mm，唇基近长方形，触角雌雄同形，靴状。

【生物学特性】通常1年发生1代，以幼虫在土壤中越冬。成虫5月开始出土，6 ~ 7月为盛发期，卵多单个产在表土下2 ~ 5mm的卵室中。成虫发生初期、后期多分散活动；盛期则群集取食、交配，常几十头甚至几百头群集咬食叶肉，只留下叶脉，并有成群迁移为害的特点。

【防治措施】参照铜绿丽金龟防治措施。

中华弧丽金龟成虫

（龙亚芹拍摄）

龟　甲

龟甲属于鞘翅目（Coleoptera）多食亚目（Polyphaga）叶甲总科（Chrysomeloidea）龟甲科（Cassididae）昆虫，全世界2 400余种。

【分布及危害】主要分布于热带、亚热带地区，中国已知160多种。以成虫、若虫取食茶树叶片造成缺刻，影响茶树树势，造成茶叶减产。

【形态特征】成虫形似小龟，体背隆起或稍隆，周缘敞出，头部多隐藏于前胸之下。小型到大型，某些类群具金属光泽，有或无色斑，前胸和鞘翅敞边常透明。头向后倾斜。触角11节。鞘翅光洁，或有脊线、瘤和刺，在小盾片后面常隆起形成驼顶；刻点排列成行或不规则，有时微细、稀疏。雌雄性征不明显，主要表现于触角的长度和粗度以及前胸背板和鞘翅敞边的形状。茶园内常见龟甲科昆虫，主要包括星斑梳龟甲、圆顶梳龟甲、金梳龟甲。

星斑梳龟甲
（龙亚芹拍摄）

圆顶梳龟甲
（龙亚芹拍摄）

金梳龟甲
（龙亚芹拍摄）

叶　　甲

叶甲，又名金花虫，属鞘翅目（Coleoptera）叶甲科（Chrysomelidae）。茶园常见有黑足守瓜、负泥虫等。

【危害】以成虫、幼虫咬食茶树叶片，造成叶片穿孔或残缺，严重时叶片会被吃光。

【形态特征】体小型至中型，卵圆形至长椭圆形，体色因种类而异，体表常具金属光泽。触角多为丝状，一般不超过体长的2/3，复眼圆形。跗节隐5节，似4节。幼虫为寡足型。

【生物学特性】多以成虫越冬，越冬场所因种而异。成虫具有假死性，有些种类具趋光性。

黑足守瓜
（龙亚芹拍摄）

红颈平头叶甲
（龙亚芹拍摄）

正在取食的一种叶甲
（龙亚芹拍摄）

停歇在茶树叶片上的一种叶甲
（龙亚芹拍摄）

合爪负泥虫
（龙亚芹拍摄）

长脚萤金花虫
（龙亚芹拍摄）

深蓝细颈金花虫
（龙亚芹拍摄）

其他鞘翅目昆虫

吉丁虫
（玉香甩拍摄）

叩头甲（一）
（玉香甩拍摄）

叩头甲（二）
（龙亚芹拍摄）

叩头甲（三）
（龙亚芹拍摄）

锹 甲
（龙亚芹拍摄）

一种取食叶片的鞘翅目昆虫
（龙亚芹拍摄）

芫 菁
（龙亚芹拍摄）

红 萤
（龙亚芹拍摄）

突胸钩花萤
（龙亚芹拍摄）

咖啡小爪螨

咖啡小爪螨（*Oligonychus coffeae* Nietner），又名茶红蜘蛛，属蜱螨目（Arachnoidea）叶螨科（Tetranychidae），是云南茶区重要的害螨之一，除为害茶树外，还为害山茶、咖啡、橡胶、棉花、柑橘、合欢等多种植物。

【分布及危害】国外已知分布于斯里兰卡、印度、印度尼西亚、越南、南非等国家；国内分布于云南、江西、广东、广西、福建、海南、浙江、台湾等地。以成螨、幼螨和若螨刺吸茶树叶片的汁液进行为害，受害叶片先局部变红，后变暗红色斑，失去光泽，叶面布满白色的卵壳和蜕皮壳，后期叶质硬化，严重时造成整个茶园叶片发红，远看似火烧状，影响茶树生长及茶叶产量。

咖啡小爪螨为害状
（龙亚芹拍摄）

【形态特征】

成螨：雌成螨宽椭圆形，体长0.4 ~ 0.5mm，宽约0.3mm，腹短钝圆，头胸部淡红色，腹部半暗红至紫褐色；体背隆起，有4列纵行白细毛，各6 ~ 7根，共26根，毛较粗壮，末端尖细，毛长大于毛间距；足4对。雄成螨体型较小，菱形，腹端较狭锐，末端稍尖，深红色。

卵：近圆形，径约0.1mm，红色，孵化前淡橙色，下方扁平，上方有1根白细毛。

幼螨：椭圆形，长约0.2mm，宽约0.14mm，鲜红色，后转暗红色，足3对。

若螨：椭圆形，暗红色。第1若螨长约0.2mm，宽0.13mm；第2若螨长0.23 ~ 0.26mm，宽0.14 ~ 0.15mm，足4对。

咖啡小爪螨卵
（陈龙拍摄）

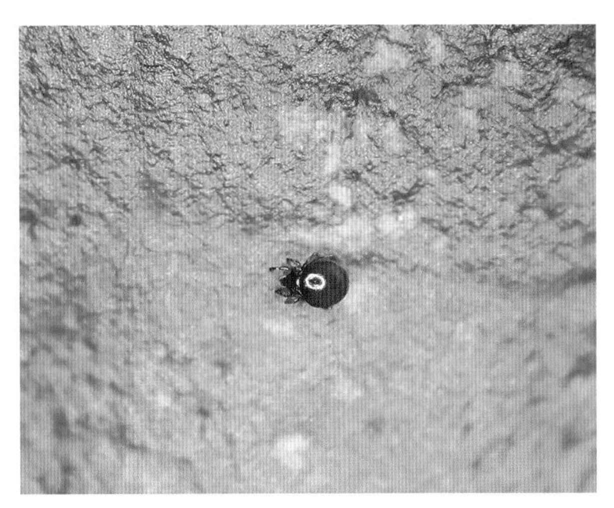

咖啡小爪螨幼螨
（龙亚芹拍摄）

咖啡小爪螨若螨
（龙亚芹拍摄）

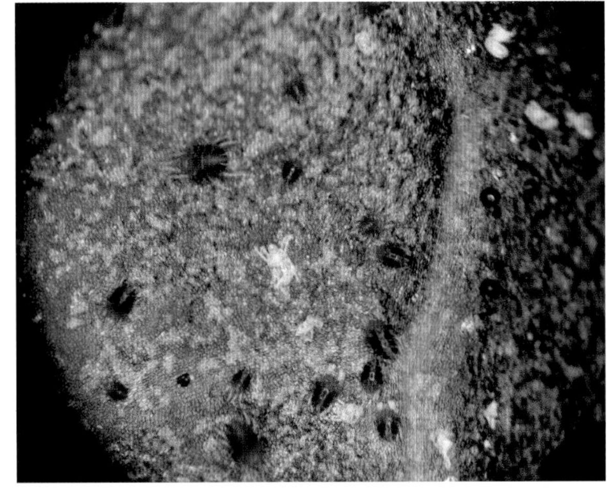

咖啡小爪螨成螨
（龙亚芹拍摄）

【生物学特性】

（1）世代及生活史。在云南1年发生15代以上，世代重叠，无明显越冬滞育现象，全年各虫态混杂发生，生长季10 ~ 20d即可完成1代。卵期4 ~ 8d，幼螨期1.5 ~ 2.0d，若螨期4.0 ~ 4.5d，成螨期10 ~ 30d。雌成螨寿命为10 ~ 30d，产卵前期约3d。卵散产于叶面，且多在叶脉附近及凹陷处，日产卵1 ~ 6次，每次1粒，每头约产卵40粒，多达百余粒。幼螨经3次蜕皮变为成螨。

（2）生活习性。幼螨善爬行，雄成螨较活跃，1d内可转移2 ~ 3个枝梢，随落叶坠地亦可爬回树上，并能吐丝下垂随风飘移。多栖息于上部成叶及老叶表面为害。全年以秋后至春前为发生为害盛期，初期在少数嫩梢上为害，后逐渐向周围茶丛蔓延，形成发虫中心，并不断繁殖扩散到整个茶园。

【防治措施】

（1）农业防治。

①加强茶园管理，及时分批采摘，清除茶园杂草和落叶，减少其回迁侵害茶树。

②冬季封园修剪：结合轻修剪、疏枝，剪除徒长枝、衰弱枝，并把修剪枝条带出茶园及时集中处理，降低螨口基数。

（2）生物防治。

①保护和利用天敌：保护和利用食螨瓢虫、蠼螋、草蛉和捕食螨等自然天敌，降低螨口种群密度。

②生物农药防治：可用99%矿物油150 ～ 200倍液，或0.5%藜芦碱可溶液剂1 000 ～ 1 500倍液喷雾防治。

（3）化学防治。在虫口盛发期，可用24%虫螨腈悬浮剂1 500 ～ 2 000倍液进行防治。秋茶采后可用45%石硫合剂晶体300 ～ 400倍液喷雾清园。

茶 跗 线 螨

茶跗线螨（*Polyphagotarsonemus latus* Banks），又称茶黄螨、茶黄蜘蛛、侧多食跗线螨等，属蜱螨目（Arachnoidea）跗线螨科（Tarsonemidae），是茶树主要害螨之一。该螨食性杂、繁殖快、为害重，寄主作物广。

【分布及危害】国外已知分布于日本、印度、斯里兰卡和乌干达；国内分布于云南、四川、江苏、浙江、台湾、湖南、湖北、福建、海南等地。在云南茶园内属害螨优势种之一。以成螨、幼螨、若螨栖息在茶树新梢嫩芽叶背面刺吸汁液为害茶树，使叶片背部出现针状细长锈斑，叶尖扭曲畸形，叶片萎缩，芽叶变形，并导致叶片硬化增厚、质地变脆，生长停滞，易脱落，严重影响茶叶的产量和品质。

茶跗线螨为害状
（龙亚芹拍摄）

【形态特征】

成螨：雌成螨近椭圆形，较雄螨略大，体长0.2 ～ 0.25mm，宽0.10 ～ 0.16mm；初时呈乳白色，逐渐变为淡黄至黄绿色，半透明；后体段背中央有纵列乳白色条斑，产卵前条斑逐渐变窄，直至消失；足4对，第4对足纤细，跗节末端有1根鞭状端毛。雄成螨近菱形，体长0.16 ～ 0.19mm，宽0.09 ～ 0.12mm，后体段前部较宽；乳白色至淡黄色，半透明，第4对足粗大，胫节和跗节细长。

卵：椭圆形，无色透明，近孵化时淡绿色。卵壳上有6行纵向排列整齐的灰白色圆形泡状突起，每行6 ～ 8个。

幼螨：椭圆形，乳白色半透明，背有2宽横纹，足3对。

若螨：长椭圆形，体形与成螨接近，足4对。

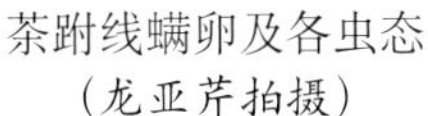

茶跗线螨卵及各虫态
（龙亚芹拍摄）

茶跗线螨成螨
（龙亚芹拍摄）

【生物学特性】

（1）世代及生活史。茶跗线螨1年发生20～30代，以雌成螨在茶芽鳞片内或叶柄等处越冬。越冬雌螨寿命可达6个月左右，翌年3月上中旬开始活动，6～7月虫口数量快速上升，7～8月为害较重。

（2）生活习性。

①活动取食特性：夏季正午前后，多数个体在叶背面活动；晨昏时候或气温稍低时，大多数在叶正面活动，且其趋嫩性极强，随芽梢、芽叶的生长不断向幼嫩部位转移或周围茶梢上部迁移，98%以上分布在芽下第1～3叶，使嫩梢加速老化。

②交尾及产卵习性：成螨雌雄性比5：1～10：1，以两性生殖为主，也可行孤雌生殖产生雄螨，但孵化率较低（约40%）。雄成螨一生可多次交尾，常聚集于雌性若螨周围，并背负雌性若螨，待雌若螨蜕皮为成螨，与之交尾，雌螨一生只交尾一次，交尾后的雌成螨，取食量加大，体色渐变为半透明，体型也渐大而丰满，交尾后第2天开始产卵，平均日产卵5.8粒，第3～11天为产卵高峰期；卵散产于芽尖或嫩叶背面，每只雌虫产卵2～106粒。两性生殖卵孵化率高达95%以上。

【防治措施】

（1）农业防治。

①分批及时采摘：茶跗线螨有较强的趋嫩性，及时分批采摘可带走大量的卵、幼螨、若螨、成螨，降低虫口数量。

②冬季清园：结合轻修剪、疏枝，剪除徒长枝和衰弱枝，并把修剪枝条带出茶园及时集中处理，降低虫口密度，压低虫口基数。

（2）生物防治。

①保护和利用天敌：保护和利用食螨瓢虫、茶园蜘蛛、捕食螨等自然天敌，降低害螨种群密度。

②生物农药防治：虫口盛发期可选用99%矿物油150～200倍液，或0.3%印楝素可溶液剂500倍液，或0.5%藜芦碱可溶液剂1 000～1 500倍液喷雾防治。

（3）化学防治。在平均每叶有螨10头以上时，用24%虫螨腈悬浮剂1 500～2 000倍液等进行低容量蓬面喷雾防治。秋茶采后可用45%石硫合剂晶体300～400倍液喷雾清园。

短　额　负　蝗

短额负蝗（*Atractomorpha sinensis* I. Bolivar），又称为尖头蚱蜢、中华负蝗，属直翅目（Orthoptera）锥头蝗科（Pyrgomorphidae）负蝗属（*Atractomorpha*），是茶园内极为常见的害虫。

【分布及危害】国外已知主要分布于印度、越南、韩国、日本、印度尼西亚及美国；国内广泛分布于东北、华北、西北、华中、华南、台湾等地区。短额负蝗以若虫、成虫取食茶树叶片，对茶树生长造成一定的影响。

【形态特征】

成虫：雄虫体长19.0 ~ 22.0mm，雌虫体长27.0 ~ 35.0mm。触角15 ~ 16节，基部为近长卵形复眼，下方具一列整齐、突起粉红小颗粒，与前、中胸背板两侧后缘颗粒串联。前胸背板后缘钝圆形，向后突出，其侧片后缘具灰色环形膜区。中胸腹板侧叶间中隔为长方形，边缘较平。前翅超后足股节端部，后翅基部红色。肛上板三角形，雄虫下生殖板侧面观端部圆弧形或圆形。阳具基背片呈花瓶状。桥部宽短，中央具不规则的小黑斑。突角端部较狭锐，前突甚尖锐，侧板略短，呈半透明状；后突呈钝圆形，无冠突，背片后缘末端呈圆弧形略突出。雌虫前胸背板侧片后缘膜区明显，产卵瓣较粗短，上产卵瓣略大于下产卵瓣，其上缘均匀排列5 ~ 6个钝齿，端部呈弯钩状。

短额负蝗成虫
（龙亚芹拍摄）

卵：卵囊长28 ~ 30mm，宽4.0 ~ 5.4mm，囊壁较柔软；卵粒淡黄色至黄褐色，卵壳厚，长筒形，左端狭圆，右端钝圆，中央略粗，前缘稍凸起，后缘略凹，卵粒四周表面围绕一排细小平整刺毛；卵囊内卵粒多呈竖状堆积排成3 ~ 6列，无卵囊盖。

若虫：共5龄。高龄若虫体长17.1 ~ 18.5mm，触角14 ~ 15节，复眼具有5条完整横条色素带。前胸背板后缘钝圆形，略向后突出，侧片后缘膜区轮廓隐约可见。后翅长三角形且紧压前翅，略超过或刚刚达到腹部第3节。

【生物学特性】

（1）世代及生活史。短额负蝗作为我国负蝗属分布最广的害虫，其发生代数在不同地区差异较大，云南1年能发生2 ~ 3代。

（2）生活习性。

①生活特性：短额负蝗多栖于湿度大、植被茂密的生境；相比其他蝗虫，其活动能力较弱，受到惊吓时作跳跃或短距离飞行。

②产卵及卵的孵化习性：雌成虫在土层中产卵越冬。每只雌虫产1 ~ 3个卵块，平均每个卵块内含50粒卵。翌年5月下旬至6月上旬是越冬卵孵化期，7月中下旬是一代成虫羽化高峰期，此后从7月下旬至8月上旬是产卵高峰期。一代成虫于8月下旬消亡。与此同时二代蝗蝻开始进入孵化盛期，直至9月下旬，成虫大量羽化，10月中下旬产卵越冬。

【防治措施】

（1）农业防治。及时铲除茶园周边杂草，破坏越冬场所，将越冬卵暴露在地面冻死或晒干；结合茶园冬耕施肥，使越冬卵孵化后蝗蝻无法钻出地面而亡。

（2）生物防治。短额负蝗天敌种类较多，如鸟类、家禽类、蜘蛛类、蚂蚁类和微孢子虫等类群，包括麻雀、青蛙、大寄生蝇、星豹蛛等，因此可在茶园内植树引诱鸟类，保护蜘蛛、蚂蚁、蛙类等天敌，从而发挥天敌的自然控害作用。

青脊竹蝗

青脊竹蝗（*Ceracris nigricornis* Walker）属直翅目（Orthoptera）网翅蝗科（Arcypteridae）竹蝗属（*Ceracris*），是竹蝗属模式种。青脊竹蝗是竹林的最大害虫，常见在茶树上活动。

【分布及危害】青脊竹蝗主要分布在长江以南地区，其为云南省内分布最广而且数量最多的竹蝗属昆虫。作为杂食性害虫，青脊竹蝗主要以禾本科的刚竹、楠竹和白茅为取食对象，但在缺乏食料时，也会为害茶树、玉米、水稻、瓜类等植物。其从叶边缘逐渐向叶中部啃食，寄主受害状表现为叶缘出现不规则的钝齿状缺口，对茶树生长造成一定的影响。

【形态特征】

成虫：翠绿或暗绿色。雌虫体长32 ～ 37mm，平均34mm；雄虫体长15.5 ～ 17mm。额顶突出如三角形，由头顶至胸背板以及延伸至两前翅的前缘中域均为翠绿色，这是与黄脊竹蝗的最大区别。自头顶两侧至前胸两侧板，以及延伸至两前翅的前缘中域内外缘边，均为黑褐色。静止时，两侧面似各镶一个三角形的黑褐色边纹。额与前胸粗布刻点，后腿外侧一般有明显黑色狭条。翅长过腹。雌虫翅长23 ～ 29mm；雄虫翅长19.5 ～ 23mm。腹部背面紫黑色，腹面黄色。

卵：长椭圆形，长5 ～ 7mm，宽1.2 ～ 2mm，淡黄褐色。卵成块产下，卵块圆筒形，长14 ～ 18mm，宽5 ～ 7mm，卵粒在卵块中呈斜状排列，卵间有海绵状胶质物黏着。

若虫：又称跳蝻，体长9 ～ 31mm，刚孵化时胸腹背面黄白色，没有黑色斑纹，身体黄白与黄褐相间，色泽比较单纯，这是它与黄脊竹蝗跳蝻的最大区别。但头顶尖锐，额顶三角形突出，触角直而向上，在这一点上又与一般竹蝗有明显区别。鞭状触角16 ～ 20节，黄褐色，长5 ～ 15mm。二龄后的跳蝻翅芽显而易见。

【生物学特性】

（1）世代及生活史。青脊竹蝗世代数较少，1年发生1代，发育过程包括卵、若虫（跳蝻）、成虫三个阶段，属于不完全变态。青脊竹蝗以卵在土壤中越冬，卵孵化后成为幼蝗，再经5次蜕皮，蜕1次皮即为1龄，经过5龄之后羽化为成虫。

（2）生活习性。蝗蝻活动能力较弱，多集中于孵化场地附近的植物上。一至二龄蝗蝻有较强的群集性，三龄蝗蝻开始分散取食，但有时仍会几十头相聚在一起。蝗蝻早晚活动少，中午遇到强烈阳光则会躲避于杂草灌木丛下，待阳光减弱时又爬上杂草或其他植物取食，成虫多栖息于茶树或杂草上。

【防治措施】参照短额负蝗防治措施。

青脊竹蝗成虫
（龙亚芹拍摄）

红褐斑腿蝗

红褐斑腿蝗（*Catantops pinguis* Stal）属直翅目（Orthoptera）斑腿蝗科（Catantopidae）斑腿蝗属（*Catantops*）。

【分布及危害】红褐斑腿蝗是广布于温带-亚热带地区的一种直翅目昆虫，分布区域包括非洲、亚洲南部和东部及澳大利亚等。国内从河北到海南都有分布，常为害玉米、豆类和茶树等，将叶片食成孔洞或缺口，降低其产量和品质。

【形态特征】

成虫：雄虫体长22 ~ 26mm，雌虫体长30 ~ 34mm；雄虫前翅长20 ~ 23mm，雌虫前翅长24 ~ 26mm。虫体通常为暗褐色。头短，长约为前胸背板的一半，头顶短而平，与颜面隆起形成圆角。后头部具不明显中障线，颜面略倾斜，具粗大刻点，中眼以上平、以下凹，颜面侧隆线几乎直，复眼长卵形，触角丝状。前胸背板平，密布小刻点，中隆线明显，无侧隆线，3条横沟都明显切断中隆线，后横沟位于背板中部略前处，前胸背板前缘平直，后缘突出呈圆角形，侧片长略大于高，前胸腹板突圆柱形，直，顶端圆形，中胸腹板侧叶相互连接。后足股节粗短，上隆线具细齿，长约为宽的3.3倍，后足胫节黄色或黄褐色，有1 ~ 2个黑褐色斑，内侧红色、黄色或橙红色。

红褐斑腿蝗
（龙亚芹拍摄）

卵：卵囊近长圆形，直或略弯曲，卵室较粗，卵囊长28 ~ 39mm、宽4.5 ~ 7mm，无卵囊盖。卵室上泡沫状物质较多，形成长泡沫状物质柱；卵室内泡沫状物质较少，包围卵粒，卵室内有卵24 ~ 41粒，与卵囊纵轴近平行，呈不规则多层堆积排列。卵粒较直立或略弯曲，中部较粗，长4 ~ 5.6mm，宽1.2 ~ 1.5mm，土黄色或粉红色，卵壳厚而坚硬，表面粗糙。

若虫：共6龄。一龄若虫触角10 ~ 11节，体长5.5 ~ 6mm；二龄若虫触角12 ~ 14节，体长8.5 ~ 10mm；三龄若虫触角14 ~ 16节，体长12 ~ 14mm，有明显翅芽；四龄若虫触角18 ~ 20节，体长16.0 ~ 20mm，翅芽呈三角形；五龄若虫触角20 ~ 22节，体长22 ~ 25mm；六龄若虫触角22 ~ 24节，体长26 ~ 35mm；各龄期若虫体色均为浅绿发白。

【生物学特性】

（1）世代及生活史。红褐斑腿蝗1年发生1代，以成虫越冬，80%以上的成虫在向阳地杂草中越冬，少数在枯枝落叶中越冬。成虫经越冬休眠，翌年4月下旬日均温度达10℃时开始交尾，一日内出现上午和下午2次交尾高峰。

（2）生活习性。红褐斑腿蝗具扩散、迁移习性，龄期小的若虫扩散、迁移能力弱，距离短；龄期大的若虫扩散、迁移能力强；成虫不远距离迁飞。

【防治措施】参照短额负蝗防治措施。

其 他 蝗 虫

直斑腿蝗
（龙亚芹拍摄）

短脚异腿蝗
（龙亚芹拍摄）

疣　蝗
（龙亚芹拍摄）

褐　蝗
（龙亚芹拍摄）

菱　蝗
（龙亚芹拍摄）

拟稻蝗
（龙亚芹拍摄）

蝗蝻（一）
（龙亚芹拍摄）

蝗蝻（二）
（龙亚芹拍摄）

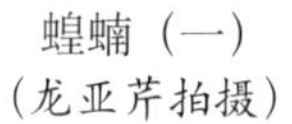螽　斯

螽斯属直翅目（Orthoptera）螽亚目（Ensifera）螽斯总科（Tettigonioidea）螽斯科（Tettigoniidae）。成虫身体呈扁或圆柱形，颜色多呈绿或褐色。触角一般长于身体，翅发达、不发达或退化。雄性具翅个体在前翅上具有发音区，通过左右前翅摩擦而发音，前足胫节基部左、右两侧听器开放式或闭合式，后足股节发达，跗节4节，产卵器剑状或镰刀状。植食性螽斯多对茶树等植物造成一定的危害，茶园内常见螽斯包括绿螽斯、拟叶螽斯、褐背螽斯、掩耳螽等。

绿螽斯
（龙亚芹拍摄）

拟叶螽斯
（龙亚芹拍摄）

褐背螽斯
（龙亚芹拍摄）

褐脉露斯
（龙亚芹拍摄）

日本棘脚斯
（龙亚芹拍摄）

掩耳螽
（龙亚芹拍摄）

螽斯若虫（一）
（龙亚芹拍摄）

螽斯若虫（二）
（龙亚芹拍摄）

螽斯若虫（三）
（龙亚芹拍摄）

螽斯若虫（四）
（龙亚芹拍摄）

蟋　　蟀

蟋蟀属直翅目（Orthoptera）蟋蟀科（Gryllidae），在云南、福建、海南、广东、广西、江西等地均有分布。蟋蟀为杂食性昆虫，其寄主植物主要有茶树、花生、甘薯、马铃薯、玉米、甘蔗、桑、油菜等多种农作物。以若虫和成虫为害茶树幼苗或叶片，食叶成缺刻或孔洞，咬断幼苗叶片或嫩茎拖回洞穴内咀食，切口整齐，影响茶苗及茶树生长。

蟋蟀若虫咬食茶树叶片
（玉香甩拍摄）

蟋蟀若虫及为害状
（玉香甩拍摄）

蟋蟀若虫
（龙亚芹拍摄）

蟋蟀成虫（一）
（龙亚芹拍摄）

蟋蟀成虫（二）
（龙亚芹拍摄）

蟋蟀成虫（三）
（龙亚芹拍摄）

黑翅土白蚁

黑翅土白蚁（*Odontotermes formosanus* Shiraki），又名黑翅大白蚁、台湾黑翅蚁等，属等翅目（Isoptera）白蚁科（Termitidae），是一种土栖性白蚁，蛀食茶树根茎部。除为害茶树外，还为害油茶、松树、杉树、桉树、樟树、栗、荔枝、橄榄、咖啡等多种植物。

【分布及危害】分布于云南、贵州、四川、西藏、河南、陕西、安徽、海南、广东等地，云南各茶区均有分布。其营巢于土中，以蚁群取食茶树根茎部树皮或从伤口侵入木质部为害。侵入木质部后使树干枯萎，极易造成茶树死亡，严重影响树势和茶叶产量。为害时做泥被和泥线，严重时泥被环绕整个树干周围而形成泥套，为害状明显。

【形态特征】

兵蚁：体长5～6mm，头前端略狭窄，头大暗黄色，倒卵形，被稀毛，胸腹部淡黄至灰白色，有较密集的毛；上颚黑褐色，镰刀形，不对称，左上颚内侧中部有1个明显的齿，右上颚相应只有微突。上唇舌状，长达上颚之中段。前胸背板前狭后宽，前部斜翘，在角的前方各有一斜向后方的裂沟，前、后缘中央有凹刻。体淡黄至灰白色。

工蚁：体长4 ~ 6mm，头黄色，体灰白色，腹部白色；头后侧缘圆弧形，囟位于头顶中央，呈小圆形的凹陷；后唇基显著隆起，长为宽的1/2，中央有缝；触角17节，第2节比第3节长。

有翅成蚁：体长27 ~ 29mm，翅展45 ~ 50mm，体背黑褐色，腹面黄褐色，翅烟褐色，全身密被细毛；头圆，复眼和单眼均呈椭圆形，复眼黑褐色，单眼橙黄色；触角19节，第2节比第3、4、5节皆长；前胸背板狭于头，前宽后狭，前缘中央无明显的缺刻，后缘中部前凹，前胸背板中央有一条淡色"十"字形纹，纹的两侧前方各有一个淡色椭圆形点，纹的后方中央有带分支状点。中、后胸背板长宽相近，后缘略凹陷，足淡黄色。

蚁后和蚁王：有翅雌雄成蚁婚飞后落地脱翅即为蚁后、蚁王。蚁后继续生长肥大，体长可至70 ~ 80mm，宽13 ~ 15mm，头、胸色深，腹部乳白色。蚁王无翅，头呈淡红色，体色较深，胸部残留翅鳞。体壁较硬。

卵：椭圆形，乳白色。

【生物学特性】

(1) 生活史及分工。黑翅土白蚁土栖，于地下筑巢群居营社会性生活，蚁群庞大，多达数十万头甚至上百万头，蚁后、蚁王是蚁群的主宰。蚁后寿命可长达10年以上，专门产卵繁殖。从卵孵化为幼虫，幼虫分化为工蚁、兵蚁、若虫等，其若虫可成为具有繁殖能力的有翅成虫。有翅成虫经分飞配对后成为新的原始蚁王和蚁后。

蚁后和蚁王：蚁王、蚁后负责繁殖后代，巢群中一般只有1对。不同时期数量不同，通常蚁后数量多于蚁王，且专职产卵繁殖。

有翅成蚁：是巢群中除蚁王和蚁后外能交配生殖的个体，但在原巢内不能交尾产卵，在分群移殖、脱翅求偶及另建新巢后才能交尾繁殖后代。

工蚁：占全巢80%以上。承担巢内主要工作，如筑巢、修路、抚育幼蚁、寻找食物等。

兵蚁：数量次于工蚁，虽有雌雄之别，但无交配生殖能力，为巢中的保卫者，每遇外敌即以强大的上颚进攻，并能分泌一种黄褐色的液体，抵御外敌。

(2) 生活习性。

取食为害特性：黑翅土白蚁在地下咬食植株根部，通过蚁道泥被通向植物枝干为害。植株密集的老茶园，蚁群较多，为害也较重。残留老树桩的林地开垦茶园，幼龄茶树也易受害。

蚁王、蚁后交尾习性：一般在21：00 ~ 22：00进行，开始时雌雄蚁互相舐吮或转圈追逐，经过约2min后，雌蚁、雄蚁的6足撑起，尾部略往上翘起，接着两腹末端相接触在一起，几乎成一直线，并有轻微的收缩颤动现象，其交尾1 ~ 2min，结束后，雄蚁又舐吮雌蚁生殖孔处或其他部位，再行追逐不久后便分开活动。

蚁后产卵习性：蚁后产卵时，静止不动，腹部收缩，头部低伏，胸腹部稍高，翘起尾部，上下收缩振动，蚁王围绕着蚁后活动而舐吮着它的腹部或头部。蚁后胸部隆起，腹部末端缓慢低下，上下有力地收缩颤动产出卵粒并随着黏液排出，卵粒黏在尾部，过一会儿后才脱落下来，卵粒脱下后，蚁王常舔刷雌蚁腹部末端。

【防治措施】

(1) 农业防治。

①清除残留树桩：种植前，彻底清除残留的树桩及枯枝等。

②人工挖除蚁巢：通过分析地形特征、为害状、地表气候、蚁路、分群孔、鸡纵菌等判断白蚁巢位。确定蚁巢位置后，从泥被线或分群孔顺着蚁道追挖，便可找到主道和主巢，然后捕杀蚁后、蚁王。

③压烟灭蚁：将压烟机的出烟管插入蚁巢的主道并密封，再把杀虫剂放入压烟管内点燃，烟便沿蚁道压入蚁巢，熏杀蚁群。

（2）物理防治。4 ～ 6月是有翅繁殖蚁的分群期，利用有翅繁殖蚁的趋光性，在蚁害期可使用LED太阳能杀虫灯进行诱捕。

（3）生物防治。保护和利用自然天敌。还可使用黑翅土白蚁踪迹信息素类诱杀黑翅土白蚁。

（4）化学防治。在黑翅土白蚁活动盛期，发现蚁路和分群孔，可选用灭蚁灵直接喷洒被害植株基部，每巢10 ～ 30g。

黑翅土白蚁为害植株状
（龙亚芹拍摄）

根部受害状
（龙亚芹拍摄）

黑翅土白蚁
（龙亚芹拍摄）

潜 叶 蝇

潜叶蝇属双翅目（Diptera）黄潜蝇科（Chloropidae），以幼虫潜食叶肉，叶面出现白色弯曲的条纹或斑纹，降低茶叶品质。

【分布及危害】潜叶蝇主要分布于云南、贵州、四川、安徽、河南、陕西等地区。云南各茶区普遍分布，局部茶园内发生严重，以幼虫在叶片内潜食叶肉造成危害。

潜叶蝇前期为害状
（龙亚芹拍摄）

潜叶蝇后期为害状（一）
（龙亚芹拍摄）

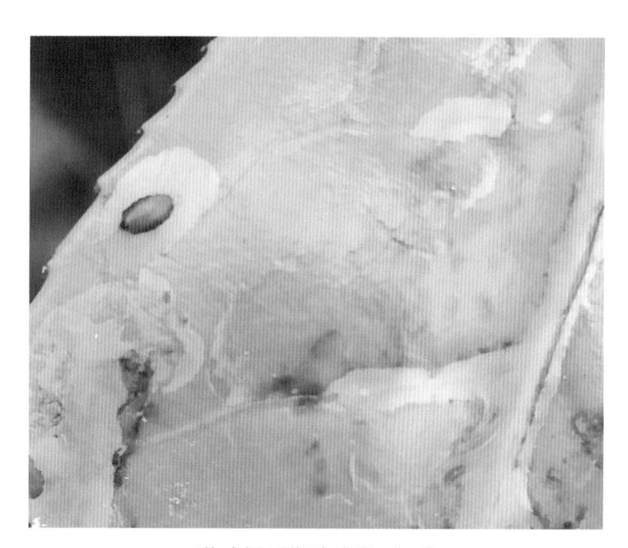

潜叶蝇后期为害状（二）
（李晓霞拍摄）

潜叶蝇为害导致整个叶片呈灰白状
（龙亚芹拍摄）

【形态特征】

成虫：体长1.5mm，体黑色，具蓝黑色金属光泽；复眼大，红色；胸部蓝黑色，列生黑色刺毛；腹部暗黑；翅透明，有暗色细毛。

幼虫：老熟幼虫体长约2.2mm，圆筒形，尾端较细，体淡黄色，口钩黑褐色，第3节背面有1对黑褐色线状突起。

蛹：近纺锤形，较宽短而略扁平，体长1.8 ~ 2mm，黄褐色；前端有1对黑色小枝状突，突起端部稍膨大而弯曲；尾端收缩，向下有1对黑色小粒状突。

【生物学特性】在云南勐海1年发生2 ~ 3代，重叠发生，成虫寿命1 ~ 4d，蛹期12 ~ 16d。5月下旬开始零星发生为害，6 ~ 9月为发生高峰期，以幼虫或蛹潜伏在叶肉内越冬，春暖季节成虫出现，卵产于嫩叶表面。幼虫孵化后蛀入叶内潜食叶肉，老熟后即在叶内潜道中化蛹。潜道多从叶缘开始，逐渐向叶中部伸展，随着幼虫虫龄增大，取食量也逐渐增加，潜道也加宽延长，在叶面形成灰白色半透明膜斑，为害严重的整个叶片呈现灰白色，透过膜斑可见膜下绿色幼虫及排泄物。幼虫主要为害芽下1 ~ 4叶，每个叶片可被1头至多头幼虫为害，幼虫化蛹前先钻到膜斑的一端或膜斑中间，将膜斑咬一小孔，而后在此化蛹，成虫羽化后从小孔飞出。

【防治措施】主要采用农业措施进行防治。及时分批采摘幼嫩芽梢，可除去部分虫口，有效降低虫口数量；冬季进行轻修剪或深修剪，将剪后的枯枝落叶集中处理，可有效降低翌年虫口基数。

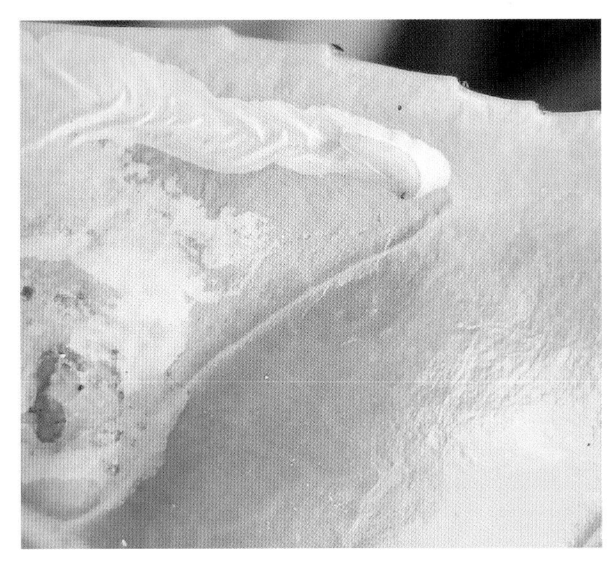

潜叶蝇幼虫
（龙亚芹拍摄）

多只潜叶蝇幼虫为害叶片状
（龙亚芹拍摄）

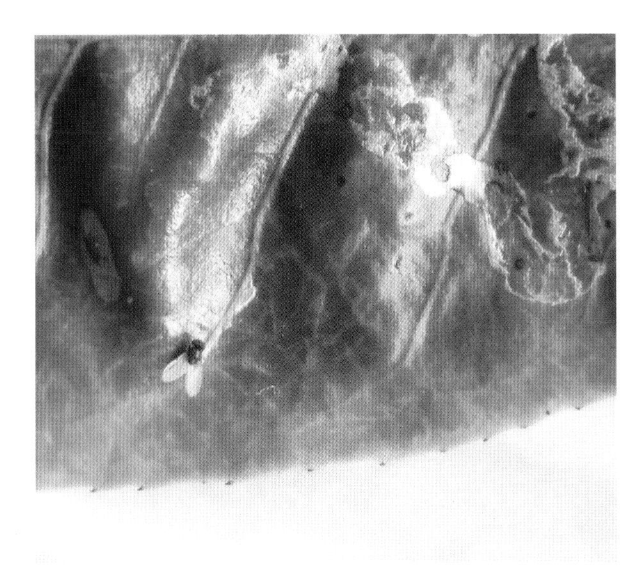

潜叶蝇成虫
（李晓霞拍摄）

一个叶片上多个蛹
（龙亚芹拍摄）

茶 枝 瘿 蚊

茶枝瘿蚊（*Asphondylia* sp.）属双翅目（Diptera）瘿蚊科（Cecidomyiidae），又称为烂秆虫，是云南茶园内零星发生的一种枝干害虫。

【分布及危害】茶枝瘿蚊已知分布于云南、贵州、广东、湖南等茶园内。以幼虫于茶树枝干皮层下取食韧皮部和木质部造成危害，受害枝干树皮粗糙、肿胀开裂，逐年受害后被害部位不断扩大形成轮纹状凹陷伤疤，为害严重时树皮干枯脱落，木质部受伤腐烂，上部枝梢干枯死亡。通常以老龄茶园或管理较差、郁闭度较高的茶园受害较重。茶树经茶枝瘿蚊为害后，被害部常伴随腐生真菌侵染及其他蛀干害虫为害诱发溃烂。

【形态特征】

成虫：体纤细，暗红色。雌虫体连翅长2.8 ~ 3.0mm，雄虫体连翅长2.6 ~ 2.9mm。头小，复眼黑色，接眼式，无单眼；下颚须4节。触角雌雄不一，雌虫触角14节，柄节、梗节短小，鞭节长圆柱形，具短柄，柄状部位光滑，圆柱形部位两端稍膨大且环生长刚毛；雄虫柄节、梗节短小，鞭节各节球形结节膨大，单结和双结膨大间隔排列，每一球结上环生长刚毛。胸部背面隆起，有3条棕褐色纵纹呈“品”字形排列。前翅透明，密生黑色绒毛，周缘具5个黄斑。足细长，黄、黑色相间。

卵：光滑，长椭圆形，白色透明，长0.27 ~ 0.30mm，宽约0.10mm，散产，有时几粒甚至几十粒不规则堆产。

幼虫：蛆状，初孵时乳白色，半透明，初孵幼虫长0.31 ~ 0.35mm；渐变红色，老熟幼虫深红色，体长2.4 ~ 3.1mm，前胸腹面Y形胸骨片明显。

蛹：长椭圆形，裸蛹，长2.0 ~ 2.3mm，头胸部棕色，腹部红色。头顶具额刺1对，腹部明显分为7节。雌蛹足达腹部第5节，雄蛹足达腹部末端。

【生物学特性】茶枝瘿蚊在云南1年发生1代，以老熟幼虫在土中或虫瘿中越冬，翌年3月中下旬至4月下旬化蛹，3月下旬至4月下旬羽化产卵，4月中下旬卵开始孵化，后潜入枝干伤裂处皮下生活为害，直至11月以老熟幼虫越冬。卵期约17d，幼虫期长达1年，蛹期11 ~ 21d，成虫寿命4 ~ 7d。成虫多于傍晚起飞活动，寻找配偶，进行交配，卵产于旧虫斑或其他伤口新生组织处。4月中下旬为成虫发生高峰期，虫口发生受温湿度影响，气温较高和湿度偏低时活动旺盛。

茶枝瘿蚊初期为害状
（陈林波拍摄）

茶枝瘿蚊后期为害状
（陈林波拍摄）

【防治措施】

（1）农业防治。

①结合冬耕施肥，对土壤进行翻耕，可降低老熟幼虫存活率。

②修剪：依据被害位置高低，分别采用轻修剪、重修剪、台刈的方式从茶枝瘿蚊幼虫为害部位下方剪除受害枝干并将其清出茶园，降低虫口数量。

（2）生物防治。茶枝瘿蚊幼虫期长，其生长环境潮湿，每亩可喷施每克含400亿孢子的球孢白僵菌可湿性粉剂30g进行防控。

（3）化学防治。在成虫羽化高峰期，于傍晚成虫飞行最活跃的时候，对行间及枝干喷施2.5%联苯菊酯乳油1 500倍液等进行防治。

茶枝瘿蚊为害状
（穆升拍摄）

茶枝瘿蚊低龄幼虫
（穆升拍摄）

茶枝瘿蚊高龄幼虫
（穆升拍摄）

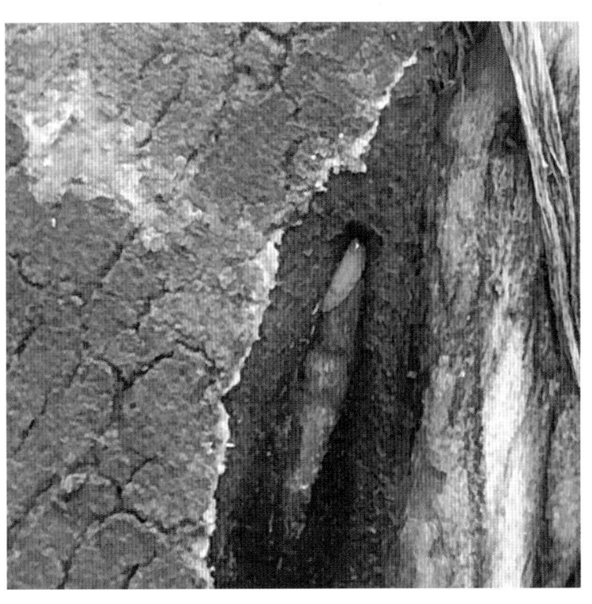

茶枝瘿蚊蛹
（穆升拍摄）

其他双翅目昆虫

正在交配的大蚊（一）
（龙亚芹拍摄）

正在交配的大蚊（二）
（龙亚芹拍摄）

蜚　蠊　类

大光蠊
（龙亚芹拍摄）

黄缘拟截尾蠊
（龙亚芹拍摄）

缘拟截尾蠊
（龙亚芹拍摄）

缘拟截尾蠊交尾
（龙亚芹拍摄）

第三篇 DI-SAN PIAN

云南大叶种茶园天敌资源及对害虫的自然控制

YUNNAN DAYEZHONG CHAYUAN TIANDI ZIYUAN JI DUI HAICHONG DE ZIRAN KONGZHI

第三篇 DI-SAN PIAN

云南大叶种茶园天敌资源及对害虫的自然控制

YUNNAN DAYEZHONG CHAYUAN TIANDI ZIYUAN JI DUI HAICHONG DE ZIRAN KONGZHI

天敌资源是作物系统内部存在的害虫控制因子，与害虫及其他昆虫形成食物链或食物网，是自然界生物链（网）的重要组成部分，是人类的宝贵资源。自然天敌控制害虫是利用自然界的相生相克来控制农业害虫最有效的办法。我国是世界上天敌资源特别丰富的国家之一，天敌资源类群繁多，对抑制害虫发生和保持生态平衡起着巨大的作用。与其他农业生态系统相比，茶园生态系统相对稳定，茶园中的天敌资源较为丰富，通常每种害虫至少有1种至数种天敌起着抑制作用。20世纪90年代，全国开展了茶园天敌普查，我国发现茶园天敌1 100种左右，主要包括寄生性天敌和捕食性天敌、昆虫病原细菌、真菌、病毒等。

云南是我国主要的产茶大省之一，茶区地形复杂，气候多变，茶园生态系统多样，茶树害虫及天敌资源非常丰富。20世纪对云南思茅、临沧、西双版纳、红河、保山、昭通、昆明等7个地、州、市的22个茶主产县茶园天敌昆虫普查，共鉴定出天敌昆虫178种，分属8目29科。近年来调查发现，云南大叶种茶园内天敌种类多，但出现频率较高的有20余种，主要包括捕食性天敌昆虫黄带犀猎蝽、蠋蝽、叉角厉蝽、中华螳螂、斜纹猫蛛、三突花蛛、球腹蛛、大草蛉、异色瓢虫、龟纹瓢虫、食蚜蝇等，寄生性天敌姬蜂、茧蜂、赤眼蜂、黑卵蜂等。茶园为各类天敌的生存繁衍提供必需的生存条件，通过改善茶园生态环境和栽培管理方式，丰富茶园生态系统的生物多样性，并充分保护和利用自然天敌，提高天敌资源的丰富度和稳定性，利用茶园天敌自然控害能力实现茶园害虫的有效防控，充分发挥茶园天敌的生态功能。本篇内容重点介绍云南大叶种茶园内寄生性天敌昆虫、捕食性天敌昆虫及病原微生物天敌资源三类。

一、寄生性天敌昆虫

寄生性天敌昆虫是指一个时期或终生都附着在其他动物（寄主）的体内或体外，并以摄取寄主的营养物质来维持生存的昆虫，是寄生性天敌动物的一大类群。其种类多，包含膜翅目、双翅目、鞘翅目、鳞翅目、捻翅目 5个目90多个科，其中寄生性膜翅目昆虫统称寄生蜂，是寄生性天敌昆虫中最大的类群，约占寄生性天敌昆虫总数的80%；寄生性双翅目昆虫称为寄生蝇。

寄生性天敌昆虫是保护植物免受敌害的生力军，茶园内寄生性天敌昆虫主要包括寄生蜂和寄生蝇两大类，且种类以膜翅目中的专性寄生蜂居多，对鳞翅目幼虫和蛹具有较高的寄生率，实现了对茶园鳞翅目害虫的有效控制。

（一）寄生蜂

寄生蜂是最常见的一类寄生性昆虫，属膜翅目细腰亚目，它们有2对薄而透明的翅膀，已成为许多害虫的一大类寄生性天敌。寄生蜂的本领很大，不论害虫躲在什么地方，它们都能找到。其原理是通过寄生不同时期的害虫，消耗寄主养分，完成自身发育，并使害虫不能正常发育生长，以达到对害虫种群数量的调节控制作用。

茶园常见寄生蜂多达24科200多种，常见的有姬蜂科、茧蜂科、小蜂科等，以鳞翅目、鞘翅目、膜翅目、双翅目等昆虫的幼虫、蛹和卵为寄生对象，寄生方式包括内寄生和外寄生，将卵产于寄主体内或体表，进行内寄生或外寄生，吸食、消耗寄主养分，完成自身发育，造成寄主死亡。不同寄生蜂寄生昆虫的卵、幼虫和蛹等阶段，外寄生种类以幼虫附着于寄主体表取食并完成生命周期，内寄生种类有的在寄主体内化蛹，羽化时咬破寄主体壁爬至体外，有的幼虫成熟时钻出寄主在体外结茧化蛹；有些寄生蜂可进行多卵寄生或多胚生殖，在单个寄主上产生多个后代个体。

云南茶园常见寄生蜂包括姬蜂科、茧蜂科、小蜂科、跳小蜂科、赤眼蜂科、黑卵蜂科、缘腹小蜂科等。其中姬蜂科天敌昆虫寄主广泛，内寄生于寄主幼虫和蛹，在云南茶园发现蓑蛾、茶枝镰蛾等的幼虫和蛹被其寄生；茧蜂科天敌昆虫将卵产于蛾幼虫体内或体外，且常可多胚生殖，形成许多幼体寄生，成熟后在寄主体外结白色或黄色小茧化蛹，在云南茶园内常见茧蜂科昆虫寄生尺蠖、卷叶蛾、茶细蛾、茶枝镰蛾、茶谷蛾等鳞翅目幼虫；黑腹卵蜂科天敌昆虫是尺蠖类、茶毛虫、茶黑毒蛾等毒蛾类害虫卵期的重要天敌，主要寄生于蛾的卵内，导致卵不能孵化。目前，寄生蜂作为一种优质的寄生性天敌资源，对鳞翅目害虫具有较好的寄生效应。

1.茶园内鳞翅目害虫幼虫期的寄生蜂

云南茶园内茶谷蛾、卷叶蛾、茶细蛾、尺蠖、螟蛾、刺蛾等鳞翅目害虫幼虫期常被茧蜂科、姬蜂科等寄生蜂寄生，该类寄生蜂对茶园内害虫的发生数量起一定的控制作用。

被茧蜂寄生的茶谷蛾幼虫（一）
（龙亚芹拍摄）

被茧蜂寄生的茶谷蛾幼虫（二）
（龙亚芹拍摄）

茧蜂结茧
（龙亚芹拍摄）

茧蜂成虫
（龙亚芹拍摄）

寄生茶谷蛾幼虫的茧蜂（一）
（龙亚芹拍摄）

寄生茶谷蛾幼虫的茧蜂（二）
（龙亚芹拍摄）

寄生茶谷蛾幼虫的茧蜂成虫（一）
（龙亚芹拍摄）

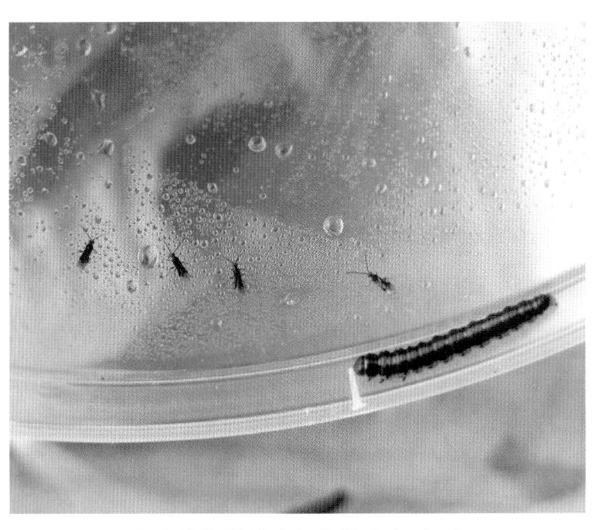

寄生茶谷蛾幼虫的茧蜂成虫（二）
（龙亚芹拍摄）

茶谷蛾幼虫被茧蜂寄生
（龙亚芹拍摄）

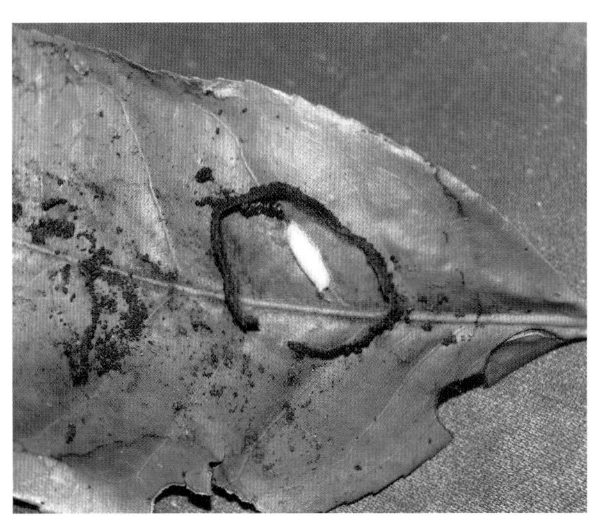

茶谷蛾低龄幼虫被小茧蜂寄生
（龙亚芹拍摄）

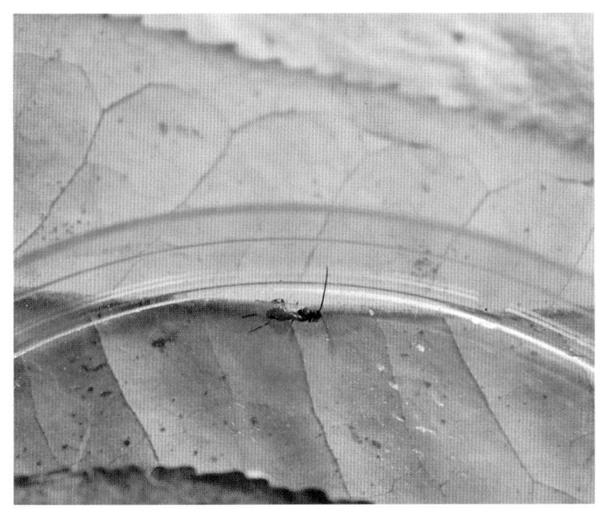

小茧蜂成虫
（龙亚芹拍摄）

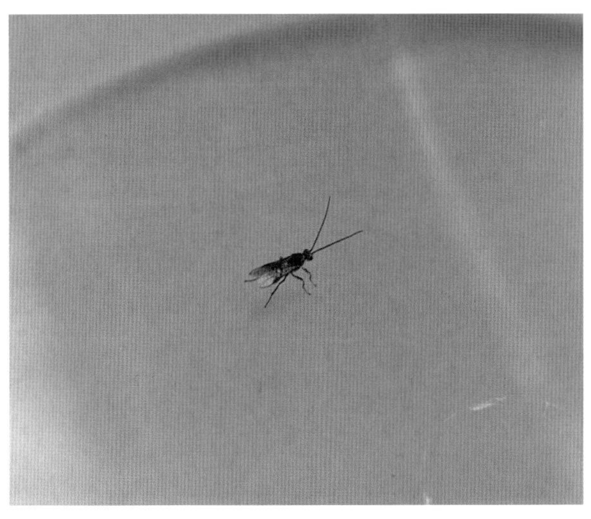

寄生茶谷蛾幼虫的小茧蜂成虫
（龙亚芹拍摄）

啮小蜂寄生茶谷蛾高龄幼虫
（龙亚芹拍摄）

茧蜂寄生茶谷蛾高龄幼虫
（龙亚芹拍摄）

茶谷蛾低龄幼虫被茧蜂寄生
（龙亚芹拍摄）

毒蛾幼虫被茧蜂寄生
（龙亚芹拍摄）

卷叶螟幼虫被茧蜂寄生（一）
（龙亚芹拍摄）

卷叶螟幼虫被茧蜂寄生（二）
（龙亚芹拍摄）

绿翅野螟幼虫被茧蜂寄生
（龙亚芹拍摄）

绿翅野螟幼虫被茧蜂寄生死亡状态
（龙亚芹拍摄）

卷叶蛾幼虫被茧蜂寄生（一）
（龙亚芹拍摄）

卷叶蛾幼虫被茧蜂寄生（二）
（龙亚芹拍摄）

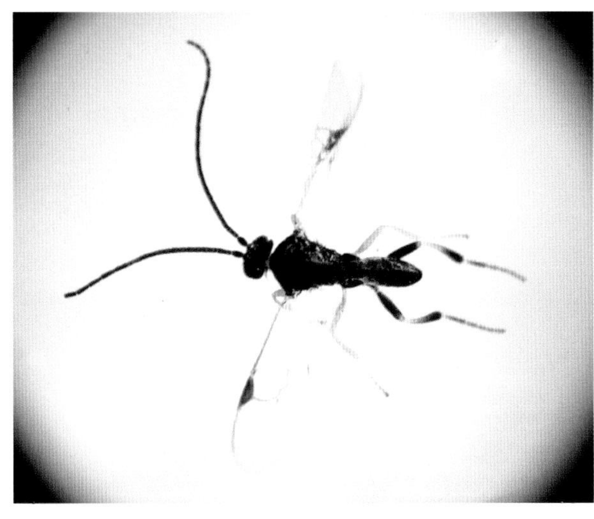

寄生卷叶蛾的茧蜂成虫（一）
（龙亚芹拍摄）

寄生卷叶蛾的茧蜂成虫（二）
（龙亚芹拍摄）

茶卷叶蛾幼虫被茧蜂寄生
（龙亚芹拍摄）

茶卷叶蛾高龄幼虫被茧蜂寄生
（龙亚芹拍摄）

茶小卷叶蛾幼虫被茧蜂寄生
（龙亚芹拍摄）

寄生茶小卷叶蛾幼虫的茧蜂成虫
（龙亚芹拍摄）

寄生卷叶蛾幼虫的寄生蜂成虫
（龙亚芹拍摄）

蜾蠃蜂泥巢
（龙亚芹拍摄）

茶细蛾低龄幼虫被茧蜂寄生
（龙亚芹拍摄）

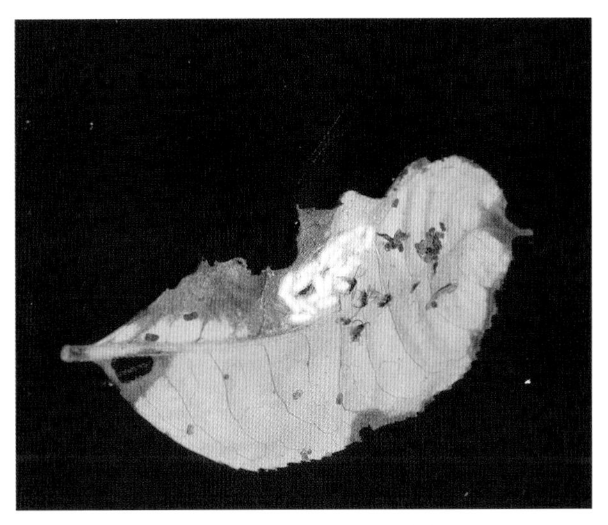

寄生茶细蛾低龄幼虫的茧蜂成虫
（龙亚芹拍摄）

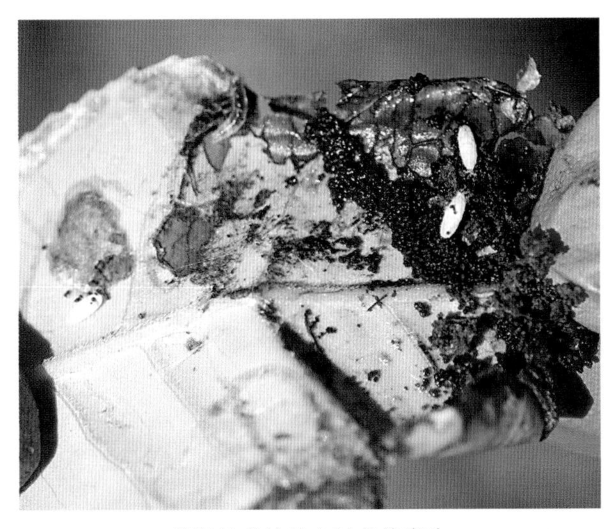

茶细蛾高龄幼虫被茧蜂寄生
（龙亚芹拍摄）

寄生茶细蛾的茧蜂结茧
（龙亚芹拍摄）

寄生茶斑蛾幼虫的茧蜂幼虫
（龙亚芹拍摄）

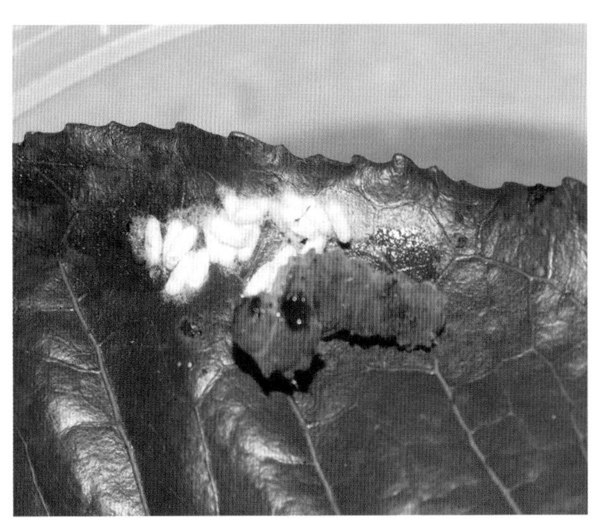

寄生茶斑蛾幼虫的茧蜂结茧
（龙亚芹拍摄）

刺蛾幼虫被寄生蜂寄生
（龙亚芹拍摄）

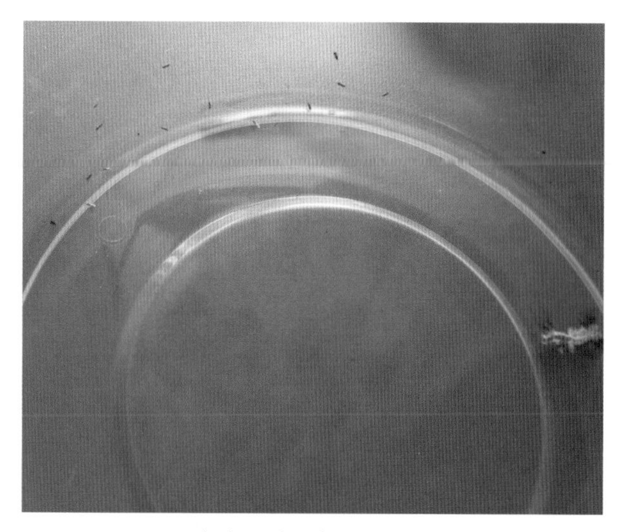

寄生刺蛾的寄生蜂成虫
（玉香甩拍摄）

刺蛾被寄生蜂寄生
（玉香甩拍摄）

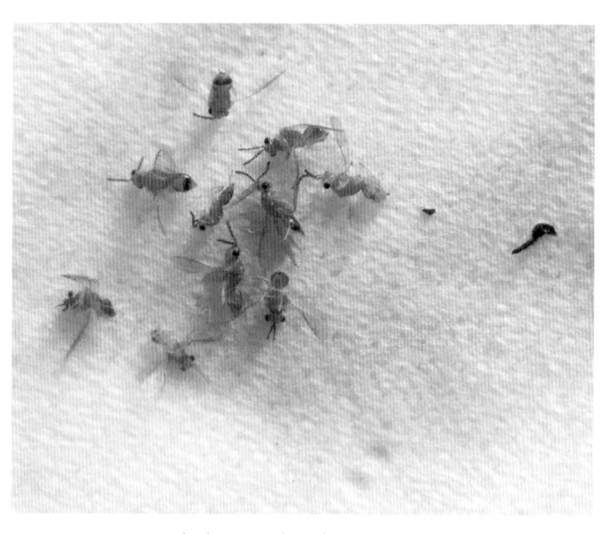

寄生褐刺蛾的寄生蜂成虫
（玉香甩拍摄）

尺蠖被茧蜂寄生
（龙亚芹拍摄）

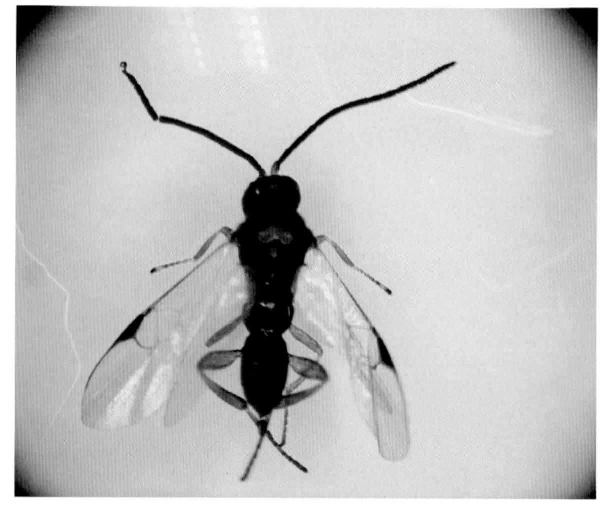

寄生尺蠖的茧蜂成虫
（龙亚芹拍摄）

油桐尺蠖幼虫被茧蜂寄生
（龙亚芹拍摄）

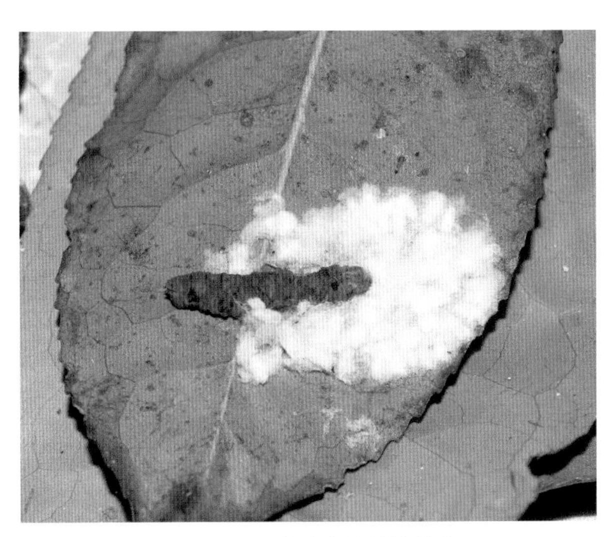

寄生油桐尺蠖幼虫的茧蜂结茧
（龙亚芹拍摄）

凹眼姬蜂茧和寄主茶黑毒蛾幼虫
（龙亚芹拍摄）

尺蠖悬茧姬蜂的茧
（龙亚芹拍摄）

油桐尺蠖高龄幼虫被茧蜂寄生
（龙亚芹拍摄）

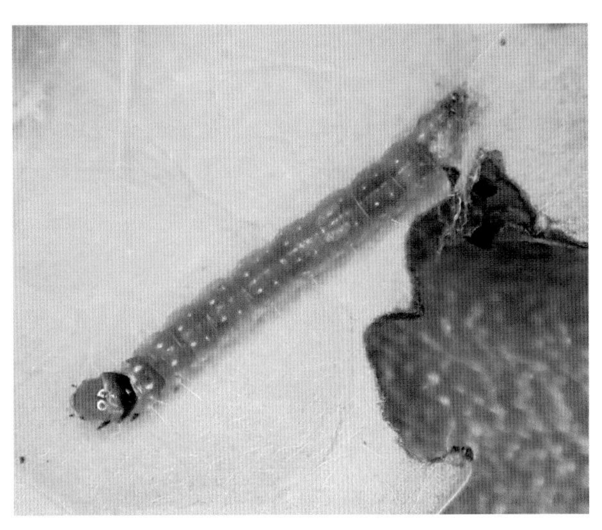

茧蜂将卵产于卷叶蛾幼虫体内
（龙亚芹拍摄）

2.茶园内鳞翅目害虫蛹期和卵期的寄生蜂

在云南茶园内发现的鳞翅目害虫蛹寄生蜂主要寄生蓑蛾、卷叶蛾、茶谷蛾等；卵寄生蜂主要是毒蛾类卵期寄生蜂。

（1）茶毛虫黑卵蜂。茶毛虫黑卵蜂是茶毛虫卵期的优势寄生蜂，在抑制茶毛虫种群增长方面起着重要的作用。茶毛虫黑卵蜂雌蜂将卵产于茶毛虫卵内，其幼虫靠摄取茶毛虫卵块营养并完成其生长发育，导致茶毛虫卵死亡。

茶毛虫卵块被茶毛虫黑卵蜂寄生
（龙亚芹拍摄）

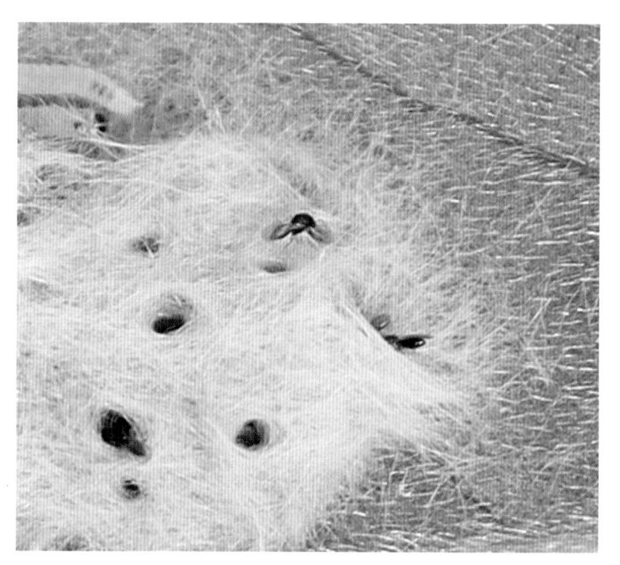

茶毛虫黑卵蜂成虫
（龙亚芹拍摄）

（2）广大腿小蜂。广大腿小蜂属大腿小蜂科，后足的腿节特别粗大，故名广大腿小蜂。广大腿小蜂虽然体小，但却显得很结实。它的寄主范围广，已知的有100多种，一般寄生于鳞翅目、双翅目昆虫的蛹。在茶园里，它主要寄生茶谷蛾、茶长卷蛾和蓑蛾等鳞翅目害虫。该寄生蜂在夏季寄生率最高能达50%以上。在寄生蜂羽化的高峰期，茶园里常可看到很多广大腿小蜂在稍高于树冠的地方，时而低空盘旋飞行进行空中探查，时而降落到叶层中步行搜索。为了避开天敌的攻击，一些害虫如卷叶

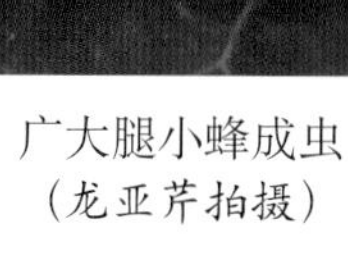

广大腿小蜂成虫
（龙亚芹拍摄）

广大腿小蜂寄生蓑蛾蛹
（龙亚芹拍摄）

广大腿小蜂寄生茶谷蛾蛹
（龙亚芹拍摄）

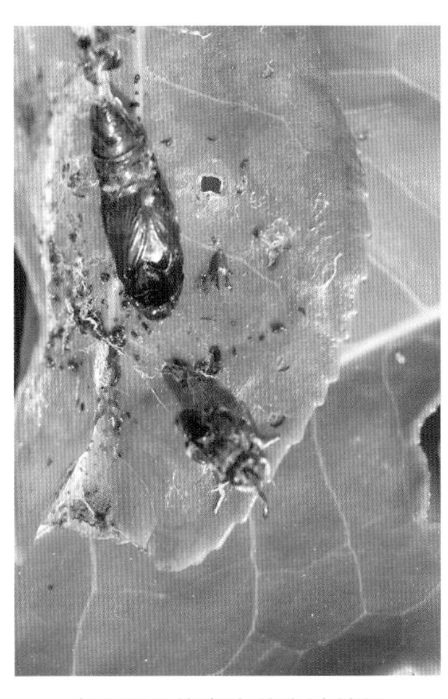
广大腿小蜂寄生茶卷叶蛾蛹
（龙亚芹拍摄）

蛾类将叶片织成蛹苞后在其中化蛹，蓑蛾类躲在蓑囊内化蛹等，即使如此，它们也逃不过广大腿小蜂高超的侦察技能。一旦发现敌情后，广大腿小蜂即在害虫蛹苞上咬一个直径约1mm的小孔，然后将其腹部末端插入孔中，再伸出针状的产卵器，将卵产于寄主蛹的体内，寄主会拼命地摇摆蛹体作出顽强的抵抗，但已无力回天。产于茶卷叶蛾、茶谷蛾等寄主体内的广大腿小蜂的卵经过1 ~ 2d后孵化，幼虫取食寄主蛹的营养而生长发育，并在寄主蛹体内化蛹，大约经过20d，广大腿小蜂的成虫便羽化而出。新羽化的雌蜂即将寻找新的寄主，在短期内进行产卵寄生，完成其整个生活史。

（3）姬蜂。姬蜂属膜翅目（Hymenoptera）姬蜂科（Ichneunmonidae），是有重要经济意义的一大类昆虫，种类多，分布广，大多数种类寄生于农林害虫体上，主要寄生鳞翅目和膜翅目昆虫。姬蜂雌蜂将卵产于寄主体上，幼虫时期都在寄主体内靠吸取寄主营养满足自身生长发育的需要以完成整个生活史，而寄主被掏空至死。茶园内常见寄生茶斑蛾、茶谷蛾蛹的姬蜂。

寄生斑蛾蛹的姬蜂蛹
（龙亚芹拍摄）

寄生斑蛾蛹的姬蜂成虫
（龙亚芹拍摄）

囊爪姬蜂寄生茶谷蛾蛹
（龙亚芹拍摄）

囊爪姬蜂成虫
（龙亚芹拍摄）

寄生刺蛾茧的姬蜂
（龙亚芹拍摄）

寄生刺蛾茧的姬蜂成虫
（龙亚芹拍摄）

（二）寄生蝇

寄生蝇属双翅目寄蝇科，一种专门以幼虫寄生于其他昆虫体内的有瓣蝇类。据记载，中国寄生蝇有450余种，分布广，其活动能力和繁殖能力非常强，是农林害虫中一类寄生性天敌昆虫。寄生蝇的寄生方式可归纳为3种类型：①将尚未完成胚胎发育的大型卵产于寄主体表，待幼虫孵化后，钻入寄主体腔，称作大卵型寄蝇，如日本追寄蝇；②将已完成胚胎发育的卵产于寄主的食料植物上，卵随食物被寄主吞食后，借助胃液作用才能孵化出幼虫，称作微卵型寄蝇；③将幼虫寄生于寄主食料植物上，当寄主取食活动与之发生接触时，幼虫便附着在寄主体壁上，借助口咽器直接钻入寄主体腔，称为伪胎生型寄蝇。

茶园内常见寄生蝇将卵产于鳞翅目昆虫的幼虫体内，以幼虫营寄生性生活，成虫白天自由活动，主要吸食植物的汁液和花蜜，少数取食腐烂的有机物或蜜露等动物排泄物，此外，介壳虫、蚜虫、粉虱等排泄物较多的茶园内较为常见。其卵可产于多种蛾类的幼虫体内。

寄生茶谷蛾蛹的寄生蝇
（龙亚芹拍摄）

寄生茶谷蛾蛹的寄生蝇成虫
（龙亚芹拍摄）

寄生尺蠖高龄幼虫的寄生蝇蛹
（玉香甩拍摄）

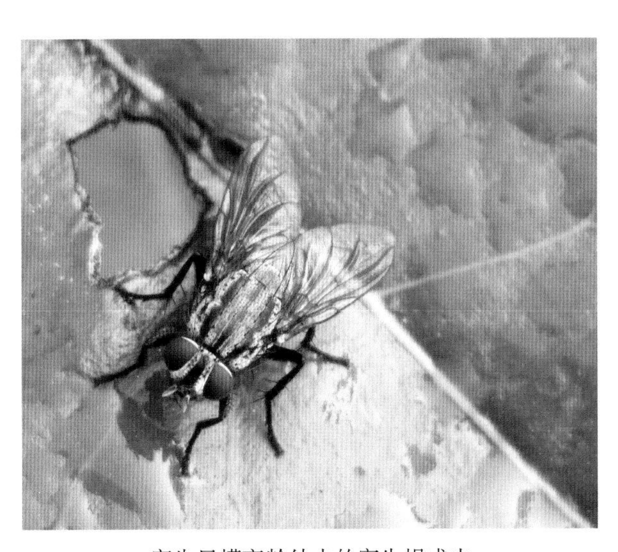

寄生尺蠖高龄幼虫的寄生蝇成虫
（玉香甩拍摄）

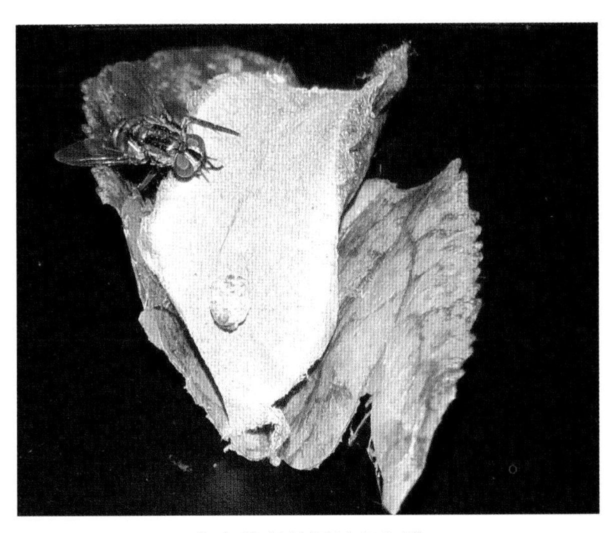

寄生茶斑蛾蛹的寄生蝇
（龙亚芹拍摄）

寄生茶蓑蛾蛹的寄生蝇
（龙亚芹拍摄）

二、捕食性天敌昆虫

捕食性天敌是指在其整个发育过程中都以其他昆虫或动物为食物的昆虫，这类昆虫直接蚕食猎物身体的一部分或全部，或者刺入猎物体内吸食其体液使其死亡。在茶园天敌资源中，捕食性天敌昆虫主要包括食虫蝽类、捕食蝇类、捕食螨类、食虫虻类、蜘蛛类、瓢虫类、螳螂类、草蛉类、步甲类等；其中蜘蛛是茶园害虫的重要捕食性天敌，种类和数量都非常丰富，并且寄主广、捕食量大，对害虫具有较大的控制作用。

1.食虫蝽类

食虫蝽类是一类杂食性或肉食性的天敌昆虫，属半翅目若干科，如猎蝽科、姬猎蝽科、花蝽科、盲蝽科、蝽科等，可捕食蚜虫、螨类、粉虱、叶蝉、蓟马、鳞翅目幼虫等。茶园内常见食虫蝽包括叉角厉蝽、蠋蝽、黄带犀猎蝽、黑益蝽、多变嗯猎蝽等，主要捕食茶园鳞翅目害虫的幼虫。

（1）*叉角厉蝽*。叉角厉蝽属半翅目蝽科益蝽亚科厉蝽属，是一种能捕食多种鳞翅目及鞘翅目害虫的捕食性蝽。国外分布于菲律宾、缅甸、马来西亚、斯里兰卡、泰国、印度、印度尼西亚；国内分布于云南、四川、广西、广东、海南、福建等地。云南茶园内常见叉角厉蝽若虫和成虫捕食鳞翅目害虫的幼虫，偶见捕食蛹，如茶谷蛾、尺蠖、刺蛾等。

叉角厉蝽若虫捕食茶谷蛾幼虫
（龙亚芹拍摄）

叉角厉蝽成虫捕食茶谷蛾幼虫
（龙亚芹拍摄）

叉角厉蝽成虫捕食茶谷蛾蛹
（龙亚芹拍摄）

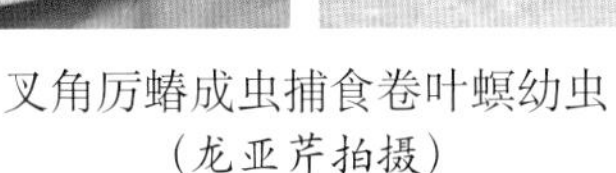
叉角厉蝽成虫捕食卷叶螟幼虫
（龙亚芹拍摄）

叉角厉蝽成虫捕食茶毛虫低龄幼虫
（龙亚芹拍摄）

（2）蠋蝽。蠋蝽又名蠋敌，属半翅目蝽科蠋蝽属，在全国广泛分布，适应性强，能捕食鳞翅目、鞘翅目、同翅目等多种农林害虫的卵、幼虫、蛹和成虫，是一种食性非常广泛的天敌昆虫。蠋蝽若虫和成虫捕食昆虫时，先将口器刺入猎物体内，口器中的一支管道注入唾液麻醉猎物使其瘫痪，另一支管道便吸吮猎物体液，直至吸食完而丢弃。

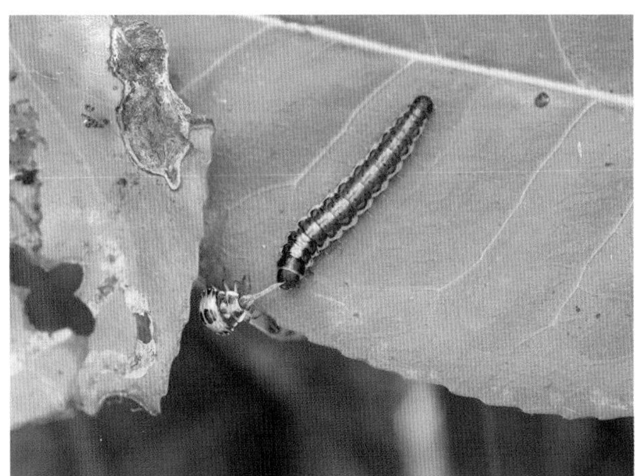

蠋蝽若虫捕食茶谷蛾高龄幼虫
（龙亚芹拍摄）

蠋蝽成虫捕食茶谷蛾高龄幼虫
（龙亚芹拍摄）

蠋蝽若虫捕食豹裳卷叶蛾幼虫
（龙亚芹拍摄）

（3）黄带犀猎蝽。黄带犀猎蝽又称中黄猎蝽，属半翅目猎蝽科，是多种农林害虫的天敌。黄带犀猎蝽捕食范围广泛，能捕食蚜虫、蝗虫、蟋蟀、甲虫、蚊子、叶蜂和多种鳞翅目幼虫，国外分布于缅甸、印度和泰国等。国内主要分布于云南、广东、广西、福建等地。黄带犀猎蝽若虫和成虫在捕食猎物时，通过口针注射唾液蛋白将其麻痹后取食直至猎物干瘪，但有时也不吸取完全就攻击其他猎物，捕食量大。

黄带犀猎蝽成虫搜寻猎物
（龙亚芹拍摄）

黄带犀猎蝽捕食茶谷蛾高龄幼虫
（龙亚芹拍摄）

黄带犀猎蝽若虫捕食茶谷蛾高龄幼虫
（龙亚芹拍摄）

黄带犀猎蝽捕食油桐尺蠖幼虫
（龙亚芹拍摄）

黄带犀猎蝽成虫捕食蚂蚁
（龙亚芹拍摄）

黄带犀猎蝽若虫捕食蝽类
（龙亚芹拍摄）

（4）多变嗯猎蝽。多变嗯猎蝽，属半翅目猎蝽科，主要分布于云南、江苏、福建、江西、贵州、西藏、广西、广东、海南等地。可捕食多种昆虫和节肢动物。成虫体长15 ～ 21mm，体色及大小多型；雌虫体色及体长变化较小，基色为黄褐色至黑褐色；雄虫体色及体长变化甚大，基色为淡黄色至黑色。头背面、触角、前胸背板、各足具色斑，腹部侧接缘斑块黑色，触角浅环、腹部腹面及各足土黄色。小盾片具Y形脊；前足股节较粗；雌雄虫前翅超过腹末。常见该虫在茶树等植物中上层活动，捕食多种昆虫和节肢动物。

多变嗯猎蝽若虫
（龙亚芹拍摄）

多变嗯猎蝽成虫
（龙亚芹拍摄）

多变嗯猎蝽捕食茶谷蛾幼虫
（龙亚芹拍摄）

（5）茶园内其他猎蝽。

红彩瑞猎蝽
（龙亚芹拍摄）

彩纹猎蝽
（龙亚芹拍摄）

猎蝽若虫（一）
（龙亚芹拍摄）

猎蝽若虫（二）
（龙亚芹拍摄）

猎蝽若虫（三）
（龙亚芹拍摄）

猎蝽若虫（四）
（龙亚芹拍摄）

猎蝽若虫（五）
（龙亚芹拍摄）

猎蝽若虫（六）
（龙亚芹拍摄）

群集的猎蝽若虫
（龙亚芹拍摄）

猎蝽成虫准备捕食步甲
（龙亚芹拍摄）

猎蝽成虫
（龙亚芹拍摄）

（6）茶园内其他食虫蝽类。

蓝益蝽若虫捕食茶谷蛾幼虫
（龙亚芹拍摄）

蓝益蝽若虫捕食毒蛾幼虫
（龙亚芹拍摄）

蓝益蝽若虫捕食刺蛾幼虫
（龙亚芹拍摄）

蓝益蝽若虫捕食扁刺蛾幼虫
（龙亚芹拍摄）

盾蝽若虫捕食茶细蛾幼虫
（龙亚芹拍摄）

盾蝽若虫捕食鳞翅目幼虫
（龙亚芹拍摄）

盾蝽若虫捕食茶毛虫低龄幼虫
（龙亚芹拍摄）

黑益蝽成虫
（龙亚芹拍摄）

黑益蝽成虫捕食茶谷蛾
（龙亚芹拍摄）

益蝽若虫
（龙亚芹拍摄）

益蝽若虫捕食茶谷蛾幼虫
（龙亚芹拍摄）

益蝽成虫捕食茶谷蛾幼虫
（龙亚芹拍摄）

益蝽成虫捕食刺蛾幼虫
（龙亚芹拍摄）

益蝽成虫及卵
（龙亚芹拍摄）

捕食蓟马的蝽
（龙亚芹拍摄）

小盾蝽捕食茶谷蛾幼虫
（龙亚芹拍摄）

2. 捕食蝇类

茶园内捕食蝇主要有食蚜蝇科、斑腹蝇科等。捕食蝇成虫常具黄、橙、灰白等鲜艳色彩的斑纹，某些种类具蓝、绿、铜等金属色，外形似蜂。捕食蝇成虫将卵产于寄主群体内，幼虫就近搜索取食。

食蚜蝇
（龙亚芹拍摄）

食蚜蝇成虫
（王香甩拍摄）

食蚜蝇捕食（一）
（龙亚芹拍摄）

食蚜蝇捕食（二）
（龙亚芹拍摄）

食蚜蝇捕食（三）
（龙亚芹拍摄）

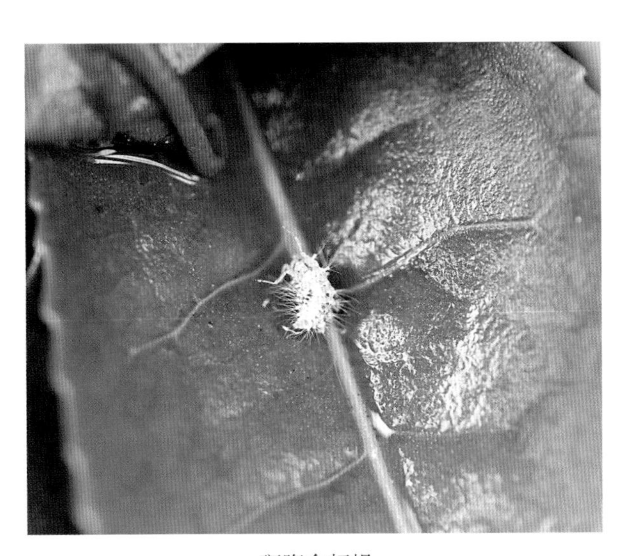

斑腹食蚜蝇
（龙亚芹拍摄）

捕食蝇捕食膜翅目昆虫
（龙亚芹拍摄）

食蚜蝇幼虫捕食蚜虫
（玉香甩拍摄）

3. 捕食螨类

捕食螨属节肢动物门蛛形纲蜱螨亚纲蜱螨目，是一类以捕食为生的螨类，可捕食螨类、蚜虫、粉虱、介壳虫、跳虫等微小动物及其卵。它们主要属于植绥螨科、长须螨科、大赤螨科等。据记载，云南省内鉴定出捕食螨8科12属56种。茶园内常见胡瓜钝绥螨、圆果大赤螨等捕食蓟马、小绿叶蝉、红蜘蛛等。

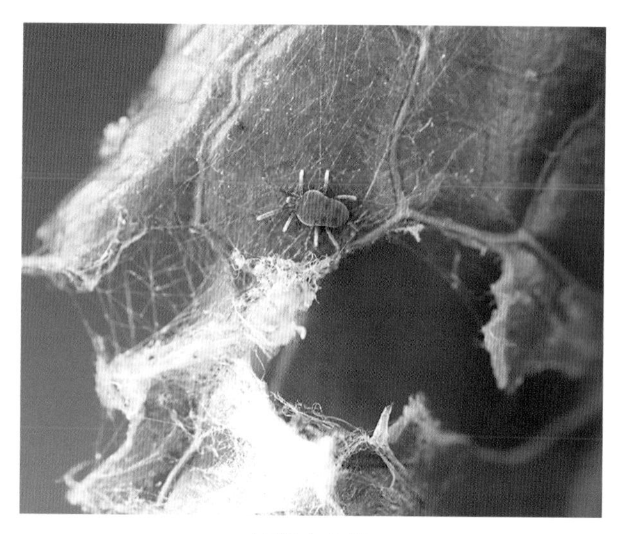

圆果大赤螨
（龙亚芹拍摄）

圆果大赤螨捕食小绿叶蝉
（龙亚芹拍摄）

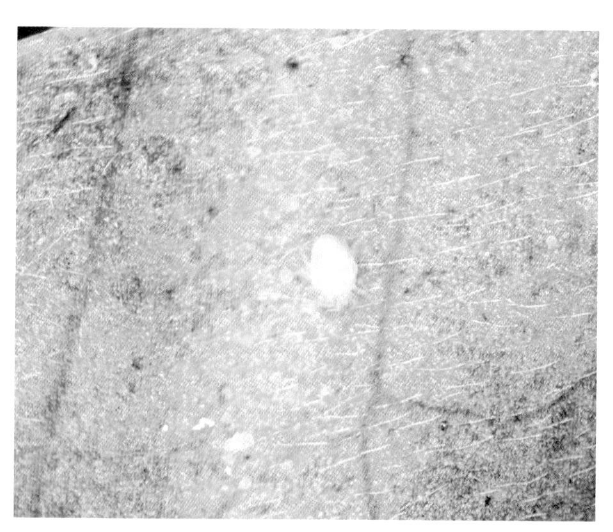

胡瓜钝绥螨捕食红蜘蛛卵及若螨
（王雪松拍摄）

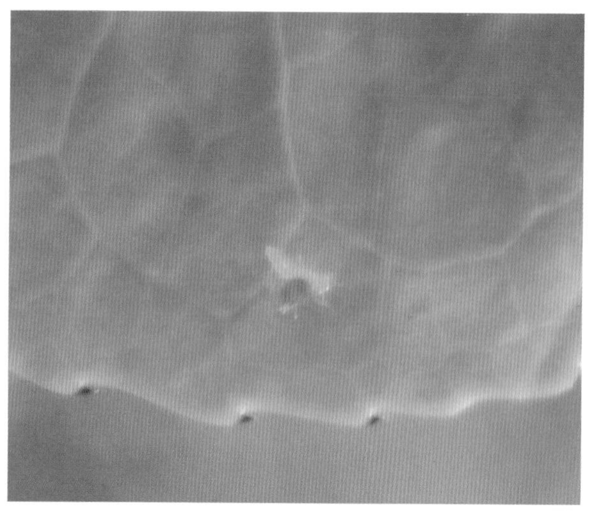

捕食螨捕食小绿叶蝉若虫
（龙亚芹拍摄）

捕食螨捕食茶棍蓟马若虫
（龙亚芹拍摄）

4.食虫虻类

食虫虻是双翅目食虫虻科食肉昆虫的统称，约6 750种，分布于全球。体多褐色而粗壮，通常多毛，形似大黄蜂；眼面大，两眼之间有一刚毛；足长，能在飞行中捕食，在进食时用足握住食物；反应速度极快，动作极其敏捷，是捕虫的能手，可捕食许多种昆虫，如半翅目的蝽、鞘翅目的隐翅虫等。食虫虻身体强壮、飞行快速，是昆虫中的顶级掠食者，几乎能够以所有飞行类昆虫为食，主要是通过注入消化液来分解猎物的肌肉，把猎物消化成液体后再吸入。

食虫虻交配
（龙亚芹拍摄）

食虫虻捕食膜翅目昆虫（一）
（龙亚芹拍摄）

食虫虻捕食膜翅目昆虫（二）
（龙亚芹拍摄）

食虫虻（一）
（龙亚芹拍摄）

食虫虻（二）
（龙亚芹拍摄）

食虫虻捕食蝇类
（龙亚芹拍摄）

食虫虻捕食甲虫
（龙亚芹拍摄）

食虫虻捕食蝽类
（龙亚芹拍摄）

食虫虻捕食螽斯
（龙亚芹拍摄）

5. 蜘蛛类

蜘蛛属蛛形纲蛛形目，是茶园害虫的重要天敌类群，具有分布广、数量大、捕食时间长、捕食力强等特点，对害虫的自然控制作用大，在害虫防控中起着十分重要的作用。茶园内拥有大量蜘蛛，构成庞大的天敌类群。据记载，我国茶园蜘蛛多达28科近300种，蜘蛛种群数量占茶园捕食性天敌数量的80%～90%。茶园中蜘蛛大致分为结网蛛和游猎蛛两大类型，结网蛛如肖蛸、漏斗蛛、圆蛛；游猎蛛如猫蛛、跳蛛、狼蛛、盗蛛等，这些蜘蛛可以捕食食叶性鳞翅目幼虫如茶毛虫、黑毒蛾、白毒蛾，同翅目害虫如小绿叶蝉、蓟马等。云南茶园内有14科116种，主要以跳蛛科、球腹蛛科、蟹蛛科、圆蛛科、猫蛛科、肖蛸科种类较多。茶园蜘蛛一般终年留守生活在茶园里，少部分在冬季潜伏土表、草丛内，因此，茶树上一年四季均会有一定数量的动态种群，并随害虫增多而大量繁衍，成为茶园害虫自然控制的重要因素。

三突花蛛捕食茶蚕成虫头部
（龙亚芹拍摄）

跳蛛（一）
（龙亚芹拍摄）

跳蛛（二）
（龙亚芹拍摄）

跳蛛（三）
（龙亚芹拍摄）

跳蛛捕食鳞翅目成虫
（龙亚芹拍摄）

跳蛛捕食
（龙亚芹拍摄）

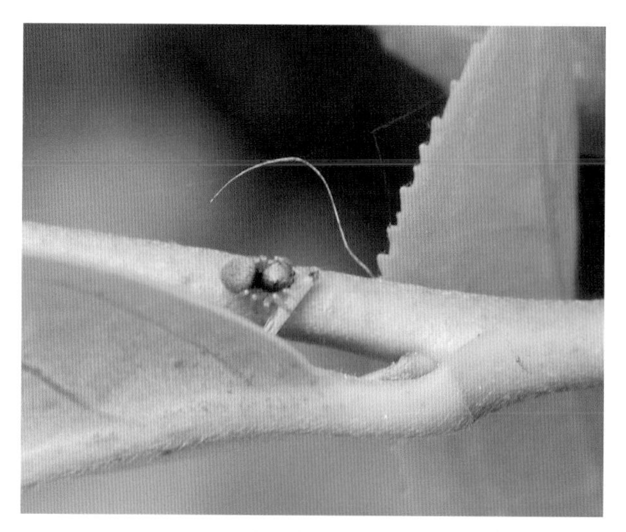

跳蛛捕食小绿叶蝉
（龙亚芹拍摄）

跳蛛捕食小绿叶蝉成虫
（龙亚芹拍摄）

跳珠正在捕食
（龙亚芹拍摄）

蜘蛛捕食小绿叶蝉成虫
（龙亚芹拍摄）

跳蛛捕食膜翅目昆虫
（龙亚芹拍摄）

跳蛛捕食黑刺粉虱（一）
（龙亚芹拍摄）

跳蛛捕食黑刺粉虱（二）
（龙亚芹拍摄）

金蝉蛛
（龙亚芹拍摄）

细纹猫蛛及巢
（龙亚芹拍摄）

细纹猫蛛捕食小绿叶蝉成虫
（龙亚芹拍摄）

缅甸猫蛛
（龙亚芹拍摄）

豹纹花蛛捕食膜翅目昆虫（一）
（龙亚芹拍摄）

豹纹花蛛捕食膜翅目昆虫（二）
（龙亚芹拍摄）

猫蛛（一）
（龙亚芹拍摄）

猫蛛（二）
（龙亚芹拍摄）

猫蛛（三）
（龙亚芹拍摄）

猫蛛（四）
（龙亚芹拍摄）

猫蛛（五）
（龙亚芹拍摄）

梨形狡蛛
（龙亚芹拍摄）

赤条狡蛛
（龙亚芹拍摄）

黄褐狡蛛
（龙亚芹拍摄）

巴莫方胸蛛
（龙亚芹拍摄）

美丽顶蟹蛛
（龙亚芹拍摄）

肖　蛸
（龙亚芹拍摄）

肖蛸捕食膜翅目昆虫成虫（一）
（龙亚芹拍摄）

肖蛸捕食膜翅目昆虫成虫（二）
（龙亚芹拍摄）

肖蛸捕食蝽类
（饶炳友拍摄）

棒络新妇
（龙亚芹拍摄）

银鳞蛛（一）
（龙亚芹拍摄）

银鳞蛛（二）
（龙亚芹拍摄）

银鳞蛛（三）
（龙亚芹拍摄）

拟态蛛
（龙亚芹拍摄）

蜘蛛捕食黑刺粉虱成虫（一）
（龙亚芹拍摄）

蜘蛛捕食黑刺粉虱成虫（二）
（龙亚芹拍摄）

拖尾毛圆蛛
（龙亚芹拍摄）

圆蛛（一）
（龙亚芹拍摄）

圆蛛（二）
（龙亚芹拍摄）

圆蛛（三）
（龙亚芹拍摄）

曲腹蛛（鸟粪蛛）
（龙亚芹拍摄）

棘腹蛛
（龙亚芹拍摄）

蜘蛛若虫
（龙亚芹拍摄）

6.瓢虫类

瓢虫属鞘翅目瓢虫科，多数为瓢形，虫体周缘近于卵圆形，鞘翅肩角部分呈半球形拱起，是茶园内最为常见和重要的捕食性天敌，以幼虫和成虫捕食害虫。茶园内主要捕食类瓢虫包括异色瓢虫、龟纹瓢虫、黑缘红瓢虫、红点唇瓢虫和七星瓢虫等，可取食蚜虫、粉虱、蓟马、介壳虫、叶螨及某些鳞翅目幼虫和卵等。

六斑瓢虫
（龙亚芹拍摄）

红斑瓢虫
（龙亚芹拍摄）

大龟纹瓢虫蛹
（龙亚芹拍摄）

黑缘巧瓢虫
（龙亚芹拍摄）

黄缘巧瓢虫
（龙亚芹拍摄）

黄宝龟瓢虫
（龙亚芹拍摄）

红肩瓢虫
（龙亚芹拍摄）

八斑盘瓢虫
（龙亚芹拍摄）

八星瓢虫
（龙亚芹拍摄）

六星瓢虫
（龙亚芹拍摄）

十二星瓢虫
（龙亚芹拍摄）

十四斑瓢虫
（龙亚芹拍摄）

星点瓢虫
（龙亚芹拍摄）

红纹瓢虫
（龙亚芹拍摄）

十三星小瓢虫幼虫
（龙亚芹拍摄）

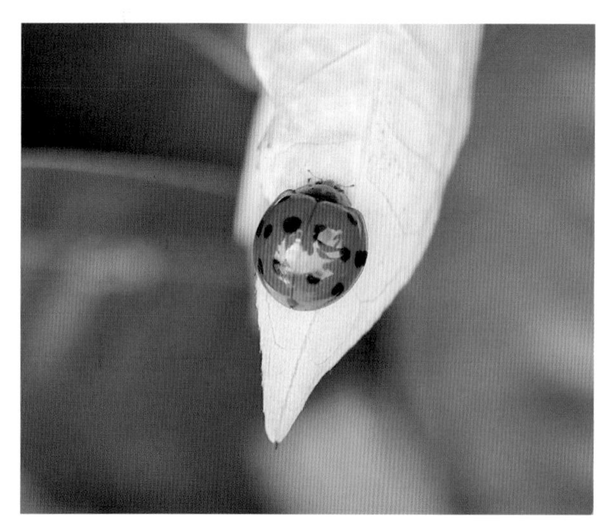

十三星小瓢虫成虫
（龙亚芹拍摄）

龟纹瓢虫
（龙亚芹拍摄）

瓢虫蛹（一）
（龙亚芹拍摄）

瓢虫蛹（二）
（龙亚芹拍摄）

瓢虫蛹（三）
（龙亚芹拍摄）

十斑大瓢虫幼虫
（龙亚芹拍摄）

十斑大瓢虫化蛹初期
（龙亚芹拍摄）

十斑大瓢虫蛹期
（龙亚芹拍摄）

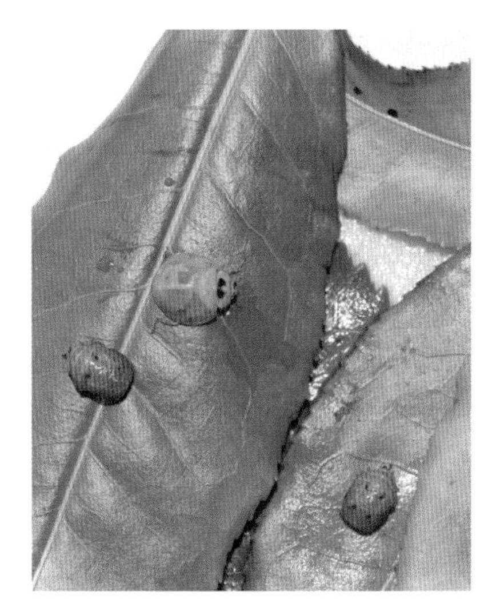
十斑大瓢虫蛹后期及成虫初期
（龙亚芹拍摄）

十斑大瓢虫成虫
（龙亚芹拍摄）

瓢虫幼虫捕食蚜虫（一）
（龙亚芹拍摄）

瓢虫幼虫捕食蚜虫（二）
（龙亚芹拍摄）

瓢虫幼虫
（龙亚芹拍摄）

瓢虫成虫
（龙亚芹拍摄）

异色瓢虫
（龙亚芹拍摄）

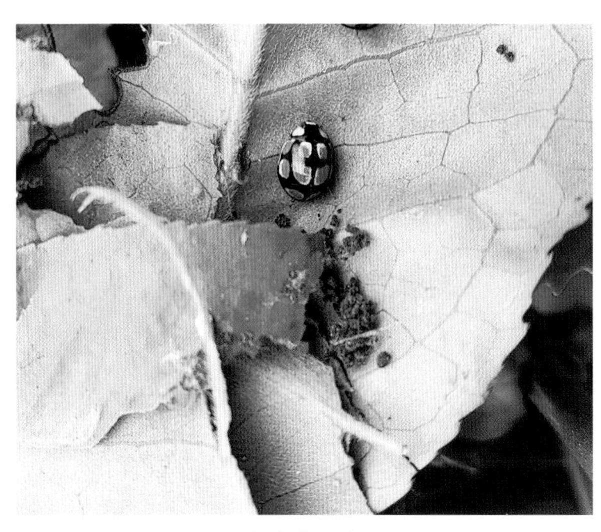

黄室龟瓢虫
（龙亚芹拍摄）

7.螳螂类

螳螂属螳螂目螳螂科肉食性昆虫，具拟态、保护色，凶猛好斗，成虫与幼虫均为捕食性，捕食范围广，是著名的农林业益虫，在昆虫界享有“温柔杀手”的美誉。世界已知2 200多种，中国已记载8科19亚科47属112种，广泛分布于热带、亚热带和温带的大部分地区。成虫体中至大型，细长，多为绿色，少为褐色或具花斑。云南大叶种茶园内主要有中华螳螂、广腹螳螂、大刀螳螂、薄翅螳螂等，主要捕食叶蝉、蛾类、蝇类、蝽类等害虫。

明端眼斑螳螂
（龙亚芹拍摄）

明端眼斑螳螂捕食红蝽
（龙亚芹拍摄）

绿大齿螳若虫捕食叶蝉
（龙亚芹拍摄）

宽胸菱背螳捕食茶谷蛾
（龙亚芹拍摄）

薄翅螳螂
（龙亚芹拍摄）

广腹螳螂
（龙亚芹拍摄）

中华螳螂
（龙亚芹拍摄）

小螳螂
（龙亚芹拍摄）

螳螂若虫（一）
（龙亚芹拍摄）

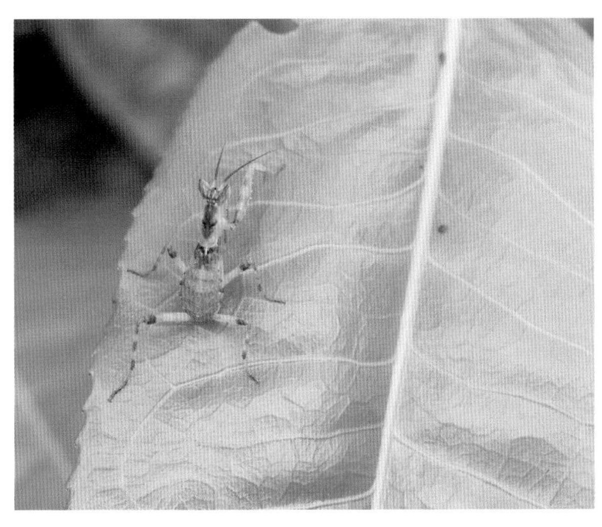

螳螂若虫（二）
（龙亚芹拍摄）

螳螂若虫（三）
（龙亚芹拍摄）

小螳螂螵蛸
（龙亚芹拍摄）

微翅跳螳螂螵蛸
（龙亚芹拍摄）

宽腹螳螂螵蛸
（龙亚芹拍摄）

大螳螂螵蛸
（龙亚芹拍摄）

8.其他捕食性天敌

叩头甲捕食茶谷蛾幼虫
（龙亚芹拍摄）

蠼螋捕食茶谷蛾低龄幼虫
（龙亚芹拍摄）

蠼螋（一）
（龙亚芹拍摄）

蠼螋（二）
（龙亚芹拍摄）

蛇蛉捕食刺蛾幼虫
（龙亚芹拍摄）

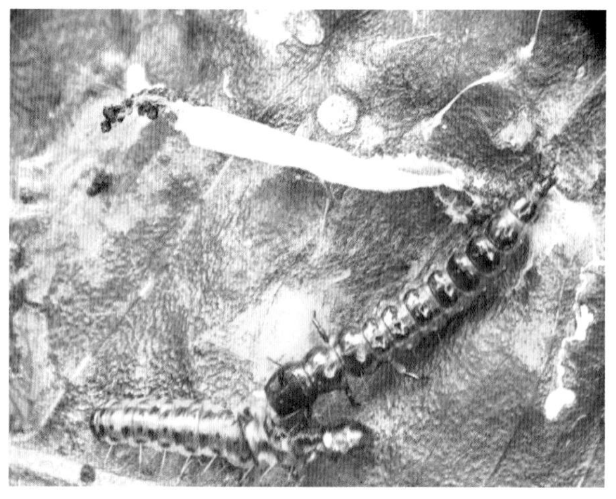

蠼螋幼虫捕食茶谷蛾幼虫（一）
（龙亚芹拍摄）

蠼螋幼虫捕食茶谷蛾幼虫（二）
（龙亚芹拍摄）

三、云南大叶种茶园病原微生物天敌资源

昆虫病原微生物是茶园害虫的另一类天敌，侵染发病并在一定环境条件下造成流行，导致害虫大量病死，害虫种群密度极度下降。茶园害虫病原微生物的主要类群有细菌、真菌和病毒。

真菌主要包括虫霉菌、子囊菌、担子菌等，其中虫生真菌达40余种。真菌孢子在一定湿度下，萌发出芽管，生成菌丝并产生几丁质酶，破坏昆虫体壁，侵入体腔发育繁衍，消耗虫体，致使害虫组织瓦解，失水僵化死亡，菌丝体长至体外产生大量孢子再侵染。根据菌丝颜色不同，形成白僵、绿僵、红僵等症状。

昆虫的病原细菌多达90多种和变种，在茶树害虫中发生的多为芽孢杆菌属的苏云金杆菌及其变种、变形杆菌等，主要产生蛋白质晶体内毒素、外毒素等，对鳞翅目幼虫具有毒杀作用。主要经害虫蚕食进入消化道，在偏碱性肠液中溶解释放毒素，使中肠麻痹、肠壁破损，组织瓦解，致使害虫食欲减退、腹泻直至瘫痪软化死亡。尸体脓化变为黑褐色，甚至流出暗色腥臭脓液，而芽孢继续扩散侵染。

病毒是一类极微小且无细胞结构的活体，是由核酸裹以蛋白质形成的杆状或球状病毒粒子。我国已知的茶树害虫病毒有81种，多为核型多角体病毒、颗粒体病毒及质型多角体病毒。病毒专一性很强，经专性寄主口服或感染侵入而进入消化道、血腔，在器官组织的细胞核或细胞质内复制增殖，形成大量病毒粒子，可使寄主发病。寄主发病后食欲减退，行动迟钝，进而瘫痪溃疡，化脓死亡。死前甚至还以臀足或腹足紧握枝叶，虫尸倒挂下垂。死虫体肤脆薄乳白，易破裂流出无臭脓液，而病毒粒子再进行扩散感染。气温多变，高温高湿，害虫食料不足，特别是在虫口密度较大时，容易引起病毒病的突发和流行。如茶毛虫核型多角体病毒、茶尺蠖核型多角体病毒、油桐尺蠖核型多角体病毒、茶蚕颗粒体病毒、茶小卷叶蛾颗粒体病毒等，在许多茶园内都有发生流行。一般茶区为酸性土壤，利于病毒生存，尤其是在茶丛枝叶阻挡阳光紫外线照射伤害的茶园内，极其有利于病毒粒子的产生和侵染，成为茶树害虫潜在且有力的自然控制因素。

蝼蛄被真菌寄生
（龙亚芹拍摄）

被真菌感染的鳞翅目幼虫
（龙亚芹拍摄）

被真菌感染的茶谷蛾蛹（一）
（龙亚芹拍摄）

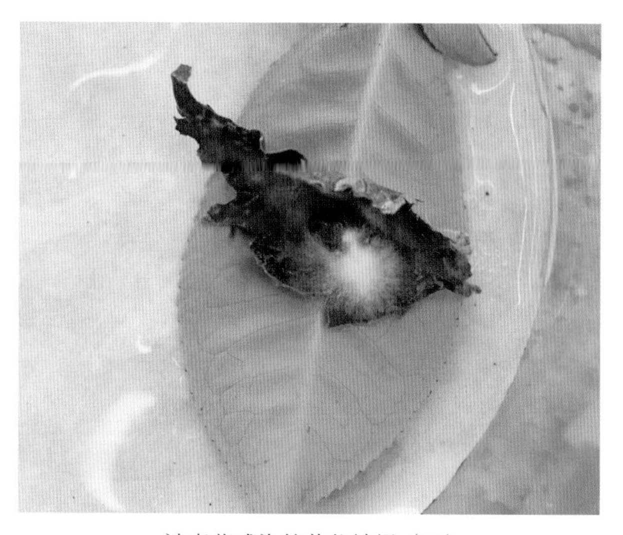
被真菌感染的茶谷蛾蛹（二）
（龙亚芹拍摄）

被真菌感染的茶谷蛾蛹（三）
（龙亚芹拍摄）

被真菌感染的茶谷蛾幼虫
（龙亚芹拍摄）

被真菌感染的茶黑毒蛾蛹
（龙亚芹拍摄）

被真菌感染的扁刺蛾
（龙亚芹拍摄）

被真菌感染的鳞翅目幼虫（一）
（龙亚芹拍摄）

被真菌感染的鳞翅目幼虫（二）
（龙亚芹拍摄）

被真菌感染的鳞翅目幼虫（三）
（龙亚芹拍摄）

被真菌感染的铜绿丽金龟
（龙亚芹拍摄）

被真菌感染后蛹体腐烂
（龙亚芹拍摄）

被真菌感染的蓑蛾幼虫
（龙亚芹拍摄）

被真菌感染的鳞翅目幼虫
（龙亚芹拍摄）

被真菌感染的斑蛾蛹
（龙亚芹拍摄）

被真菌感染的毒蛾幼虫
（龙亚芹拍摄）

被细菌感染的毒蛾幼虫
（龙亚芹拍摄）

被细菌感染的茶谷蛾幼虫
（曲浩拍摄）

被细菌感染的尺蠖幼虫
（龙亚芹拍摄）

被病毒感染的尺蠖（一）
（龙亚芹拍摄）

被病毒感染的尺蠖（二）
（龙亚芹拍摄）

被病毒感染的扁刺蛾（一）
（龙亚芹拍摄）

被病毒感染的扁刺蛾（二）
（龙亚芹拍摄）

被病毒感染的茶蚕
（龙亚芹拍摄）

被病毒感染的油桐尺蠖幼虫
（龙亚芹拍摄）

被病毒感染的白痣姹刺蛾幼虫
（龙亚芹拍摄）

被病毒感染的刺蛾
（龙亚芹拍摄）

附　　录

附录1　茶园农药的安全使用标准

序号	农药名称	标准号	农药制剂	稀释倍数	防治对象	使用次数	安全间隔期(d)
1	溴氰菊酯	GB/T 8321.1—2000	2.5%乳油	800 ~ 1 500倍液	茶尺蠖、茶毛虫、茶小绿叶蝉、介壳虫（蚧类）等	1	5
2	联苯菊酯	GB/T 8321.2—2000	10%乳油	4 000 ~ 6 000倍液	茶尺蠖、茶毛虫、茶小绿叶蝉、黑刺粉虱、象甲	1	7
3	氯氰菊酯	GB/T 8321.2—2000	10%乳油	2 000 ~ 3 700倍液	茶尺蠖、茶毛虫、茶小绿叶蝉等	1	7
4	杀螟丹	GB/T 8321.3—2000	50%可溶粉剂 98%原粉	750 ~ 1 000倍液 1 500 ~ 2 000倍液	茶小绿叶蝉	2	7
5	甲氰菊酯	GB/T 8321.4—2006	20%乳油	8 000 ~ 10 000倍液	茶尺蠖、茶毛虫、茶小绿叶蝉等	1	7
6	除虫脲	GB/T 8321.5—2006	20%悬浮剂	2 500 ~ 3 200倍液 1 600 ~ 2 500倍液	茶毛虫 茶尺蠖	1	7
7	噻嗪酮	GB/T 8321.6—2000	25%可湿性粉剂	1 000 ~ 1 500倍液	小绿叶蝉、黑刺粉虱	1	10
8	丁醚脲	GB/T 8321.10—2018	50%悬浮剂	400 ~ 600倍液	茶小绿叶蝉	2	7
9	除虫脲	GB/T 8321.10—2018	5%乳油	1 000 ~ 1 500倍液	茶尺蠖	1	5
10	氯噻啉	GB/T 8321.10—2018	10%可湿性粉剂	1 500 ~ 2 200倍液	小绿叶蝉	1	5
11	苯醚甲环唑	GB/T 8321.10—2018	10%水分散粒剂	1 000 ~ 1 500倍液	炭疽病	2	7
12	印楝素		0.5%乳油	500 ~ 800倍液	茶毛虫	1	7
13	鱼藤酮		6%微乳剂	750 ~ 1 300倍液	茶小绿叶蝉	1	7
14	茶皂素		30%水剂	300 ~ 600倍液	茶小绿叶蝉	1	7
15	短稳杆菌		100 亿孢子/mL悬浮剂	500 ~ 700 倍液	茶尺蠖	1	7

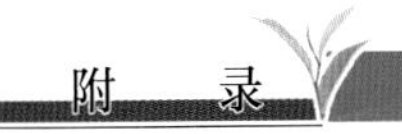

（续）

序号	农药名称	标准号	农药制剂	稀释倍数	防治对象	使用次数	安全间隔期（d）
16	苏云金杆菌		8 000IU/mg 可湿性粉剂	400 ～ 800 倍液	茶毛虫	1	7
17	球孢白僵菌		400 亿孢子/g 可湿性粉剂	1 500 ～ 1 800 倍液	茶小绿叶蝉	1	7
18	茚虫威		15%悬浮剂	2 000 ～ 2 500 倍液	茶小绿叶蝉	1	14
19	矿物油		99%乳油	100 ～ 150 倍液	茶橙瘿螨	1	7
20	马拉硫磷		45%乳油	450 ～ 750 倍液	象甲、长白蚧	1	7
21	虫螨腈		240g/L 乳油	1 800 ～ 2 000 倍液	茶小绿叶蝉	1	7
22	高效氯氟氰菊酯		25g/L 乳油	500 ～ 800 倍液	茶小绿叶蝉	1	7
23	吡唑醚菌酯		25%悬浮剂	1 000 ～ 1 500 倍液	炭疽病	1	7
24	石硫合剂		45%结晶粉	150 ～ 200 倍液	叶螨		采摘期不宜使用

附录2　我国颁布的茶叶中禁限用农药和化学品名单

农药名称	农药类别	禁限用原因	公告
六六六、滴滴涕、毒杀芬、二溴氯丙烷、杀虫脒、二溴乙烷、除草醚、艾氏剂、狄氏剂、汞制剂、砷类、铅类、敌枯双、氟乙酰胺、甘氟、毒鼠强、氯乙酸钠、毒鼠硅	有机氯农药、汞制剂、砷制剂、长效除草剂	长残效、高残毒	农业部公告第199号
甲胺磷、甲基对硫磷、对硫磷、久效磷、磷胺	有机磷农药	剧毒	农业部公告第274号、322号
八氯二丙醚	有机氯增效剂	茶叶中高残留、致癌	农业部公告第747号
氟虫腈	有机氟农药	高生态毒性	农业部公告第1157号
甲拌磷、甲基异柳磷、内吸磷、克百威、涕灭威、灭线磷、硫环磷、氯唑磷、三氯杀螨醇、氰戊菊酯	有机磷农药、有机氯农药、菊酯类农药	剧毒、高残留	农农发〔2010〕2号
治螟磷、蝇毒磷、特丁硫磷、硫线磷、磷化锌、磷化镁、甲基硫环磷、磷化钙、地虫硫磷、苯线磷、灭多威	有机磷农药、氨基甲酸酯类农药、有机磷农药、杀鼠剂	高毒	农业部公告第1586号
氯磺隆、胺苯磺隆、甲磺隆、福美胂、福美甲胂	除草剂、杀菌剂	长残效	农业部公告第2032号
百草枯	除草剂	国际禁用	农业部公告第1745号
氯化苦、杀扑磷	熏蒸剂	高毒	农业部公告第2289号
2，4-滴丁酯	除草剂	残留和飘移	农业部公告第2445号（自2023年1月29日起禁止使用）
乙酰甲胺磷、乐果、丁硫克百威	有机磷农药、氨基甲酸酯类农药	残留毒性	农业部公告第2552号
硫丹	有机氯农药	国际禁用	农业部公告第2552号
溴甲烷	熏蒸剂	残留毒性	农业部公告第2552号
林丹	杀虫剂	剧毒、生物蓄积	生态环境部等2019年第10号公告
氟虫胺	有机氟农药	国际禁用	农业农村部公告第148号

参考文献

白家赫，唐美君，殷坤山，等，2018. 灰茶尺蛾和小茶尺蠖两近缘种的生物学特性差异[J]. 浙江农业学报，30 (5): 797-803.

毕守东，张书平，余燕，等，2019. 茶细蛾主要蜘蛛天敌种类的研究[J]. 应用昆虫学报，56 (1): 37-50.

陈宗懋，孙晓玲，2013. 茶树主要病虫害简明识别手册[M]. 北京：中国农业出版社.

崔林，胡其伟，2007. 茶毛虫主要生物学习性及其防治技术[J]. 安徽农学通报(24): 107.

崔林，刘月生，2005. 茶园扁刺蛾的发生及防治[J]. 中国茶叶(2): 21.

郭华伟，罗宗秀，2019. 茶园中的青色拱拱虫：茶银尺蠖[J]. 中国茶叶，41 (9): 15-16.

郭华伟，周孝贵，2018. 隐蔽的茶树杀手：长白蚧[J]. 中国茶叶，40 (9): 5-7.

黄安平，包强，王沅江，等，2016. 茶刺蛾成虫的羽化昼夜节律[J]. 茶叶通讯，43 (4): 28-30.

江宏燕，陈世春，胡翔，等，2021. 茶网蝽的"克星"：军配盲蝽[J]. 中国茶叶，43 (2): 33-35.

李海斌，2014. 中国蜡蚧属昆虫的分类研究（半翅目：蚧总科：蚧科）[D]. 北京：北京林业大学.

李慧玲，刘丰静，王定锋，等，2012. 白蛾蜡蝉的发生和防治[J]. 茶叶科学技术(4): 24-25.

李荣福，龙亚芹，刘杰，等，2015. 小粒咖啡食叶害虫白痣姹刺蛾的发生与为害[J]. 中国热带农业(6): 38-40.

林昌礼，舒金平，2018. 楠木黄胫侎缘蝽生物学特性和为害情况初报[J]. 中国植保导刊，38 (1): 48-51, 16.

刘友樵，李广武，2002. 中国动物志昆虫纲第27卷：鳞翅目卷蛾科[M]. 北京：科学出版社.

龙亚芹，任国敏，王雪松，等，2022. 云南省茶园茶谷蛾的发生及其习性观察[J].环境昆虫学报，44 (2): 352-358.

牟吉元，徐洪富，荣秀兰，2001. 普通昆虫学[M]. 北京：中国农业出版社.

权俊娇，2014. 红蜡蚧生物学特性及综合防治研究[D]. 苏州：苏州大学.

谭济才，2011. 茶树病虫防治学[M]. 北京：中国农业出版社.

谭济才，胡加武，陈鄂，1991. 垫囊绿绵蜡蚧生物学特性及防治研究[J]. 昆虫知识(4): 224-227.

唐美君，郭华伟，殷坤山，等，2017. 茶树新害虫湘黄卷蛾的初步研究[J]. 植物保护，43 (2): 188-191.

唐美君，王志博，郭华伟，等，2017. 介绍一种茶树新害虫：黄胫侎缘蝽[J]. 中国茶叶，39 (11): 10-11.

唐美君，肖强，2018. 茶树病虫及天敌图谱[M]. 北京：中国农业出版社.

田忠正，2017. 茶网蝽发生规律与防治技术研究[D]. 杨凌：西北农林科技大学.

汪云刚，2015. 云南茶树病虫害防治[M]. 昆明：云南科技出版社.

王保海，翟卿，赵轶琼，等，2020. 茶跗线螨在林芝易贡茶场爆发研报[J]. 西藏农业科技，42 (1): 22-24.

王晓庆，彭萍，杨柳霞，等，2014. 茶黑毒蛾的发生规律与预测预报[J]. 环境昆虫学报，36 (4): 555-560.

王焱，马凤林，吴时英，2007. 上海林业病虫[M]. 上海：上海科学技术出版社.

王露雨，张志升，2021. 常见蜘蛛野外识别手册[M]. 2版. 重庆：重庆大学出版社.

肖强，2006. 茶树病虫无公害防治技术[M]. 北京：中国农业出版社.

肖强，2013. 茶树病虫害诊断及防治原色图谱[M]. 北京：金盾出版社.

肖强，2018. 成群结队的茶毛虫[J]. 中国茶叶，40 (7): 16-17.

肖强，2019．“张冠李戴”话茶小绿叶蝉[J]．中国茶叶，41 (5): 14-16.

肖星，殷丽琼，刘德和，2016．茶园咖啡小爪螨的发生与防治[J]．陕西农业科学，62 (11): 127-128.

张汉鹄，谭济才，2004．中国茶树害虫及其无公害治理[M]．合肥：安徽科学技术出版社．

张汉鹄，谭兴林，1964．大蓑蛾生活习性观察与防治试验初报[J]．安徽农业科学(6): 45-47, 50.

张汉鹄，詹家满，周崇明，1986．茶小卷叶蛾生物学与综合防治研究[J]．安徽农学院学报(1): 33-43.

张觉晚，2008．大鸢尺蠖和灰茶尺蠖各龄幼虫食量观测[J]．茶叶通讯(1): 17.

郑乐怡，吕楠，刘国卿，等，2004．中国动物志昆虫纲第三十三卷：半翅目盲蝽科盲蝽亚科[M]．北京：科学出版社：35-37.

中国科学院动物研究所，1981．中国蛾类图鉴[M]．北京：科学出版社．

中国农业科学院茶叶研究所，1977．茶银尺蠖研究初报[J]．茶叶科技简报(7): 9-12.

中国农业科学院茶叶研究所，2018．茶园用生物农药：茶毛虫病毒制剂及其使用技术[J]．中国茶叶，40 (7): 17.

钟平生，李战，陈双庆，等，2019．油桐尺蠖种群春季消长动态与为害调查[J]．生物灾害科学，42 (3): 223-227.

周小露，刘丽明，管俊岭，等，2018．茶刺蛾生物学特征及生物防治方法的研究进展[J]．山西农业科学，46 (9): 1581-1586.

周孝贵，王东辉，郭华伟，等，2019．“斑驳陆离”话网蝽[J]．中国茶叶，41 (3): 17-19.

周孝贵，王冬梅，肖强，2020．茶树上的“钉螺”：茶小蓑蛾[J]．中国茶叶，42 (12): 27-29.

周孝贵，肖强，2019．钻在袋子里的茶园害虫：茶蓑蛾和茶褐蓑蛾[J]．中国茶叶，41 (8): 12-13, 23.

周孝贵，肖强，2020．茶树食叶害虫：茶黑毒蛾[J]．中国茶叶，42 (4): 13-15.

朱俊庆，1979．黑刺粉虱的初步观察[J]．茶叶(1): 37-40.

朱松梅，2004．苹果顶梢卷叶蛾的生活习性及防治[J]．安徽农学通报(1): 64.